# Ressourceneffiziente Gestaltung von Prozessketten mit additiven Fertigungsverfahren

# Resource Efficient Design of Process Chains with Additive Manufacturing Processes

Von der Fakultät für Maschinenwesen
der Rheinisch-Westfälischen Technischen Hochschule Aachen
zur Erlangung des akademischen Grades eines
Doktors der Ingenieurwissenschaften
genehmigte Dissertation

vorgelegt von

Maximilian Wegener

**Berichter:**

Univ.-Prof. Dr.-Ing. Dr.-Ing. E. h. Dr. h. c. Dr. h. c. Fritz Klocke
Univ.-Prof. Dr.-Ing. Matthias Putz

Tag der mündlichen Prüfung: 28. November 2016

ERGEBNISSE AUS DER PRODUKTIONSTECHNIK

**Maximilian Wegener**

# Ressourceneffiziente Gestaltung von Prozessketten mit additiven Fertigungsverfahren

**Herausgeber:**
Prof. Dr.-Ing. Dr.-Ing. E. h. Dr. h. c. Dr. h. c. F. Klocke
Prof. Dr.-Ing. Dipl.-Wirt. Ing. G. Schuh
Prof. Dr.-Ing. C. Brecher
Prof. Dr.-Ing. R. H. Schmitt

Band 42/2016

WZL | RWTH AACHEN UNIVERSITY

Fraunhofer
IPT

**Bibliografische Information der Deutschen Nationalbibliothek**
Die Deutsche Nationalbibliothek verzeichnet diese Publikation in der Deutschen Nationalbibliografie; detaillierte bibliografische Daten sind im Internet über http://dnb.ddb.de abrufbar.

Maximilian Wegener:

Ressourceneffiziente Gestaltung von Prozessketten mit additiven Fertigungsverfahren

1. Auflage, 2016

Gedruckt auf holz- und säurefreiem Papier, 100% chlorfrei gebleicht.

Apprimus Verlag, Aachen, 2016
Wissenschaftsverlag des Instituts für Industriekommunikation und Fachmedien
an der RWTH Aachen
Steinbachstr. 25, 52074 Aachen
Internet: www.apprimus-verlag.de, E-Mail: info@apprimus-verlag.de

Druck: KN Digital Printforce GmbH, Stuttgart

ISBN 978-3-86359-487-9

D 82 (Diss. RWTH Aachen University, 2016)

## Vorwort und Danksagung

*Preamble and Acknowledgment*

Die vorliegende Arbeit entstand parallel zu meiner Tätigkeit als wissenschaftlicher Mitarbeiter und Gruppenleiter am Fraunhofer-Institut für Produktionstechnologie IPT in Aachen.

Herrn Univ.-Prof. Dr.-Ing. Dr.-Ing. E. h. Dr. h. c. Dr. h. c. Fritz Klocke, dem Leiter des Fraunhofer-Instituts für Produktionstechnologie IPT und Inhaber des Lehrstuhls für Technologie der Fertigungsverfahren an dem Werkzeugmaschinenlabor WZL der RWTH Aachen, danke ich für die Möglichkeit zur Promotion. Bei Herrn Univ.-Prof. Dr.-Ing. Matthias Putz, Institutsleiter des Fraunhofer-Instituts für Werkzeugmaschinen und Umformtechnik IWU und Inhaber der Professur für Werkzeugmaschinen und Umformtechnik an dem Institut für Werkzeugmaschinen und Produktionsprozesse IWP der TU Chemnitz, bedanke ich mich herzlich für die Übernahme des Koreferats. Frau Univ.-Prof. Dr.-Ing. Kirsten Bobzin, Leiterin des Instituts für Oberflächentechnik der RWTH Aachen, danke ich für die Übernahme des Prüfungsvorsitzes.

Den heutigen und ehemaligen Kollegen der Abteilung »Lasermaterialbearbeitung« danke ich für die stets hilfsbereite und freundschaftliche Zusammenarbeit sowie die moralische Unterstützung beim Verfassen dieser Arbeit. Hier seien neben vielen anderen Martin Bock, Christoph Brummer und Kai Winands genannt. Thomas Vollmer aus der Abteilung »Produktionsqualität« ermöglichte mir in gemeinsamen Projekten den Einblick in fachbereichsübergreifende Themen, die die diese Arbeit bereichert haben.

Meine Kollegen Stefan Gräfe und Nils Klingbeil haben mit dem Wiederaufbau der Röders TEC RFM 600 die Grundlage für die experimentellen Untersuchungen geschaffen. Moritz Alkhayat vom Fraunhofer-Institut für Lasertechnik ILT unterstützte mich bei den experimentellen Untersuchungen zur Wärmebehandlung. Rainer Horstkotte danke ich für die Unterstützung bei der Erarbeitung der Ergebnisse dieser Arbeit im Rahmen seiner Bachelorarbeit und anschließend als studentische Hilfskraft. Er war stets diskussionsbereit und zeigte unermüdlichen Einsatz. Stefan Trepel unterstützte mich bei der Durchführung unzähliger Messungen der elektrischen Leistungen und Energien. Meinem Vater Willi Wegener und meinem langjährigen Bürokollegen Daniel Heinen danke ich für wichtige inhaltliche Hinweise und die Korrektur des Manuskripts.

Wesentlicher Dank gebührt meiner Familie und meinen Freunden, die mich stets in meinem Vorhaben unterstützt haben.

Aachen, im November 2016 Maximilian Wegener

# Inhaltsverzeichnis

*Table of Contents*

# Formelzeichen und Abkürzungen

*Symbols and Abbreviations*

## Große Buchstaben

| | | |
|---|---|---|
| $A$ | - | Absorptionsgrad |
| $A$ | $m^2$ | Strömungsquerschnitt |
| $A_{Auftrag}$ | $m^2$ | Fläche des Querschnitts der Auftragsraupe |
| $A_{Draht}$ | $m^2$ | Fläche des Querschnitts des Drahts |
| $A_{FE}$ | $m^2$ | Fläche, die konvektiv Wärme überträgt |
| $A_{Ofen}$ | $m^2$ | Oberfläche des Innenraums des Ofens |
| $A_{Schicht}$ | $m^2$ | Fläche des Querschnitts einer Schicht |
| $A_{Span}$ | $m^2$ | Spanungsquerschnitt |
| $A_{wst}$ | $m^2$ | Oberfläche des Werkstücks |
| $C_1, C_2$ | K | Konstanten der Differentialgleichung |
| $D$ | - | Drehmatrix |
| $E_{Ab}$ | J | Energie zum Drahtabschmelzen |
| $E_{Auf}$ | J | Energie zum Drahtaufschmelzen |
| $E_{Auftrag}$ | J | Energie zum Auftragenschweißen |
| $E_c$ | J | Energie zum Zerspanen |
| $E_{c,wst}$ | $J\ mm^{-2}$ | Energiedichte zum Zerspanen |
| $E_{elektrisch}$ | J | Elektrische Energie |
| $E_{Gesamt}$ | J | Gesamtenergie |
| $E_{Halten}$ | J | Energie zum Halten der Temperatur |
| $E_{Heizen}$ | J | Energie des Aufheizereignisses |
| $E_{konstant}$ | J | Anteil der konstanten Energie beim Zerspanen |
| $E_{Kontrolliert}$ | J | Energie zum kontrollierten Abkühlen |
| $E_{Körper}$ | J | Emittierte Strahlungsenergie des betrachteten Körpers |
| $E_{Laser}$ | J | Elektromagnetische Strahlungsenergie |
| $E_m$ | $J\ kg^{-1}$ | Spezifische elektromagnetische Strahlungsenergie |
| $E_{Peri}$ | J | Energieverbrauch der Peripherie |

| | | |
|---|---|---|
| $E_{Pos}$ | J | Energie zum Positionieren |
| $E_{Q}$ | J kg⁻¹ | Spezifische Wärme |
| $E_{Rüsten}$ | J | Energieverbrauch während des Rüstens |
| $E_{Span}$ | J | Anteil der variablen Energie bei der Zerspanung |
| $E_{Strahler}$ | J | Energieabgabe eines idealen schwarzen Strahlers |
| $E_{Unkontrolliert}$ | J | Energie zum unkontrollierten Abkühlen |
| $E_{Warte}$ | J | Energieverbrauch während der Wartezeit |
| $E_{WZM}$ | J | Energieverbrauch der Werkzeugmaschine |
| $\dot{E}_{Laser}$ | W | Absorbierte Laserstrahlleistung |
| $F$ | N | Kraft |
| $F_a$ | N | Aktivkraft |
| $F_a$ | N | Beschleunigungskraft |
| $F_c$ | N | Schnittkraft |
| $F_e$ | N | Zerspankraft |
| $F_f$ | N | Vorschubkraft |
| $\overrightarrow{F_{K,a}}$ | mm | Vektorielle Beschreibung der erzeugten Fräsrille |
| $F_p$ | N | Passivkraft |
| $F_{Widerstand}$ | N | Widerstandskraft |
| $I$ | A | Stromstärke |
| $I$ | $W\ cm^{-2}$ | Intensität |
| $I_0$ | $W\ cm^{-2}$ | Maximale Intensität im Mittelpunkt des Laserstrahls |
| $J$ | $kg\ m^2$ | (Massen-)Trägheitsmoment |
| $K$ | - | Kenngröße für die Strahlqualität |
| $\vec{K}$ | mm | Vektorielle Beschreibung des Kugelkopffräsers |
| $\overrightarrow{K_a}$ | mm | Vektorielle Beschreibung des angestellten Kugelkopffräsers |
| $K_{Gas}$ | $m^3\ m^{-2}$ | Bezogene Kenngröße des Prozess- und Schutzgaseinsatzes |
| $K_{KSS}$ | $m^3\ m^{-2}$ | Bezogene Kenngröße des Kühlschmierstoffeinsatzes |
| $K_m$ | - | Materialeffizienz der Prozesskette |
| $K_S$ | - | Korrekturfaktor für den Schneidstoff |

| | | |
|---|---|---|
| $K_V$ | - | Korrekturfaktor für die Schnittgeschwindigkeit |
| $K_{Var}$ | - | Korrekturfaktor für das Fertigungsverfahren |
| $K_{Ver}$ | - | Korrekturfaktor für den Verschleiß |
| $K_\gamma$ | - | Korrekturfaktor für den Spanwinkel |
| $K_\lambda$ | - | Korrekturfaktor für den Neigungswinkel |
| $L$ | mm | Auskragungslänge des Drahts |
| $M$ | N m | Drehmoment |
| $M^2$ | - | Beugungsmaßzahl |
| $M_{Widerstand}$ | N m | Moment entgegen der Rotationsbewegung |
| $NA$ | - | Numerische Apertur |
| $P$ | W | Leistung |
| $P_{A-Achse}$ | W | Leistungsaufnahme der A-Achse |
| $P_{Absaugung}$ | W | Leistungsaufnahme der Absaugung |
| $P_{Draht}$ | W | Leistungsaufnahme der Drahtzuführeinheit |
| $P_{DL}$ | W | Leistungsaufnahme zur Drucklufterzeugung |
| $P_e$ | W | Zerspanleistung |
| $P_{Gas}$ | W | Leistungsaufnahme zur Schutz- und Prozessgasförderung |
| $P_{Heizelemente}$ | W | Leistungsaufnahme der Heizelemente |
| $P_{KSS}$ | W | Leistungsaufnahme des Kühlschmierstoffzuführsystems |
| $P_{Kühler}$ | W | Leistungsaufnahme der Kühler |
| $P_{Laser}$ | W | Elektromagnetische Strahlleistung |
| $P_{Lüfter}$ | W | Leistungsaufnahme des Lüfters |
| $P_{Peri}$ | W | Leistungsaufnahme der Peripherie |
| $P_{Spindel}$ | W | Leistungsaufnahme der Spindel |
| $P_{Steuerung}$ | W | Leistungsaufnahme der Steuerung |
| $P_{Verfahrachsen}$ | W | Leistungsaufnahme der Verfahrachsen |
| $P_{WZM}$ | W | Leistungsaufnahme der Werkzeugmaschine |
| $Pr$ | - | Prandtl-Zahl |
| $Q$ | J | Thermische Energie bzw. Wärme |

| | | |
|---|---|---|
| $Q_W$ | W m$^{-3}$ | Wärmequellterm |
| $\dot{Q}$ | W | Wärmestrom |
| $\dot{Q}_{Auftrag}$ | W | Konduktiver Wärmestrom in die Auftragsraupe |
| $\dot{Q}_{Draht}$ | W | Konduktiver Wärmestrom in den Draht |
| $\dot{Q}_K$ | W | Kühlleistung |
| $\dot{Q}_{Konv.}$ | W | Konvektiver Wärmestrom |
| $\dot{Q}_{Ofen,Emission}$ | W | Emittierte Wärmestrahlung des Ofens |
| $\dot{Q}_{Ofen,Reflexion}$ | W | Reflektierte Strahlung des Innenraums des Ofens |
| $\dot{Q}_{Str.}$ | W | Emittierte Wärmestrahlung |
| $\dot{Q}_{Str.,Ofen}$ | W | Wärmestrahlung im Innenraum des Ofens |
| $\dot{Q}_{Str.,wst}$ | W | Emittierte Wärmestrahlung und Reflexion des Werkstücks |
| $\dot{Q}_{wst}$ | W | Wärmeleitung in das Werkstück |
| $\dot{Q}_{wst,Reflexion}$ | W | Reflektierte Wärmestrahlung des Werkstücks |
| $R$ | - | Reflexionsgrad |
| $R$ | Ω | Ohmscher Widerstand |
| $R^2$ | - | Bestimmtheitsmaß |
| $R_{kin}$ | µm | Kinematische Rautiefe |
| $Ra$ | µm | Gemittelte Rauheit |
| $Re$ | - | Reynolds-Zahl |
| $Re_{krit}$ | - | Geometrieabhängige kritische Reynolds-Zahl |
| $Rz$ | µm | Gemittelte Rautiefe |
| $SPP$ | mm mrad | Strahlparameterprodukt |
| $T$ | - | Transmissionsgrad |
| $T$ | s | Standzeit des Werkzeugs |
| $T$ | K | Temperatur |
| $T_N$ | K | Normtemperatur |
| $T_{Ofen}$ | K | Temperatur der Wände des Ofens |
| $T_R$ | K | Rücklauftemperatur des Kühlwassers |
| $T_{Schmelze}$ | K | Temperatur des Schmelzbads |

| | | |
|---|---|---|
| $T_{Solidus}$ | K | Solidustemperatur |
| $T_{Start}$ | K | Starttemperatur |
| $T_V$ | K | Vorlauftemperatur des Kühlwassers |
| $T_{Werkstück}$ | K | Temperatur des Werkstücks |
| $T_{Werkzeug}$ | K | Werkzeugtemperatur |
| $T_{Umgebung}$ | K | Temperatur der Umgebung |
| $T_{Ziel}$ | K | Zieltemperatur |
| $U$ | J | Innere Energie |
| $U$ | V | Elektrische Spannung |
| $V_{Aufmaß,allgemein}$ | mm³ | Allgemeines Aufmaß |
| $V_{Aufmaß,Stufen}$ | mm³ | Aufmaßvolumen der Stufen |
| $V_{Aufmaß,Stufen,einzel}$ | mm³ | Aufmaßvolumen einer einzelnen Stufe |
| $V_{Auftrag}$ | mm³ | Volumen einer Auftragsraupe |
| $V_{DL}$ | Nm³ | Verbrauchtes Druckluftvolumen |
| $V_{Draht}$ | mm³ | Drahtvolumen |
| $V_{Fertigteil}$ | mm³ | Volumen des Fertigteils |
| $V_{Gas}$ | m³ | Schutz- und Prozessgasverbrauch |
| $V_{KSS,gesamt}$ | l | Volumen des Kühlschmierstoffverbrauchs |
| $V_{Ofen}$ | l | Volumen des Innenraums des Ofens |
| $V_{Schicht}$ | mm³ | Volumen einer Schicht |
| $V_{Span,Bahn}$ | mm³ | Volumen einer einzelnen zu zerspanenden Bahn |
| $V_{Span,einzel}$ | mm³ | Spanungsvolumen eines einzelnen Spans |
| $V_{Span,Schicht}$ | mm³ | Spanungsvolumen einer einzelnen Schicht |
| $V_{Span,Seite}$ | mm³ | Spanungsvolumen einer einzelnen Seite |
| $V_{Span,Werkstück}$ | mm³ | Spanungsvolumen des Werkstücks |
| $V_W$ | mm³ | Zerspanungsvolumen |
| $V_{Werkstück}$ | mm³ | Volumen des Werkstücks |
| $\dot{V}_{DL}$ | Nm³ h⁻¹ | Druckluftvolumenstrom |
| $\dot{V}_{DL,Crossjet}$ | Nm³ h⁻¹ | Druckluftvolumenstrom für den Crossjet |

| | | |
|---|---|---|
| $\dot{V}_{DL,Speerluft}$ | Nm³ h⁻¹ | Druckluftvolumenstrom für die Speerluft |
| $\dot{V}_{DL,WZM}$ | Nm³ h⁻¹ | Druckluftvolumenstrom für die Werkzeugmaschine |
| $\dot{V}_{Gas}$ | l min⁻¹ | Schutz- und Prozessgasvolumenstrom |
| $\dot{V}_{KSS}$ | l min⁻¹ | Kühlschmierstoffvolumenstrom |
| $\dot{V}_{N}$ | Nm³ h⁻¹ | Normvolumenstrom |
| $\dot{V}_{Wasser}$ | l min⁻¹ | Volumenstrom des Kühlwassers |
| $\dot{V}_{Werkstoff}$ | mm³ min⁻¹ | Volumenstrom des Werkstoffs |
| $W$ | J | Mechanische Arbeit |
| $\dot{W}_k$ | W | Arbeitsströme |
| $\overrightarrow{W_K}$ | mm | Vektorielle Beschreibung der Werkstückoberfläche |

**Kleine Buchstaben**

| | | |
|---|---|---|
| $a$ | m s⁻² | Beschleunigung |
| $a_0, a_1$ | - | Lösungsparameter der Differentialgleichung |
| $a_e$ | mm | Seitliche Zustellung des Werkzeugs |
| $a_p$ | mm | Zustellung des Werkzeugs |
| $a_\vartheta$ | m² s⁻¹ | Temperaturleitfähigkeit |
| $b$ | mm | Spanungsbreite |
| $b$ | mm | Breite einer Auftragsraupe |
| $b_{eff}$ | mm | Effektive Breite einer Auftragsraupe |
| $b_g$ | mm | Breite des Werkstücks |
| $b_{Schicht}$ | mm | Effektive Breite einer Schicht |
| $c_p$ | kJ kg⁻¹ K⁻¹ | Spezifische Wärmekapazität |
| $c_{p,Wasser}$ | kJ kg⁻¹ K⁻¹ | Spezifische Wärmekapazität des deionisierten Kühlwassers 4,184 kJ kg⁻¹ K⁻¹ |
| $db, dl$ | mm | Infinitesimale Oberflächenabmessungen |
| $d_{Draht}$ | mm | Durchmesser des Drahts |
| $d_{opt}$ | µm | Optische Eindringtiefe |

| | | |
|---|---|---|
| $d_{Schmelze}$ | mm | Durchmesser des Schmelzbads |
| $e_a$ | kJ kg$^{-1}$ | Spezifische äußere Energie |
| $f_{Puls}$ | Hz | Pulsfrequenz |
| $f_z$ | mm | Zahnvorschub |
| $\vec{f}$ | - | Vorschubvektor des Werkzeugs |
| $g$ | m s$^{-2}$ | Gravitationskonstante 9,81 m s$^{-2}$ |
| $h$ | mm | Spanungsdicke |
| $h$ | kJ kg$^{-1}$ | Spezifische Enthalpie |
| $h$ | mm | Maximale Höhe einer Auftragsraupe |
| $h_{Aufmaß}$ | mm | Lokales zu zerspanendes Aufmaß |
| $h_{eff}$ | mm | Effektive Höhe einer Auftragsraupe |
| $h_g$ | mm | Höhe des Werkstücks |
| $h_{Liquidus}$ | kJ kg$^{-1}$ | Spezifische Enthalpie bei Liquidustemperatur |
| $h_{Umgebung}$ | kJ kg$^{-1}$ | Spezifische Enthalpie bei Umgebungstemperatur |
| $k_{c1,1}$ | N mm$^{-2}$ | Bezogene werkstoffspezifische Schnittkraftkomponente |
| $k_e$ | - | Extinktionskoeffizient |
| $k_{f1,1}$ | N mm$^{-2}$ | Bezogene werkstoffspezifische Vorschubkraftkomp. |
| $k_{i(1,1)}$ | N mm$^{-2}$ | (Bezogene) werkstoffspezifische Zerspankraftkomp. i |
| $k_{Leistung}$ | - | Parameter der Leistungsverluste |
| $k_{Qualität}$ | - | Parameter der Qualitätsverluste |
| $k_{Verfügbarkeit}$ | - | Parameter der Verfügbarkeitsverluste |
| $l$ | mm | Gasüberströmte Länge |
| $l_{Auftrag}$ | mm | Länge einer Auftragsraupe |
| $l_{Bahn}$ | mm | Länge der zu zerspanenden Bahn |
| $l_c$ | mm | Schnittlänge |

| | | |
|---|---|---|
| $l_f$ | mm | Weglänge in Vorschubrichtung |
| $l_g$ | mm | Länge des Werkstücks |
| $l_{Pos}$ | mm | Länge der Positionierstrecke |
| $l_{Span}$ | mm | Spanungslänge |
| $m_c$ | - | Steigungskoeffizient der Schnittkraft |
| $m_{Draht,Rolle}$ | kg | Masse des Drahts pro Rolle |
| $m_f$ | - | Steigungskoeffizient der Vorschubkraft |
| $m_i$ | - | Steigungskoeffizient der Zerspankraftkomponente i |
| $m_{wst}$ | kg | Masse des Werkstücks |
| $\dot{m}$ | kg h$^{-1}$ | Stoffmassenstrom |
| $\dot{m}_{Auftrag}$ | kg h$^{-1}$ | Massenstrom der Auftragsraupe |
| $\dot{m}_{Auswurf}$ | kg h$^{-1}$ | Massenstrom der Schmelzbadauswürfe |
| $\dot{m}_{Dampf}$ | kg h$^{-1}$ | Massenstrom der Dampfpartikel |
| $\dot{m}_{Draht}$ | kg h$^{-1}$ | Massenstrom des zugeführten Drahts |
| $n$ | - | Reeller Brechungsindex |
| $n_{Auftrag}$ | - | Anzahl der Auftragsraupen |
| $n_{Bahn}$ | - | Anzahl der zu zerspanenden Bahnen |
| $n_{Halbfertigteil}$ | - | Anzahl der Halbfertigteile |
| $n_{Pos}$ | - | Anzahl der Positionierfahrten |
| $n_{Produkte}$ | - | Anzahl der hergestellten Produkte |
| $n_{Produkte,Fehler}$ | - | Anzahl fehlerhafter Produkte |
| $n_{Produktion,netto}$ | - | Nettoproduktionsrate |
| $n_{Produktionsgeschwindigkeit}$ | - | Rate der Produktionsgeschwindigkeit |
| $n_{Rüsten}$ | - | Anzahl der Werkstücke, die den Rüstvorgang betreffen |
| $n_{Schicht}$ | - | Anzahl der Schichten |

| | | |
|---|---|---|
| $n_{Seite}$ | - | Anzahl der zu zerspanenden Konturseiten |
| $n$ | $min^{-1}$ | Drehzahl der Spindel |
| $n_{Werkstück}$ | - | Anzahl der Werkstücke |
| $p$ | MPa | Gasdruck |
| $p_N$ | MPa | Normdruck |
| $p_{statisch}$ | MPa | Statischer Druck der Umgebung |
| $q$ | $W\ m^{-2}$ | Wärmestromdichte |
| $r$ | mm | Radius |
| $r_k$ | mm | Radius des Kugelkopffräsers |
| $r_\beta$ | mm | Schneidkantenrundungen |
| $s$ | m | Weg |
| $t$ | s | Einschaltzeit |
| $t_{Ab}$ | s | Zeit zum Abschmelzen des Drahts |
| $t_{Ab,einzel}$ | s | Zeit zum einmaligen Abschmelzen des Drahts |
| $t_{Auf}$ | s | Zeit zum Aufschmelzen des Drahts |
| $t_{Auf,einzel}$ | s | Zeit zum einmaligen Aufschmelzen des Drahts |
| $t_{Auftrag}$ | s | Zeit zum Auftragschweißen |
| $t_{Auftrag,einzel}$ | s | Zeit zum Auftragschweißen einer einzelnen Auftrags-raupe |
| $t_c$ | s | Schnittzeit |
| $t_{c,Eingriff}$ | s | Dauer des Schneideneingriffs |
| $t_{Draht}$ | s | Dauer eines Betriebsmodus des Drahtvorschubantriebs |
| $t_{Draht,Befüllung}$ | s | Zeit zum Wechseln der Drahtrolle |
| $t_{DL}$ | s | Dauer eines Betriebsmodus des Druckluftvolumenstroms |
| $t_{DL,Rüsten}$ | s | Dauer der Druckluft im Betriebsmodus »Aktiv« während |

| | | |
|---|---|---|
| | | des Rüstens |
| $t_e$ | s | Fertigungszeit |
| $t_{er}$ | s | Erholungszeit |
| $t_g$ | s | Grundzeit |
| $t_h$ | s | Hauptzeit |
| $t_{Halten}$ | min | Dauer mit konstanter Ofentemperatur |
| $t_{Heizelemente}$ | s | Dauer eines Betriebszustands der Heizelemente |
| $t_{Heizen}$ | min | Dauer des Aufheizvorgangs |
| $t_{Kontrolliert}$ | min | Dauer des kontrollierten Abkühlens |
| $t_{KSS,Pos}$ | s | Dauer der Kühlschmierstoffförderung während des Positionierens |
| $t_{Laser}$ | s | Dauer eines Betriebsmodus des Lasers |
| $t_{Lüfter}$ | min | Dauer des Lüfters im Betriebsmodus »Aktiv« |
| $t_n$ | s | Nebenzeit |
| $t_{Pause}$ | s | Pausenzeit |
| $t_{Pos}$ | s | Zeit zum Positionieren |
| $t_{Pos,einzel}$ | s | Zeit zur einmaligen Positionierung |
| $t_{Produktion,plan}$ | s | Geplante Produktionszeit |
| $t_{Produktion,tatsächlich}$ | s | Tatsächliche Produktionszeit |
| $t_{Puls}$ | s | Pulsdauer |
| $t_{Rüsten}$ | s | Rüstzeit |
| $t_{Schicht}$ | s | Schichtzeit |
| $t_{Sonst}$ | s | Zeit für sonstige Vorgänge |
| $t_{Spindel,Pos}$ | s | Dauer der Spindel im Betriebsmodus »Aktiv« während des Positionierens |

| | | |
|---|---|---|
| $t_{Störung}$ | s | Zeit, in der Störvorfälle vorliegen |
| $t_{Unkontrolliert}$ | min | Dauer des unkontrollierten Abkühlens |
| $t_v$ | s | Verteilzeit |
| $t_{Verfahrachsen}$ | s | Dauer eines Betriebsmodus der Verfahrachsen |
| $t_{Warte}$ | s | Wartezeit |
| $t_{Warte,Absaugung}$ | s | Dauer der Absaugung im Betriebsmodus »Aktiv« |
| $t_{Warte,einzel}$ | s | Wartezeit nach einer einzelnen Schicht |
| $t_{Warte,Gas}$ | s | Dauer des Gaszuführungssystems im Betriebsmodus »Aktiv« |
| $t_{Wartung,plan}$ | s | Geplante Zeit zur Wartung |
| $t_{Wartung,ungeplant}$ | s | Ungeplante Zeit zur Wartung |
| $t_{wkz}$ | s | Werkstückbezogene Werkzeugwechselzeit |
| $t_{wkz,Wechsel}$ | s | Werkzeugwechselzeit |
| $t_{wst}$ | s | Werkstückwechselzeit |
| $t_{Zyklus,plan}$ | s | Geplante Zykluszeit |
| $t_{Zyklus,tatsächlich}$ | s | Tatsächliche Zykluszeit |
| $u$ | - | Hilfsparameter zur Beschreibung des Kugelkopffräsers |
| $v$ | mm | Ausdehnung der Fräsrille in x-Richtung |
| $v_{Ab}$ | $m\ s^{-1}$ | Drahtvorschubgeschwindigkeit während des Abschmelzens |
| $v_{Auf}$ | $m\ s^{-1}$ | Drahtvorschubgeschwindigkeit während des Aufschmelzens |
| $v_{Auftrag}$ | $m\ s^{-1}$ | Drahtvorschubgeschwindigkeit während des Auftragens |
| $v_c$ | $m\ s^{-1}$ | Schnittgeschwindigkeit |
| $\overline{v_c}$ | $m\ s^{-1}$ | Durchschnittliche Schnittgeschwindigkeit |
| $v_{Draht}$ | $m\ s^{-1}$ | Drahtvorschubgeschwindigkeit |

| | | |
|---|---|---|
| $v_e$ | m s$^{-1}$ | Effektivgeschwindigkeit |
| $v_f$ | m s$^{-1}$ | (Werkstück-)Vorschubgeschwindigkeit |
| $v_{Gas}$ | m s$^{-1}$ | Strömungsgeschwindigkeit des Schutz- und Prozessgases |
| $v_{Pos}$ | m s$^{-1}$ | Vorschubgeschwindigkeit beim Positionieren |
| $w$ | mm | Höhe der Werkstückkante |
| $w$ | µm | Strahlradius |
| $w_0$ | µm | Geringster Strahlradius |
| $x, y, z$ | - | Koordinatenachsen/-richtungen |
| $\dot{x}, \dot{y}, \dot{z}$ | m s$^{-1}$ | Geschwindigkeit in x-, y-, z-Richtung |
| $z$ | mm | Abstands zur Fokuslage |
| $z$ | m | Geodätische Höhe |
| $z$ | - | Anzahl der Schneiden des Werkzeugs |
| $z_R$ | mm | Rayleighlänge |

**Kyrillische Buchstaben**

| | | |
|---|---|---|
| $\delta_x, \delta_y, \delta_z$ | m | Flächenmäßige Ausdehnung des Wärmequellterms |
| $\delta Q/\delta t$ | J s$^{-1}$ | Zeitliche Änderung der thermischen Energie |

**Griechische Buchstaben**

| | | |
|---|---|---|
| $\alpha$ | ° | Lokaler Konturwinkel |
| $\alpha$ | - | Absorptionskoeffizient |
| $\alpha$ | W m$^{-2}$ K$^{-1}$ | Wärmeübergangskoeffizient |
| $\alpha_{e,lam.}$ | W m$^{-2}$ K$^{-1}$ | Wärmeübergangskoeffizient einer erzwungenen laminaren Strömung |
| $\alpha_{Schmelze}$ | W m$^{-2}$ K$^{-1}$ | Mittlerer Wärmeübergangskoeffizient des Schmelzbads |
| $\beta$ | ° | Anstellwinkel des Werkzeugs |
| $\beta_f$ | ° | Anstellwinkel des Werkzeugs in Vorschubrichtung |

| | | |
|---|---|---|
| $\beta_{fn}$ | ° | Anstellwinkel des Werkzeugs normal zur Vorschubrichtung |
| $\gamma$ | - | Abschirmungsfaktor |
| $\Delta h_{Schmelz}$ | kJ kg$^{-1}$ | Spezifische Schmelzenthalpie |
| $\Delta T$ | K | Temperaturgenauigkeit |
| $\Delta t$ | s | Zeitliche Differenz |
| $\Delta x, \Delta y, \Delta z$ | mm | Abstand zwischen zwei Koordinatenpunkten |
| $\Delta x_{Es}$ | mm | Überlappung |
| $(\partial T/\partial t)$ | K s$^{-1}$ | Abkühlrate |
| $\left(\frac{\partial T}{\partial t}\right)_{Heizen}$ | K min$^{-1}$ | Temperaturgradient des Aufheizvorgangs |
| $\left(\frac{\partial T}{\partial t}\right)_{Kühlen}$ | K min$^{-1}$ | Temperaturgradient des Abkühlvorgangs |
| $\varepsilon$ | - | Emissionsrate |
| $\varepsilon_{Werkstoff}$ | - | Werkstoffspezifische Emissionsrate |
| $\varepsilon_{Ofen}$ | - | Emissionskoeffizient des Innenraums des Ofens |
| $\zeta_{i,1}, \zeta_{i,2}$ | - | Werkstoffspezifische Konstanten |
| $\phi$ | J | Elektromagnetische Strahlung |
| $\varphi$ | ° | Drehwinkel |
| $\varphi$ | ° | Eingriffswinkel |
| $\varphi_a$ | ° | Eingriffswinkel des Austrittspunkts der Schneide |
| $\varphi_c$ | ° | Schnittwinkel |
| $\varphi_e$ | ° | Eingriffswinkel des Eintrittspunkts der Schneide |
| $\varphi_{r,a}$ | ° | Oberflächenerzeugender Eingriffswinkel |
| $\varphi_{vo}$ | ° | Eingriffswinkel des vorherigen Schneideneingriffs |
| $\ddot{\varphi}$ | ° s$^{-2}$ | Winkelbeschleunigung |
| $\eta$ | N s m$^{-2}$ | Dynamische Viskosität |
| $\eta$ | - | Wirkungsgrad |
| $\eta_{Werkstoff}$ | - | Werkstoffeffizienz |
| $\Theta$ | K | Bezogene Drahttemperatur |
| $\Theta$ | mrad | Strahldivergenz |

| | | |
|---|---|---|
| $\kappa, (\kappa_{1,2}, \kappa_{1,3}, \kappa_{2,3})$ | ° | Einstellwinkel (der Grenzkurve 1-2, 1-3 und 2-3) |
| $\kappa_a$ | ° | Einstellwinkel des Austrittpunkts der Schneide |
| $\kappa_c$ | ° | Schnittlänge |
| $\kappa_e$ | ° | Einstellwinkel des Eintrittpunkts der Schneide |
| $\kappa_{vo}$ | ° | Einstellwinkel des vorherigen Schneideneingriffs |
| $\lambda$ | nm | Wellenlänge der elektromagnetischen Strahlung |
| $\lambda$ | $W\ m^{-1}\ K^{-1}$ | Wärmeleitfähigkeit |
| $\lambda_{Gas}$ | $W\ m^{-1}\ K^{-1}$ | Wärmeleitfähigkeit des umströmenden Gases |
| $\mu_1, \mu_2$ | $m^{-1}$ | Lösung der Differentialgleichung |
| $\nu$ | $m^2\ s^{-1}$ | Kinematische Viskosität |
| $\rho_{Draht}$ | $kg\ m^{-3}$ | Dichte des Drahts |
| $\rho_{Gas}$ | $kg\ m^{-3}$ | Dichte des Gases |
| $\rho_{Wasser}$ | $kg\ m^{-3}$ | Dichte des deionisierten Kühlwassers |
| $\rho_{Werkstoff}$ | $kg\ m^{-3}$ | Dichte des Werkstoffs |
| $\rho_{wst}$ | $kg\ m^{-3}$ | Dichte des Werkstücks |
| $\sigma$ | $J\ s^{-1}\ m^{-2}\ K^{-4}$ | Stefan-Boltzmann Konstante $5{,}67*10^{-8}\ J\ s^{-1}\ m^{-2}\ K^{-4}$ |
| $\tau_{Absaugung}$ | - | Zustandsparameter der Absaugung |
| $\tau_{Draht}$ | - | Zustandsparameter des Drahtvorschubantriebs |
| $\tau_{Gas}$ | - | Zustandsparameter des Gaszuführungssystems |
| $\tau_{Lüfter}$ | - | Zustandsparameter des Lüfters |
| $\tau_{Steuerung}$ | - | Zustandsparameter der Steuerung |
| $\tau_{Verfahrachsen}$ | - | Zustandsparameter der Verfahrachsen |
| $\omega_{A-Achse}$ | $s^{-1}$ | Winkelgeschwindigkeit der A-Achse |

**Indizes**

| | |
|---|---|
| Aktiv, Ausgeschaltet, Bereit, Eingeschaltet | System oder Systemkomponente im Betriebsmodus »Aktiv«, »Ausgeschaltet«, »Bereit« und »Eingeschaltet« |
| i, j, k, l | Zählvariable |

**Abkürzungen**

| | |
|---|---|
| BIm-SchG | Bundes-Immissionsschutzgesetz |
| CAD/CAM | Computer Aided Design/Computer Aided Manufacturing |
| CML | Centrum voor Milieukunde der Universität Leiden |
| $CO_2$ | Kohlenstoffdioxid |
| DIN | Deutsches Institut für Normung |
| EEG | Erneuerbare-Energien-Gesetz |
| EN | Europäische Norm |
| EnergieStG | Energiesteuergesetz |
| EnEV | Energieeinsparverordnung |
| EnPI | Energy Performance Indicator |
| FE/FU | Funktionelle Einheit/Functional Unit |
| HV/HRC | Härte nach Vickers/Rockwell nach Skala C |
| IEC | International Electrotechnical Commission |
| ISO | Internationale Organisation für Normung |
| KEA | Kumulierter Energieaufwand |
| KPI | Key Performance Indicator |
| LCA/LCC | Life Cycle Assessment/Life Cycle Costing |
| NC | Numerical Control |
| Nd:YAG | Neodym-dotiertes Yttrium-Aluminium-Granat |
| OEE | Overall Equipment Effectiveness |
| PDCA-Zyklus | Plan-Do-Check-Act-Zyklus |
| PID-Regler | Proportional-Integral-Differential-Regler |
| ProBas | Prozessorientierte Basisdaten für Umweltmanagement-Instrumente |
| StromStG | Stromsteuergesetz |
| S/W-CCD-Kamera | Schwarz-Weiß Kamera mit Charge-coupled Device |
| TCO | Total Cost of Ownership |
| UBA | Umweltbundesamt |
| VDI | Verein Deutscher Ingenieure |

# 1 Einleitung und Motivation

*Introduction and Motivation*

In industriellen Hochlohnländern werden überwiegend Erzeugnisse produziert, die hohen technischen Anforderungen genügen müssen und dadurch bedingt Know-how intensiv sind. Dies rechtfertigt die Produktion an diesen Standorten und verhindert eine Auslagerung der Wertschöpfung zu geringeren Kosten in Niedriglohnländer [Brec11]. Die hohen technischen Anforderungen spiegeln sich u. a. in dem Einsatz von neuartigen Fertigungsverfahren wider, die wiederum Treiber und Ergebnis von Innovationen sind. Zu diesen Fertigungsverfahren gehören u. a. additive Fertigungsverfahren [LeBo14]. Im journalistischen Gebrauch werden sie häufig fälschlicherweise als 3D-Drucken, das aber nur eine Verfahrensvariante der additiven Fertigungsverfahren darstellt, bezeichnet. Prognosen zufolge gehören die additiven Fertigungsverfahren auch zu der Gruppe der Fertigungsverfahren, die die Produktionstechnik revolutionieren werden [Ande12]. In den vergangenen 30 Jahren wurde eine Vielzahl an Varianten und Variationen der additiven Fertigungsverfahren entwickelt und weiterentwickelt [Kloc15]. Das grundsätzliche Verfahrensprinzip ist der Auftrag von meist formlosem Werkstoff, der mithilfe von unterschiedlichen Wirkmechanismen, wie z. B. schmelzmetallurgisch oder chemisch, zu einer definierten Geometrie geformt wird. Diese Fertigungsverfahren eignen sich besonders für die Herstellung von komplexen Bauteilen, die in geringen Stückzahlen hergestellt werden, und ermöglichen durch eine hohe Individualität der Geometrien eine hohe Variantenvielfalt. Aber auch bei der Herstellung dieser Bauteile müssen die Produktivität und Effizienz Zielvorgaben erfüllen, um eine wirtschaftliche Fertigung zu gewährleisten.

Neben additiven Fertigungsverfahren und weiteren Trendthemen, wie Industrie 4.0, wird vor allem der Ressourceneffizienz in der Fertigungstechnik eine immer größer werdende Rolle zugesprochen. Ressourcenmangel und Preissteigerungen erfordern einen effizienten Umgang mit Ressourcen durch eine Nutzung mit höherer Wertschöpfung bei gleichzeitig geringerem Ressourceneinsatz. Die entstehende Ressourcenverknappung verändert die heutige Fertigungstechnik und erfordert neue Lösungen, wie z. B. den verstärkten Einsatz von urformenden Fertigungsverfahren, die sich u. a. durch eine hohe Werkstoffausnutzung auszeichnen. Zu diesen können im erweiterten Sinn auch die additiven Fertigungsverfahren gezählt werden. Durch effizientere Prozesse können die eingesetzten Ressourcen, wie z. B. Material, Energie und Zeit, reduziert und dadurch Einsparpotentiale erschlossen werden. Zusätzlich drohen aufgrund gesetzlicher Reduzierungsziele Kostensteigerungen durch Sanktionen und Strafen, falls Grenzwerte nicht eingehalten werden. So wird beispielsweise eine Senkung der $CO_2$-Emissionen bis zum Jahr 2020 um mindestens 40 % gegenüber 1990 u. a. durch einen reduzierten Einsatz von Energie angestrebt [BUND15]. Neben klassischen wirtschaftlichen Charakteristiken, wie Investitions- und Prozesskosten, Bearbeitungszeiten und Qualität, erkennen Unternehmen aber auch die Imagewirksamkeit durch (ressourcen-)effiziente Technologien und Prozesse.

Die Ressourcenbetrachtungen der additiven Fertigungsverfahren erfolgen bisher ausschließlich auf die eigentlichen Fertigungsverfahren begrenzt und vernachlässigen die Prozessketten, in die diese integriert sind. Die Berücksichtigung der Prozessketten ist aber notwendig, da mit additiven Fertigungsverfahren alleine keine einsatzfähigen Bauteile hergestellt werden können. Eine prozesskettenbezogene Betrachtung existiert bisher nicht, u. a., weil die entscheidenden Ressourcenverbräuche und die wechselseitigen Einflüsse nicht bekannt sind.

Ziel der Arbeit ist es daher, diese entscheidenden Zusammenhänge und charakteristischen wechselseitigen Einflüsse des Ressourcenbedarfs und -einsatzes einer Prozesskette mit additiven Fertigungsverfahren am Beispiel des Laserauftragschweißens, einem additiven Fertigungsverfahren, grundlegend und systematisch zu erklären, indem auf Basis von theoretischen Betrachtungen eine Modellierung der Fertigungsverfahren der Prozesskette durchgeführt wird. Dieses Grundlagenwissen ist ein Beitrag zur Steigerung des Verständnisses der Ressourceneffizienz von Prozessketten mit additiven Fertigungsverfahren und ermöglicht die Unsicherheiten hinsichtlich des Einsatzes dieser Fertigungsverfahren und deren Bewertung zu reduzieren. Der langfristige Nutzen für die Industrie besteht in dem umfassenden Prozesskettenverständnis, das in dem hier erarbeiteten Modell abgebildet wird. Durch dieses ermöglicht das hier ermittelte Grundlagenwissen, das auf Anwendungsbelange adaptiert wird, eine erkenntnisbasierte Optimierung des Ressourcenbedarfs und -einsatzes unter Berücksichtigung der für die Prozessketten mit additiven Fertigungsverfahren entscheidenden Zusammenhänge und charakteristischen wechselseitigen Einflüsse.

Zur Erreichung dieses Ziels ist diese Arbeit in acht Kapitel eingeteilt. Nach dieser Einleitung und Motivation (Kapitel 1) sowie einer anschließenden Analyse des aktuellen Stands der Erkenntnisse in Industrie und Forschung (Kapitel 2) erfolgt die Beschreibung der Aufgabenstellung und Zielsetzung dieser Arbeit (Kapitel 3). Diese wird in den darauf folgenden Kapiteln Systemanalyse der Prozesskette mit additiven Fertigungsverfahren (Kapitel 4) und der Abstraktion und Modellierung der Systemelemente der Prozesskette (Kapitel 5) beantwortet und die Erkenntnisse mithilfe von experimentellen Untersuchungen (Kapitel 6) erweitert. Diese Ergebnisse werden anschließend in eine Methode zur Anwendung in der Praxis überführt und diskutiert (Kapitel 7). Abgeschlossen wird diese Arbeit mit einer Zusammenfassung und einem Ausblick (Kapitel 8).

Im Rahmen dieser Arbeit werden Prozesse, die den additiven Fertigungsverfahren zugeordnet werden, nicht hinsichtlich der Prozessgeschwindigkeit oder Prozessstrategie verbessert oder die mögliche Bauteilgröße und -qualität erhöht. Das heißt auch, dass keine werkstofftechnischen Fragestellungen, die höhere mechanische Kennwerte, wie z. B. Härte, oder eine erweiterte Werkstoffpalette ermöglichen, adressiert werden. Der Mehrwert additiv gefertigter Bauteile gegenüber konventionell gefertigten Bauteilen in ihrer Nutzungsphase, z. B. durch eine verkürzte Time-to-Market, eine Funktionsintegration oder allgemeine Design- und Konstruktionsoptimierungen, wie z. B. Topologieoptimierung oder bionische Strukturen, werden ebenfalls nicht berücksichtigt.

# 1 Introduction and Motivation

*Einleitung und Motivation*

Highly sophisticated goods, which meet high technical requirements, are predominantly produced in industrial high-wage countries. They require intensive know-how which justifies the production at these locations and prevents outsourcing of added value at a lower cost in low-wage countries [Brec11]. The high technical requirements are reflected, amongst others, in the use of new manufacturing processes, which are again driver and result of innovations. Amongst others these manufacturing processes include additive manufacturing technologies [LeBo14]. In journalistic use they are often incorrectly referred to as 3D printing which is only a process variant of additive manufacturing technologies. According to forecasts additive manufacturing technologies are included to the group of manufacturing processes that will revolutionize the production technology [Ande12]. In the past 30 years a number of versions and variations of additive manufacturing technologies have been developed and refined [Kloc15]. The basic process principle is the deposition of a usually shapeless material by the use of different mechanisms, such as fusion or chemical, and forming into a defined geometry. These manufacturing processes are particularly suitable for the production of complex components, which are manufactured in small quantities, and allow a wide range of variants due to a high individuality of geometries. But even for the production of these components, the productivity and efficiency must meet targets in order to ensure economic production.

Besides additive manufacturing technologies and other trend topics, such as Industrie 4.0, especially resource efficiency is awarded an increasing role in production technology. Lack of resources and price increases require an efficient use of resources by using fewer resources with higher added value. The resulting shortage of resources changes today's production technology and requires new solutions, such as the increased use of primary shaping technologies, which are, amongst others, characterized by a high material utilization. In a wider sense additive manufacturing technologies can also be counted to these technologies. Through more efficient processes, the used resources, such as material, energy and time, can be reduced and thereby potential savings can be tapped. Additionally, due to legal reduction targets, cost increases through sanctions and fines will threaten if limits are not adhered. For example, a reduction of $CO_2$ emissions until 2020 by at least 40 % compared to 1990 is aimed at, amongst others, through a reduced use of energy [BUND15]. In addition to classic economic characteristics, such as investment and process costs, processing times and quality, companies have also identified the effect on the image by (resource) efficient technologies and processes.

Previous resource considerations of additive manufacturing technologies were strictly limited to the actual manufacturing processes and neglected the process chains in which they are integrated. However, the consideration of the process chains is necessary because no ready-to-use components can be produced only with additive manufacturing technologies. A detailed description of the entire process chain does not exist, amongst others, because the decisive resource consumption and the interactional influences are unknown.

Therefore, the aim of this work is to explain these decisive correlations and characteristic interactional influences of resource requirements and consumption of the process chain with additive manufacturing technologies fundamentally and systematically. Based on theoretical considerations a modeling of the manufacturing processes of the process chain is carried out by using laser deposition welding as an additive manufacturing technology. This basic knowledge is a contribution to the increase of understanding the resource efficiency of process chains with additive manufacturing technologies and allows reducing the uncertainties related to the use of these manufacturing processes and their evaluation. The long-term benefit to the industry consists of the comprehensive process chain understanding which is depicted in the developed model. Through this, the determined basic knowledge, which is adapted to application needs, enables a knowledge-based optimization of resource requirements and consumption under consideration of the decisive relationships and characteristic interactional influences of the process chains with additive manufacturing technologies.

To achieve this objective, this work is divided into eight chapters. After this introduction and motivation (chapter 1) and a subsequent analysis of the current state of knowledge in industry and research (chapter 2), the description of work and objectives of this thesis is carried out (chapter 3). These is answered in the following chapters, system analysis of the process chain with additive manufacturing technologies (chapter 4) as well as the abstraction and modeling of the system's elements of the process chain (chapter 5), and the knowledge is extended based on experimental investigations (chapter 6). These results are then transferred to a method for application in practice and discussed (chapter 7). This work is finalized with a summary and outlook (chapter 8).

In this work processes, which are assigned to the additive manufacturing technologies, will not be improved in terms of process speed or process strategy nor will the possible component size and quality be increased. This also means that no material related problems, like higher mechanical characteristic values, such as hardness, or an expanded range of materials, are addressed. The added value of additively manufactured components compared with conventionally manufactured components in their utilization phase, for example, a shorter time-to-market, a functional integration or general design and engineering improvements, such as topologic optimization or bionic structures, are also not considered.

# 2 Stand der Erkenntnisse in Industrie und Forschung

*State of Knowledge in Industry and Research*

Diese Arbeit soll einen Beitrag zum ressourceneffizienten Einsatz von additiven Fertigungsverfahren in modernen Produktionsumgebungen liefern. In diesem Kapitel wird dazu eingangs der derzeitige Stand der Erkenntnisse in Industrie und Forschung von Ressourcen, Ressourceneffizienz und deren ökonomische Relevanz im Allgemeinen und im Speziellen im produktionstechnologischen Umgang beschrieben (Unterkapitel 2.1). Anschließend werden in Unterkapitel 2.2 aktuelle Bilanzierungs- und Bewertungsansätze vorgestellt, die genutzt werden, um den Ressourcenbedarf und -einsatz zu bestimmen und anschließend zu bewerten. Heutzutage ist die Notwendigkeit einer ressourceneffizienten Produktion bereits in vielen Bereichen konventioneller Fertigungsverfahren vor dem Hintergrund einer angestrebten Kostensenkung bei gleichzeitig steigenden Rohstoffkosten und politischen Vorgaben zum Klimaschutz relevant. Daher wird die Ressourceneffizienz auch in Zukunft im Bereich der additiven Fertigungsverfahren auf dessen Weg zu einem Serienverfahren eine größere Rolle spielen [Bour09]. Demzufolge wird dieses Kapitel mit einer Einführung in additive Fertigungsverfahren und deren Einsatz und Einbindung in Prozessketten, die in dieser Arbeit berücksichtigt werden sollen, sowie aktuellen Forschungsarbeiten zur Ressourcenbetrachtung im Bereich der additiven Fertigungsverfahren abgeschlossen (Unterkapitel 2.3).

## 2.1 Einordnung und Grundlagen von Ressourcen

*Classification and Basics of Resources*

Im Folgenden werden Ressourcen und Ressourceneffizienz im Allgemeinen (Unterkapitel 2.1.1), ihre ökonomische Relevanz (Unterkapitel 2.1.2) und die Bedeutung von Ressourceneffizienz im produktionstechnischen Umfeld (Unterkapitel 2.1.3) vorgestellt.

### 2.1.1 Ressourcen und Ressourceneffizienz

*Resources and Resource Efficiency*

Unter Ressourcen werden in der Betriebswirtschaftslehre die Produktionsfaktoren – alle Mittel und Leistungen für die Produktion von Gütern – verstanden [Dude01]. Damit stellen Ressourcen die Handlungsgrundlage für alle wertschöpfenden Tätigkeiten dar und sind die Grundlage für produzierende Unternehmen. Nach GUTENBERG erfolgt eine Unterteilung dieser Produktionsfaktoren in Elementarfaktoren, die sich wiederum in Repetierfaktoren bzw. Verbrauchsfaktoren und in Potentialfaktoren unterscheiden lassen, und dispositive Faktoren. Letztere verantworten eine optimale Kombination der Elementarfaktoren. Bei den Repetierfaktoren handelt es sich um Stoffe, die bei der Produktion der Güter unmittelbar verbraucht werden. Hierzu zählen sowohl Rohstoffe als auch Hilfs- und Betriebsstoffe. Die Potentialfaktoren hingegen werden lediglich mittelbar verbraucht, sodass diesen die Betriebsmittel sowie die menschliche Arbeit, die Humanressource, zugeordnet sind. [Gute82] Darauf aufbauend resultiert meist eine Unterteilung der Ressourcen in materielle und immaterielle Ressourcen sowie Humanressourcen [Barn91]. Eine Klassifizierung der hierfür relevanten Ressourcen kann wie in Tabelle 2.1 erfolgen.

**Tabelle 2.1:** Klassifizierung von Ressourcen nach BARNEY und GLADEN [Barn91], [Glad03]
*Classification of resources according to BARNEY and GLADEN*

| Klassifizierung | Ressourcen |
|---|---|
| **Materielle Ressourcen** | Rohstoffe, Energie, Boden, Wasser, Luft, Fläche, Gebäude, Anlagen, Betriebseinrichtung |
| **Immaterielle Ressourcen** | Organisationsstrukturen, Informationssysteme, Wissen, Technologien, Patente, Reputation, Bekanntheitsgrad, Kundenstamm |
| **Humanressourcen** | Mitarbeiter und ihre Fähigkeiten, Ausbildung, Motivation, Intelligenz, Kontakte |

Daneben ist der Begriff aber auch noch in der Psychologie, in der er Fähigkeiten, Charaktereigenschaften oder eine geistige Haltung ausdrückt, sowie in der Soziologie, in der er für Bildung, Gesundheit und Prestige steht, geläufig. Im Zusammenhang dieser Arbeit werden darunter jedoch ausschließlich technisch relevante Ressourcen verstanden. Diese Ressourcen sind prozessabhängige Input- und Outputgrößen von wertschöpfenden Produktionsprozessen. Einen möglichen Ressourceninput und -output im Fall von produktionstechnischen Prozessen und Prozessketten zeigt die Abbildung 2.1 exemplarisch mit materiellen Ressourcen.

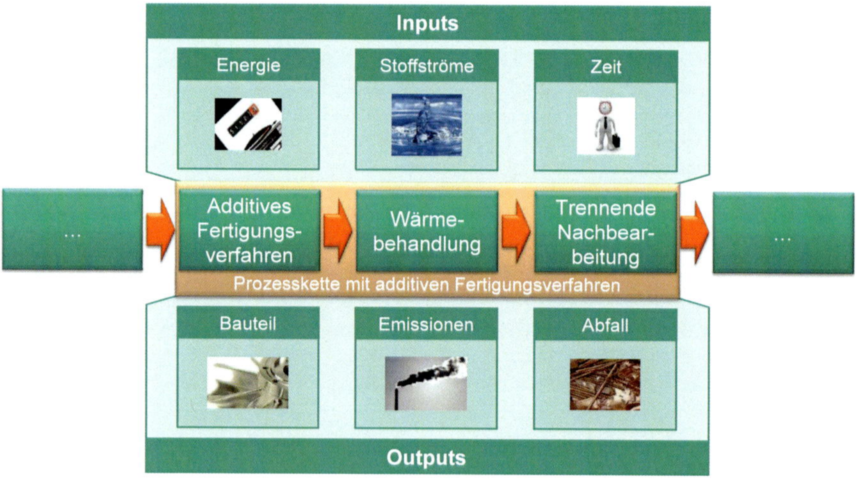


**Abbildung 2.1:** Inputs und Outputs von Ressourcen einer Prozesskette mit additiven Fertigungsverfahren
*Immisions and emissions of resources of a process chain with additive manufacturing technologies*

Das Verhältnis zwischen dem erzielten bzw. erwünschten Ergebnis oder Outputs und den eingesetzten Mitteln oder Inputs beschreibt die Effizienz [Schl14]. Ziel ist dabei die Optimierung der Kosten-Nutzen-Relation [Glad03]. In Bezug auf Ressourcen bedeutet dies bei Einsatz des geringstmöglichen Inputs den bestmöglichen Output zu generieren [Witt12]. Bei separater Betrachtung des Inputs und Outputs ist die Erhöhung des Outputs bei konstantem Input oder bei konstantem Output die Reduzierung des Inputs Ziel der Optimierung. Üblicherweise wird aber eine Steigerung der Effizienz mit einer Kombination dieser beiden erzielt werden.

Unter Berücksichtigung der Definition von Ressourcen (vgl. Tabelle 2.1) folgt, dass Ressourceneffizienz sowohl den Material- und Energieeinsatz als auch den Einsatz von beispielsweise Wissen oder Technologien, aber auch von Mitarbeitern und deren Fähigkeiten, in Bezug zu den erzielten bzw. erreichten Ergebnissen beschreibt. Auch kann sich die Ressourceneffizienz im Falle von Prozessen auf das Verhältnis von physischen Größen beziehen, beispielsweise auf das Verhältnis von der Masse des fertigen Bauteils zur eingesetzten Masse eines Halbfertigteils [Schü08]. Eine eindeutige Abgrenzung zu dem Begriff Ressourcenproduktivität ist in der Wissenschaft nur teilweise etabliert [Krin12], [Schl14], [Scho14], sodass es zu inhaltlichen Überschneidungen des in dieser Arbeit genutzten Begriffs der Ressourceneffizienz und der Ressourcenproduktivität kommen kann.

### 2.1.2 Ökonomische und ökologische Relevanz von Ressourceneffizienz

*Economic and Ecologic Relevance of Resource Efficiency*

Das vorherige Unterkapitel 2.1.1 erklärt die Begriffe »Ressourcen« und »Ressourceneffizienz«. Auf dieser Basis wird im Folgenden die Relevanz von Ressourceneffizienz sowohl im ökonomischen als auch ökologischen Kontext betrachtet. Unternehmen sehen vermehrt die Möglichkeit mithilfe von ressourceneffizienten Fertigungsverfahren und deren Prozessketten wirtschaftlich erfolgreicher zu agieren [Enge13]. Hierbei kann prinzipiell eine Unterteilung in drei Aspekte erfolgen. Der erste Aspekt ist hierbei das Erschließen von realen Einsparpotentialen durch effizientere Prozesse und damit reduziertem Ressourcenbedarf und -einsatz. Das Ziel von Effizienzsteigerungen sind dabei für 87 % der Unternehmen Kostensenkungen und für 72 % der Unternehmen die Erarbeitung von Wettbewerbsvorteilen [Erha10]. Zusätzlich bringen Effizienzsteigerungen weitere positive Nebeneffekte, wie z. B. höhere Innovationsfähigkeit, Beschäftigungssicherung, verringerte Unternehmensrisiken und verbesserte Produktionsabläufe. Auch diese können zu einem höheren Gewinn durch reduzierte Kosten oder zu Umsatzsteigerungen führen [Stum05].

Ein weiterer Aspekt, der die Wirtschaftlichkeit produzierender Unternehmen verbessern kann, resultiert aus der vermehrten Einführung von gesetzlichen Bestimmungen in Bezug auf Ressourceneinsatz und Umweltbelastungen. Die gesetzlichen Bestimmungen, wie das Stromsteuergesetz (StromStG), Energiesteuergesetz (EnergieStG), Erneuerbare-Energien-Gesetz (EEG), Bundes-Immissionsschutzgesetz (BIm-SchG) und die Energieeinsparverordnung (EnEV), führen nicht zwingend unmittelbar zu einer Kostenreduzierung, verhindern aber die Entstehung von zusätzlichen monetären Auswirkungen durch Sanktionen oder Strafen, die verhängt werden, sobald gesetzlich vorgeschriebene Grenzwerte überschritten werden. Der dritte Aspekt beschreibt den positiven Einfluss auf das Image eines Unternehmens und/oder eines Produkts, der aus reduziertem Ressourcenbedarf und -einsatz resultiert. Dies hat nur mittelbar ökonomische Relevanz, da die Imagewirksamkeit von ressourceneffizienter Produktion nur schwer oder gar nicht quantifizierbar ist. In einem gewissen Maße können dadurch aber Werbezwecke [Erha10] erfüllt werden oder die gesellschaftliche Akzeptanz eines Produkts steigen [Schl14].

### 2.1.3 Ressourceneffizienz in der Produktionstechnik

*Resource Efficiency for Production Technology*

In den beiden vorherigen Unterkapiteln 2.1.1 und 2.1.2 wurden einerseits Ressourcen und Ressourceneffizienz als solches und andererseits deren ökonomische und ökologische Relevanz vorgestellt. Im Folgenden werden zum einen Ansatzpunkte zur Steigerung der Ressourceneffizienz und zum anderen relevante Ressourcen in der Produktionstechnik und daraus gebildete Kennzahlen vorgestellt, die einen pragmatischen Umgang im Rahmen der Produktionstechnik ermöglichen.

Zur Steigerung der Ressourceneffizienz können primär fünf verschiedene Ansatzpunkte genannt werden. Hierzu zählen die Prozessoptimierung, Optimierung der Kreislauffähigkeit der Ressourcen, Produktverbesserung, Substitution von Ressourcen sowie strategische Maßnahmen. [Schl14], [BUND14] Zu den zielführenden Maßnahmen bei der Prozessoptimierung zählen hierbei

- die Vermeidung des Ressourceneinsatzes,
- die Verringerung von Abfall, Ausschuss und Nacharbeit,
- eine bedarfsgerechte Dimensionierung der Anlagen und entsprechender Betrieb,
- eine Modernisierung/Ersatz bestehender Anlagen und deren Einzelaggregate,
- eine Kombination von Rüstvorgängen mit Instandhaltungs-und Wartungsarbeiten und
- die Kaskadennutzung/Mehrfachnutzung der Ressourcen.

Durch die Verfolgung eines oder mehrerer dieser Punkte lässt sich ein überhöhter Ressourceneinsatz verhindern. Des Weiteren ist eine Optimierung der Kreislauffähigkeit der Ressourcen zielführend. Hierzu zählen

- das Recycling von Ausschuss, Bei- und Nebenprodukten,
- eine Erhöhung des Anteils an Kreislaufmaterial und
- die Verwendung kreislauffähiger Ressourcen.

Allerdings sind viele Ressourcen nicht kreislauffähig und auch nicht durch solche ersetzbar, sodass eine Optimierung der Kreislauffähigkeit nicht immer möglich ist [Schl14]. Eine Vermeidung des Ressourceneinsatzes durch entsprechende Prozessoptimierung ist allgemein auch zielführender als die teilweise Nutzung einer Ressource und das anschließende Recyceln [Schm09]. Beide Ansätze, die Prozessoptimierung und die Optimierung der Kreislauffähigkeit, beinhalten größtenteils Maßnahmen, die sich direkt auf Produktionsprozesse beziehen. Daneben gibt es noch drei weitere Ansätze, die der Vollständigkeit halber in der folgenden Tabelle 2.2

dargestellt sind. Diese spielen im Rahmen dieser Arbeit jedoch keine weitere Rolle, da sie sich auf einem übergreifenden Abstraktionsgrad befinden, der nicht Teil dieser Arbeit ist.

**Tabelle 2.2:** Weitere Maßnahmen zur Steigerung der Ressourceneffizienz [Schl14], [BUND14]
*Further measures to increase resource efficiency*

| Produktverbesserung | Substitution von Ressourcen | Strategische Maßnahmen |
|---|---|---|
| ▪ Belastungsgerechte Dimensionierung der Produkte<br>▪ Ermöglichung/Verbesserung der Kreislauffähigkeit der eingesetzten Rohstoffe<br>▪ Geringe Produkt- und Materialvielfalt<br>▪ Modularisierung | ▪ Rohstoffsubstitution<br>▪ Funktionale Substitution<br>▪ Zweckbezogene Substitution<br>▪ Vermeidung des Einsatzes teurer, kritischer und seltener Ressourcen<br>▪ Substitution durch umweltfreundliche Ressourcen | ▪ Klare Zielausrichtung<br>▪ Schulung/Weiterbildung<br>▪ Unternehmenskultur<br>▪ Kommunikation<br>▪ Einkaufspolitik<br>▪ Optimierung des Qualitätsmanagements |

Die Absolutbetrachtung durch Erfassung und Summierung von materiellen, immateriellen Ressourcen und Humanressourcen, wie sie in Unterkapitel 2.1.1 vorgestellt worden sind, eignen sich nur bedingt für eine Ressourcenbetrachtung im Rahmen der Produktionstechnik. Um einen pragmatischen Umgang mit den Informationen über Ressourcenbedarf und -einsatz zu ermöglichen, hat sich daher die Relativbetrachtung mit der Entwicklung bzw. der Nutzung von Kennzahlen etabliert. Diese haben eine besondere Aussagekraft aufgrund ihrer verhältnismäßig hohen Relevanz hinsichtlich eines Erkenntnisziels [Stau85]. Unterschieden werden absolute Kennzahlen und Verhältniskennzahlen. Die absoluten Kennzahlen können Einzelzahlen, wie z. B. Umsatz, oder Summen, Differenzen oder Mittelwerte sein. Bei den Verhältniskennzahlen handelt es sich um Quotienten, die immer auf eine funktionelle Einheit FE (engl.: Functional Unit, kurz: FU) bezogen sind, zu der der Input oder Output in Relation gesetzt wird. Die Auswahl der funktionellen Einheit orientiert sich dabei an dem Ziel der Ressourcenbetrachtung und der Wirkweise der Energie oder des Stoffs. Die Nutzung der funktionellen Einheiten ermöglicht es die gewonnenen Daten in übergeordneten Datenbanken abzulegen und für weitere Betrachtungen nutzbar zu machen. Technisch sinnvolle funktionelle Einheiten sind z. B. Material, Stück, Zeit oder Energie. [DIN09]

Die Verhältniskennzahlen werden in Gliederungskennzahlen, Beziehungskennzahlen und Messzahlen unterteilt. Gliederungskennzahlen ergeben sich aus dem Quotient einer Teilgröße in Beziehung zu einer Gesamtgröße. Daher liegen die Werte der Gliederungskennzahlen immer zwischen 0 und 1. Bei Beziehungskennzahlen sind Zähler und Nenner sachlich zusammenhängende Größen, aber keine Teilgröße des jeweils anderen, sondern setzen sich aus einer »Beobachtungszahl« und einer »Bezugszahl« zusammen. Diese sind im Rahmen der Ressourcenbetrachtung von besonderer Relevanz. Bei den Messzahlen sind Zähler- und Nennergröße gleichartig und gleichgeordnet. Hierbei können z. B. unterschiedliche Zeitbezüge berücksichtigt werden.

Diese Kennzahlen helfen bei der Darstellung der Transparenz hinsichtlich der betrachteten Prozesse und ermöglichen eine Vergleichbarkeit z. B. zwischen Prozessalternativen. Einerseits können diese vor einem ökologischen Hintergrund betrachtet werden, andererseits aber auch verwendet werden, um Prozesse ökonomisch bzw. monetär zu bewerten. Hierzu sind weiterhin die Informationen zu den jeweils relevanten Ressourcen, z. B. von den Prozessalternativen, notwendig. Neben diesen Informationen ist bei der Bildung von Beziehungskennzahlen die Auswahl der Bezugszahl von entscheidender Bedeutung. Die Auswahl sowohl der Beobachtungszahl als auch der dazugehörigen Bezugszahl wird in Abhängigkeit von den Prozessen und der Zielsetzung der Ressourcenbetrachtung getroffen. Die Bezugsgröße ist hierbei eine funktionale Einheit; häufig die Zeit bzw. Dauer oder eine Menge. Mengeneinheiten können sich dabei sowohl auf eine Anzahl, wie z. B. Teile oder Stück beziehen, als auch auf eine quantifizierbare Messgröße, wie z. B. Gewicht oder Volumen. Für die gebildeten Kennzahlen wird auch häufig der Begriff »Key Performance Indicator« (KPI) verwendet. Kennzahlen, die sich auf die energetische Leistung beziehen, heißen Energieleistungskennzahlen und werden meist mit EnPI (Energy Performance Indicator) abgekürzt [Schm15].

## 2.2 Ressourcenbilanzierung

*Resource Accounting*

Im vorherigen Unterkapitel 2.1 wurden Ressourcen, deren Effizienz und ihre ökonomische sowie ökologische Relevanz sowie ihr Bezug zur Produktionstechnik hergestellt. Darauf basierend werden im Folgenden zuerst die Ökobilanzierung und Bewertungsmethoden sowie die ökonomische und die soziale Bilanzierung von Ressourcen vorgestellt. Anschließend wird der Einfluss des Untersuchungsrahmens auf die Erreichung der Zielsetzung und die Bilanzierungen vorgestellt.

### 2.2.1 Ökobilanzierung und Bewertungsmethoden

*Life Cycle Assessment and Valuation Methods*

Durch die hohe ökonomische und ökologische Relevanz von Ressourcen (vgl. Unterkapitel 2.1.2) motiviert, sind in den vergangenen Jahren eine Vielzahl an Methoden entwickelt worden, mit denen eine Bewertung nach standardisierten und teilweise genormten Ansätzen durchgeführt werden kann. Mit diesen kann der Ressourcenbedarf und -einsatz aufgenommen und anschließend deren Auswirkung bewertet werden. Die wichtigste und grundlegendste Methode des Umweltmanagements und Öko-Controllings und damit zur nachhaltigen Gestaltung von Produkten ist hierbei die Ökobilanzierung (engl.: Life Cycle Assessment, kurz: LCA) [Schu02]. Z. B. in Form des Global Warming Potentials oder $CO_2$-Äquivalents ermöglicht die Ökobilanzierung im Allgemeinen eine Quantifizierung der Auswirkungen auf die Umwelt eines Produkts oder eines Service im Verlauf des gesamten Produktlebenszyklus von der Rohstoffgewinnung über Produktion, Anwendung, Abfallbehandlung und Recycling bis zur endgültigen Beseitigung. Hierzu werden alle Input- und Outputflüsse und deren Auswirkungen auf die Umwelt zusammengestellt, analysiert und abschließend bewertet. [DIN09], [DIN06], [Böhl96]

Die Zielsetzung einer Ökobilanzierung ist hierbei nach DIN ISO 14 040 [DIN09]:

- Das Aufzeigen von Möglichkeiten zur Verbesserung der Umwelteigenschaften von Produkten in den verschiedenen Phasen ihres Lebenswegs
- Das Informieren von Entscheidungsträgern in Industrie, Regierungs- oder Nichtregierungsorganisationen (z. B. bei der strategischen Planung, Prioritätensetzung, Produkt- oder Prozessentwicklung oder bei entsprechender Neuentwicklung)
- Die Auswahl von relevanten Indikatoren der Umwelteigenschaften, einschließlich der zugehörigen Messverfahren
- Marketing (z. B. beim Implementieren einer Umweltkennzeichnung, beim Treffen einer Umweltaussage oder beim Erstellen einer Umweltdeklaration für ein Produkt)

Die Vorgehensweise zur Erstellung einer Ökobilanz ist ebenfalls in der DIN ISO 14 040 definiert. Hierzu erfolgt eine Unterteilung in die vier Phasen Festlegung des Ziels und des Untersuchungsrahmens, Sachbilanz, Wirkungsabschätzung und Auswertung, die in Abbildung 2.2 mit ihren jeweiligen Inhalten dargestellt sind.

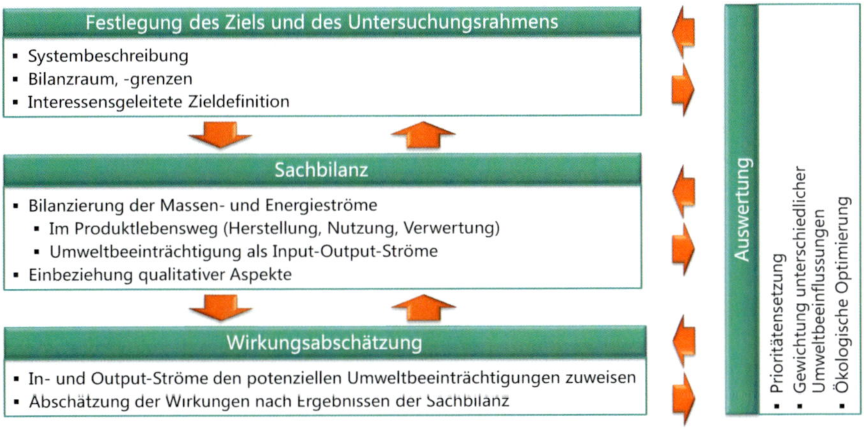


**Abbildung 2.2:** Rahmen einer Ökobilanz nach DIN ISO 14 040 und Eberle [DIN09], [Eber00]
*Scope of Life Cycle Assessment according to DIN ISO 14 040 and Eberle*

Im ersten Schritt wird die Festlegung des Ziels und des Untersuchungsrahmens durchgeführt. Durch die Definition des Ziels wird der Fokus der Ökobilanz festgelegt, durch den es einerseits zu Einschränkungen hinsichtlich des Gültigkeitsrahmens, aber andererseits zu einer verbesserten Anwendbarkeit in diesem Gültigkeitsrahmen kommt. Des Weiteren werden die zu betrachtenden Prozesse sowie Energie- und Stoffströme definiert. [DIN09] Diese umfassen den Untersuchungsrahmen, der in Unterkapitel 2.2.3 detailliert diskutiert wird. Die festgelegten Energie- und

Stoffströme werden in der anschließenden Sachbilanz aufgenommen und meist messtechnisch quantifiziert und jeweils auf funktionelle Einheiten bezogen. Diese Informationen sind die Grundlage für die anschließende Wirkungsabschätzung. Diese Wirkungsabschätzung hat das Ziel, die in der Sachbilanz aufgestellten Energie- und Stoffströme hinsichtlich ihrer Auswirkungen auf die Umwelt zu beschreiben. Durch spezifische Wirkungskategorien und -indikatoren können bestimmte Auswirkungen innerhalb des Untersuchungsrahmens der Ökobilanz hervorgehoben werden. [DIN09], [Abel07] Abgeschlossen wird die Ökobilanzierung durch eine Auswertung, die in erster Hinsicht eine Entscheidungsvorbereitung ist [Stah98]. Hierzu werden die Ergebnisse der Sachbilanz und der Wirkungsabschätzung im Hinblick auf die Festlegung des Ziels und des Untersuchungsrahmens zusammengefasst und diskutiert. Hieraus werden Schlussfolgerungen, Empfehlungen und Entscheidungshilfen abgeleitet. [DIN09] Die DIN ISO 14 040 beschreibt demnach die Vorgehensweise zur Erstellung einer Ökobilanz. Einen ähnlichen Ansatz verfolgt die DIN EN ISO 50 001, deren Ziel der Aufbau von Systemen und Prozessen ist, die zur Verbesserung der energiebezogenen Leistung einschließlich Energieeffizienz, -einsatz und -verbrauch erforderlich sind. Ein solches Energiemanagementsystem ermöglicht Unternehmen Verpflichtungen der (Energie-)Politik einzuhalten, notwendige Maßnahmen zur Verbesserung der energiebezogenen Leistung zu ergreifen und das Einhalten der Anforderungen nachzuweisen. Die systematische Vorgehensweise dieser Norm orientiert sich dabei an dem PDCA-Zyklus (engl.: Plan-Do-Check-Act-Zyklus). [DIN11]

Auf Basis der Ergebnisse oder Zwischenergebnisse werden bei der Ökobilanzierung verschiedene ökologische Bewertungs- bzw. Aggregationsmethoden angewendet. Diese dienen der Aggregation der Sachbilanz mit ihren Energie- und Stoffströmen, der Wirkungsabschätzung oder der Auswertung und berücksichtigen teilweise einzelne Wirkungskategorien bzw. Wirkungsindikatoren oder fassen diese bei einer Vollaggregation zusammen. Dies führt zwar einerseits nicht zu einer ganzheitlichen Bewertung der Umweltwirkungen, reduziert aber andererseits den Aufwand und verbessert die Transparenz, sodass sich dadurch die Praktikabilität erhöht. [Stah98], [Böhl96] Die folgende Auflistung gibt einen Überblick über die im Rahmen einer Ökobilanzierung häufig eingesetzten Bewertungsmethoden:

- ABC-Methode
- CML (Wirkungsindikatoren)
- $CO_2$-Äquivalent
- ECO-Indicator 99
- Ecoinvent 2003
- Environmental Priority Strategies
- General Indicators (Treibhauseffekt, Versauerung, etc.)
- Global Reporting Initiative v4
- Global Warming Potential
- ISO 14 001 und 14 031
- Kumulierter Energieaufwand KEA (VDI 4600)
- Material-Input pro Service-Output
- Primärenergiebedarf

- ProBas
- Schadschöpfungseinheit
- Toxitätsäquivalente
- UBA Wirkungsindikatoren
- Umweltbelastungspunkte

Die Auswahl erfolgt üblicherweise nach dem Anwendungsbereich, den Bewertungsgrößen und den angestrebten Ergebnissen. Für eine tiefergehende Studie der genannten ökologischen Bewertungsmethoden sowie weiteren sei auf einschlägige Fachliteratur verwiesen.

Ziel einer solchen Ökobilanzierung und Bewertung sind die Darstellung der Transparenz von Prozessen, Identifikation der größten Umweltwirkungen und Aufbereitung von Daten für Benchmarking bzw. Leistungsvergleiche. Diese Informationen können einerseits zur Auswertung oder Prognose hinsichtlich der Umweltwirkungen bereits in der Produktentwicklung genutzt werden. Andererseits können sie eine Entscheidungsvorbereitung darstellen, indem sie den Ressourcenbedarf und -einsatz eines Produkts transparent darstellen und im Laufe der Produktentwicklung zur Verbesserung bzw. Optimierung des Produkts und der entsprechend dazugehörigen Prozesse genutzt werden. [ACAD15]

Der Detaillierungsgrad einer Ökobilanzierung und Bewertung kann dabei stark variieren. Prinzipiell ist zwar eine möglichst genaue Betrachtung und Auswertung anzustreben, allerdings kann die Varianz des Aufwands bei diesen leicht von einer Stunde bis zu mehreren hundert Stunden betragen, sodass der Detaillierungsgrad unter einer Kosten-Nutzen-Abschätzung gewählt werden sollte. [ACAD15] Aufgrund der Komplexität und der Fülle an Informationen, die bei der Ökobilanzierung und Bewertung benötigt werden, haben sich verschiedene Bilanzierungssoftwares etabliert, die in der Regel auf unabhängige Datenbanken mit Sachbilanzdaten, z. B. Inputs und Outputs und deren Umweltwirkungen in Form von Emissionen bzw. Immissionen zu einzelnen Prozessen, zurückgreifen. Die Vielzahl der Fertigungsverfahren und die hohe Varianz der Ressourcen können in diesen Datenbanken aber nur teilweise berücksichtigt werden, sodass diesbezüglich häufig Kompromisse eingegangen werden müssen, die die Qualität der Auswertung zwar verringern, diese aber unter einer sinnvollen Kosten-Nutzen-Abschätzung erst ermöglichen. Dennoch stellen die Bilanzierungssoftwares eine enorme Hilfestellung dar, da diese kein spezielles ökologisches Expertenwissen voraussetzen. Weitverbreitete Ökobilanzierungssoftwares sind:

- eBalance
- EIME – Environmental Improvement Made Easy
- GaBi – Ganzheitliche Bilanzierung
- Genius
- openLCA
- Quantis SUITE
- SimaPro
- TEAM™
- Umberto NXT

Die Auswahl der Bilanzierungssoftware hängt dabei von dem festgelegten Ziel, dem gewählten Untersuchungsrahmen, den jeweils zu berücksichtigten Bewertungsgrößen und im Besonderen von der notwendigen Darstellung der Ergebnisse, z. B. vollaggregierte Ergebnisse, die für die Vergleichbarkeit und Bewertung herangezogen werden müssen, ab.

### 2.2.2 Ökonomische und soziale Bilanzierung

*Economic and Social Accounting*

Der Fokus der bis hierhin beschriebenen Bilanzierung und Bewertungsmethoden lag ausschließlich auf der Ökobilanzierung, da auf Basis einer Ökobilanz bzw. einer ökologischen Bilanzierung eine ökonomische Bewertung abgeleitet werden kann [DIN09]. Die ökonomische Bilanzierung wird meistens als Life Cycle Costing (LCC) bezeichnet. Ziel hierbei ist es, die gesamten Kosten und Erlöse eines Produkts – auch Total Cost of Ownership (TCO) genannt – inklusive der damit verbundenen Aktivitäten und Prozesse über den gesamten Produktlebenszyklus zu beschreiben und anschließend zu optimieren [VDI05]. Hierbei wird die Optimierung unter wirtschaftlichen Gesichtspunkten nicht nur auf Basis der Initialkosten durchgeführt, sondern es werden neben den Anschaffungskosten auch die Kosten berücksichtigt, die während der weiteren Lebenszyklusphasen des Produkts anfallen. [VDI05] Aus der Sicht des Nutzers betrachtet, kann dies durchaus zu Entscheidungen führen, die zwar anfangs höhere Investitionssummen erfordern, diese aber durch günstigere Nutzungsphasen wieder kompensieren und damit bei Betrachtung des gesamten Lebenszyklus die wirtschaftlicheren Alternativen darstellen [Herr10]. Der qualitative Verlauf der Life Cycle Costs über den gesamten Lebenszyklus ist in der folgenden Abbildung 2.3 dargestellt.

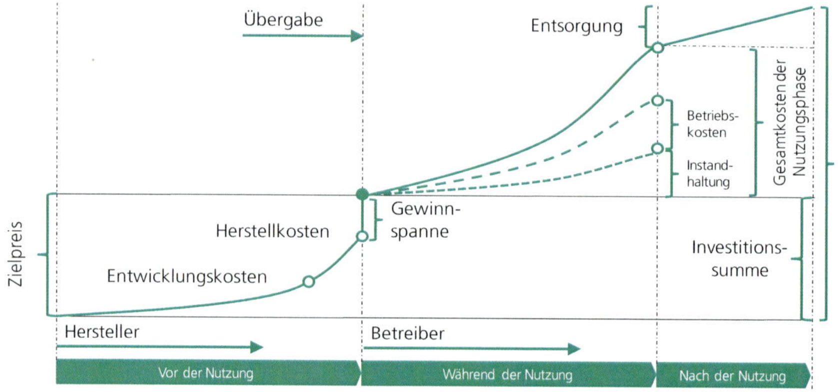


**Abbildung 2.3:** Schematische Darstellung der Life Cycle Costs in Anlehnung an die VDI-Richtlinie 2884 [VDI05]

*Graphic representation of Life Cycle Costs according to VDI-Richtlinie 2884*

Hieraus wird deutlich, dass Kosten während allen Produktlebenszyklusphasen anfallen. Vor Beginn der Nutzung setzt sich die Investitionssumme einerseits aus den Entwicklungs- und

Herstellkosten und andererseits aus der Gewinnspanne des Verkäufers zusammen. Unabhängig von der absoluten Höhe dieser Kosten, deren Anteil an den Gesamtkosten aller Produktlebenszyklusphasen meist verhältnismäßig gering ist, werden in der Entwicklungsphase jedoch bereits 70 bis 85 % der Gesamtkosten festgelegt. Nach der Herstellung fallen während der Nutzungsphase Betriebskosten sowie Wartungs- und Instandhaltungskosten an. Diese steigen häufig mit andauernder Nutzungszeit überproportional an. An diese Nutzungsphase schließen sich die Entsorgungskosten, z. B. mit ihren Recycling- und Verschrottungskosten, an. [Sein03], [VDI05]

Um eine möglichst kostenoptimale Entscheidung zu treffen und die entstehenden Kosten für Beschaffung, Betrieb und Instandhaltung zu minimieren, gibt die VDI-Richtlinie 2884 eine methodische Unterstützung bei Auswahl und Konfiguration von Produktionsmitteln vor der Betrachtung des gesamten Produktlebenszyklus. Hierzu wird eine Analyse von Produktionsmitteln bzw. alternativen Produktionsmitteln und darauf aufbauend analog zu den ökologischen Bewertungsmethoden eine quantitative Bewertung dieser durchgeführt. [VDI05] Auf Grundlage eines Vergleichs der zu erwartenden Erlöse und Kosten – meist auf Basis von statischen und dynamischen Verfahren der Investitionsrechnung – erfolgt in der Regel eine quantitative Bewertung der Produktionsmittel. Aspekte wie Lieferzeit, Marktstellung des Lieferanten und Zertifizierung des Lieferanten können hierbei nicht mitbewertet werden, sodass hierzu andere Bewertungsmethoden hinzugezogen werden müssen. [VDI05] Auf die ökonomischen Bewertungsmethoden soll hier aufgrund der geringen Relevanz im Rahmen dieser Arbeit aber nicht detailliert eingegangen werden.

Die soziale Bilanzierung bildet die dritte und abschließende Art der Bilanzierung. Ziel dieser ist, analog zur ökologischen und ökonomischen Bilanzierung, die Betrachtung über den gesamten Produktlebenszyklus, wobei jedoch die sozialen Aspekte betrachtet werden. Diese hängen weitestgehend von dem Verhalten der involvierten Unternehmen ab. Die ökologisch und ökonomisch relevanten Energie- und Stoffströme, und damit die Umweltwirkungen, nehmen lediglich eine untergeordnete Rolle ein. Eine Bewertung der sozialen Aspekte ist nach heutigem Stand nach wie vor schwierig; diese sind subjektiv, vielfältig und unterliegen einer variablen Gewichtung je nach Land und Region. Zusätzlich gibt es unterschiedliche Interessensgruppen, wie Arbeitnehmer, benachbarte und regionale Bevölkerung, Gesellschaft, Konsumenten des Produkts und Akteure der Wertschöpfungskette [Beno09], [Herr10]. Die Vorgehensweise zur sozialen Bilanzierung variiert daher von der der ökologischen und ökonomischen Bilanzierung und wird im Rahmen dieser Arbeit, u. a. aufgrund ihrer fehlenden technischen Relevanz, nicht betrachtet.

### 2.2.3 Produktlebenszyklus und Untersuchungsrahmen

*Product Life Cycle and Scope of the Assessment*

Im Zusammenhang mit der Bilanzierung von Ressourcen und deren anschließenden Bewertung ist die Festlegung des Untersuchungsrahmens von besonderer Bedeutung. Synonym werden häufig die Begriffe Bilanzhülle und Systemgrenze verwendet. Die Festlegung des Untersuchungsrahmens wird maßgeblich durch den Einsatzzweck bzw. das Ziel der Bilanzierung bestimmt. Zur Festlegung des Untersuchungsrahmens hilft eine Differenzierung in primär vier unterschiedliche

Produktlebenszyklen. Diese beschreiben den Produktlebenszyklus ab der Extraktion der natürlichen Ressourcen bis zu dem Zeitpunkt an dem das Produkt nicht mehr eingesetzt wird und in Teilen oder vollständig entsorgt und/oder recycelt wird. Die vier Produktlebenszyklen sind die Bereitstellung bzw. Extraktion der Ressourcen, die Herstellung des Produkts, die Nutzungsphase durch den Anwender oder Verbraucher sowie die Entsorgungs- und Recyclingphase im Anschluss an die Nutzungsphase. Anhand dieser Produktlebenszyklen kann eine grobe Unterteilung in vier unterschiedliche Betrachtungsrahmen erfolgen. Die Herstellung des Produkts wird als Gate-to-Gate (engl.: Tor zu Tor) bezeichnet, wobei diese Unterteilung auch eine Bilanzhülle innerhalb der Herstellung darstellen kann, wenn lediglich Teile der Herstellung oder einzelne Prozesse betrachtet werden. Dies bedeutet, dass eine Beschränkung auf einzelne Technologien oder Verfahren, im Extremfall sogar eine einzige Maschine, genauso wie eine Kombination von Prozessen möglich ist. Dadurch ist beispielsweise eine Fokussierung auf alle Prozesse eines Standorts möglich. Wird neben der Herstellung der Produkte auch noch die Extraktion von Rohstoffen berücksichtigt, wird die Bilanzhülle als Cradle-to-Gate (engl.: von der Wiege bis zum Tor) bezeichnet. Diese beschreibt den Prozess vom ersten Produktlebenszyklus bis zu dem Zeitpunkt zu dem das Produkt an den Anwender oder Verbraucher übergeben werden kann. Bei der dritten Unterteilung wird der Lebenszyklus ab der Übergabe an den Anwender oder Verbraucher und damit der Nutzung des Produkts bis zur Entsorgungs- und Recyclingphase beschrieben. Bei dieser Gate-to-Grave (engl.: vom Tor bis zum Grab) Bilanzhülle kommen besonders die Produkteigenschaften während der Anwendung zum Tragen, die einerseits die Lebensdauer bzw. Standzeit und andererseits den spezifischen Verbrauch des Produkts von weiteren Rohstoffen während des Betriebs berücksichtigen. Die vierte Variante berücksichtigt das gesamte Leben des Produkts von der Extraktion der Rohstoffe bis zu der Entsorgungs- und Recyclingphase, also von der Wiege bis zum Grab (Cradle-to-Grave). In der folgenden Abbildung 2.4 sind diese vier üblichen Bilanzhüllen schematisch dargestellt. Daneben existieren aber noch weitere Konzepte zur Klassifizierung der Produktlebenszyklen, die u. a. auch die Entwicklungsphase berücksichtigen.

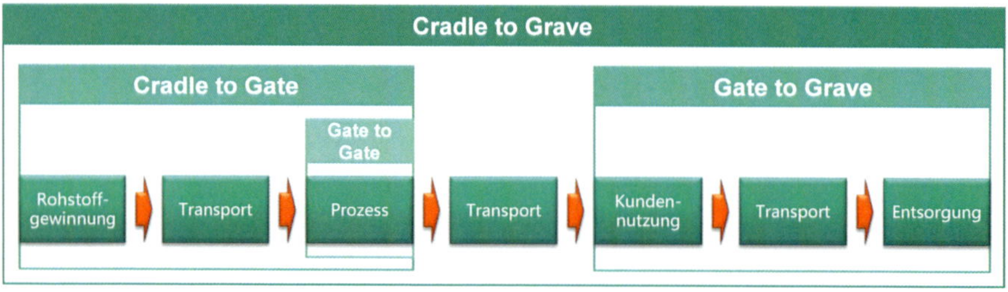


**Abbildung 2.4:** Übliche Betrachtungsrahmen bei der Bilanzierung von Ressourcen [ACAD15]
*Common scopes for balancing of resources*

Die beschriebenen Betrachtungsrahmen stehen im unmittelbaren Zusammenhang mit dem Produkt und berücksichtigen ausschließlich die Ressourcen, die direkt die Bearbeitung des Produkts betreffen. Neben diesen direkten Ressourcen, besteht aber auch die Möglichkeit indirekte

Ressourcen zu berücksichtigen. Während beispielsweise der Energieverbrauch eine direkte Ressource ist, so handelt es sich bei den Ressourcen, die in einem Kraftwerk bei der Umwandlung in elektrische Energie benötigt werden, um indirekte Ressourcen. Dieses Beispiel scheint von geringer Relevanz, vor dem Hintergrund eines regional oder national unterschiedlichen Strommix wird jedoch deutlich, dass je nach Zielsetzung der Ökobilanzierung eine Anpassung des Betrachtungsrahmens um die indirekten Ressourcen zielführend sein kann.

## 2.3 Additive Fertigungsverfahren

*Additive Manufacturing Technologies*

Im Folgenden werden die Prinzipien der additiven Fertigungsverfahren im Allgemeinen und das Laserauftragschweißen, das in dieser Arbeit behandelt wird, im Speziellen vorgestellt (Unterkapitel 2.3.1). Des Weiteren wird im anschließenden Unterkapitel 2.3.2 die Notwendigkeit der Einbindung dieser additiven Fertigungsverfahren in Prozessketten beschrieben. Mit Unterkapitel 2.3.3, dem aktuellen Stand der Ressourcenbilanzierung und -bewertung von additiven Fertigungsverfahren, wird dieses Unterkapitel abgeschlossen.

### 2.3.1 Einführung in additive Fertigungsverfahren

*Introduction into Additive Manufacturing Technologies*

Zur Herstellung verschiedenster Bauteile haben sich in der industriellen Wertschöpfung ur- und umformende Verfahren etabliert. Verfahrensbedingt eignen sich diese besonders, wenn geringe Herstellzeiten und hohe Stückzahlen erforderlich sind. Gleichzeitig steigt aber der Bedarf an Varianten, die zur Individualisierung bei kleineren Stückzahlen führen, und verkürzten Produktlebenszyklen [Brem11]. Daraus ergibt sich die Forderung nach flexiblen Fertigungsverfahren, die im Gegensatz zu diesen konventionellen Fertigungsverfahren stehen. Eine flexible und individualisierte Fertigung gilt als größte Herausforderung der Produktionstechnik [Schl10], [Wien00].

Hierzu sind in den letzten Jahren eine Vielzahl von additiven Fertigungsverfahren entwickelt und auch weiterentwickelt worden. Das grundsätzliche Prinzip der Fertigungsverfahrenen ist, Werkstücke aus einzelnen Schichten, also lagen- und/oder spurweise, aufzubauen. Dies ermöglicht eine flexible und individualisierte Produktion ohne die Verwendung von formgebenden Werkzeugen [Gibs10], [Hopk05], [Kink05], [Schu05]. Mit der Weiterentwicklung der Prozesstechnologien und der Qualifizierung der Fertigungsverfahren zur Verarbeitung von metallischen Werkstoffen wurde es möglich Funktionsbauteile direkt herzustellen. Beispiele hierfür sind Formeinsätze und Kavitäten für den Werkzeugbau, direkt verwendbare Komponenten im Maschinen- und Anlagenbau oder auch deren Reparatur. Aktuelle Forschungsarbeiten fokussieren hierbei meist auf die Erhöhung der Bearbeitungsgeschwindigkeit und damit eine Verkürzung der Prozesszeiten. Des Weiteren ist die Auswahl an Werkstoffen noch stark eingeschränkt, sodass dies einen weiteren Schwerpunkt darstellt. Aus dem Prinzip der Fertigungsverfahren ergeben sich typische geometrische Merkmale, wie z. B. die größtenteils sichtbaren Aufbaustufen in der das Bauteilvolumen begrenzenden Oberfläche. Diese Stufenstruktur ist im Wesentlichen von dem angewendeten Fertigungsverfahren, dem Werkstoff und der gewählten Schichtdicke abhängig [Kloc15].

Eine Kategorisierung der entwickelten additiven Fertigungsverfahren gestaltet sich vor allem wegen der uneinheitlichen Verwendung von Begrifflichkeiten schwierig. In jüngster Vergangenheit hat sich jedoch ein Ansatz nach der ASTM-Norm F2792 Standard Terminology for Additive Manufacturing Technologies etabliert, der die Unterteilung in sieben grundlegende Fertigungsprinzipien ermöglicht [ASTM12]. Den Begrifflichkeiten der englischsprachigen Norm folgend ergibt sich die Unterteilung hierzu wie folgt:

- Vat Photopolymerization
- Directed Energy Deposition
- Powder Bed Fusion
- Sheet Lamination
- Material Extrusion
- Material Jetting
- Binder Jetting

Daneben existiert eine Kategorisierung nach der VDI-Richtlinie 3405 – Additive Fertigung – Grundlagen, Begriffe, Verfahrensbeschreibungen. Diese verwendet einen Abstraktionsgrad, der nicht die Wirkprinzipien oder den Verfahrensablauf beschreibt, sondern die eigentlichen Fertigungsverfahren gruppiert. Daraus resultiert folgende Einteilung [VDI14a]:

- Stereolithographie
- Lasersintern
- Laserstrahlschmelzen
- Elektronenstrahlschmelzen
- Fused Layer Modelling/Manufacturing
- Multi-Jet Modelling
- Poly-Jet Modelling
- 3D-Drucken
- Layer Laminated Manufacturing
- Digital Light Processing
- Thermotransfer-Sintern

Eine Berücksichtigung von Verfahren der Schweißtechnik zum Auftragschweißen erfolgt innerhalb der VDI-Richtlinie 3405 allerdings nicht.

Zur Verarbeitung von Metallen haben sich insbesondere Fertigungsverfahren zum Powder Bed Fusion und Directed Energy Deposition etabliert. Im Speziellen sind dies das Lasersintern, Laserstrahlschmelzen, teilweise das Elektronenstrahlschmelzen und das Laserauftragschweißen – synonym auch im deutschsprachigen Raum u. a. als Laser Metal Deposition und Laser Cladding bezeichnet. Bauteile, die durch Lasersintern bzw. Laserstrahlschmelzen von Metall-, Kunststoff- oder Keramikpulver hergestellt werden, haben gemeinsam, dass sie aus einem Pulverbett herausgearbeitet werden. Eine Verbindung zwischen den Pulverpartikeln erfolgt durch die Bildung von Sinterhälsen und/oder partiellen Schmelzvorgängen. Eine Differenzierung der beiden Wirkprinzipien »Sintern« und »Schmelzen« ist hierbei oft schwierig. Beim Lasersintern werden beide

Wirkprinzipien genutzt und führen zur Verfestigung eines Bauteils. Beim Laserstrahlschmelzen wird hingegen gezielt ein Prozesszustand eingestellt, bei dem das Pulver vollständig aufschmilzt. Das Elektronenstrahlschmelzen unterscheidet sich von dem Laserstrahlschmelzen lediglich durch die genutzte Wirkenergie, die dem Namen entsprechend durch einen Elektronenstrahl zugeführt wird.

Auf die Besonderheiten des Laserauftragschweißens als additives Fertigungsverfahren, das im Fokus dieser Arbeit steht, wird im Folgenden eingegangen. Bei diesem Verfahren handelt es sich um eine Fertigungstechnologie, die lokal begrenzten Werkstoffauftrag einer fest haftenden Schicht durch die schmelzmetallurgische Verbindung metallischer Werkstoffe ermöglicht. Das Prinzip des Prozesses basiert auf dem lokalen Verschmelzen eines unmittelbar vor Beginn des Prozesses in festem Aggregatzustand vorliegenden formlosen Beschichtungsmaterials mit einem Trägermaterial (Substrat). Hierzu wird das Beschichtungsmaterial als Zusatzwerkstoff zugeführt und durch Energieeinbringung aufgeschmolzen und auf das Substrat aufgebracht, welches ebenfalls direkt durch die Energiequelle oder indirekt durch den schmelzflüssigen Zusatzwerkstoff aufgeschmolzen wird und dadurch eine metallurgische Bindung mit dem Zusatzwerkstoff eingeht. [DIN03a] Der Zusatzwerkstoff wird hierbei kontinuierlich in die Bearbeitungszone zugeführt. Demnach unterscheidet sich das Laserauftragschweißen durch sein Maschinenkonzept vom selektiven Lasersintern und Laserstrahlschmelzen, die jeweils ein Pulverbett benötigen; das Wirkprinzip ist aber identisch. Beim Laserauftragschweißen werden über Relativbewegungen Laserstrahl und Werkstück so zueinander bewegt, dass ein linienförmiger bzw. flächiger Auftrag realisiert wird [Hafe99], [Gass00], [Part03], [Yako03]. Werden nun mehrere Schichten durch Laserauftragschweißen aufeinander aufgetragen, entsteht durch den sich wiederholenden Vorgang bei entsprechender Platzierung des Beschichtungsmaterials eine geometrisch bestimmte Form.

Beim Laserauftragschweißen wird die Wirkenergie zum Erwärmen und Aufschmelzen, wie die Bezeichnung des Fertigungsverfahrens schon implizit beschreibt, in Form elektromagnetischer Strahlung einer Laserquelle zugeführt. Typischerweise werden $CO_2$-, Nd:YAG-, Faser-, Scheiben- oder Diodenlaser im cw-Betrieb bzw. Dauerstrichbetrieb mit Ausgangsleistungen von min. 1 kW eingesetzt. Alternativ ist auch ein gepulster Betrieb z. B. mit Nd:YAG-Lasern beim Laserauftragschweißen möglich. Aus den eingesetzten Lasern resultieren Leistungsdichten bzw. Intensitäten ab ca. 5000 bis max. 1 000 000 W $cm^{-2}$ beim Einsatz von $CO_2$-Lasern, deren Strahlung zu geringeren Teilen absorbiert wird. Durch Wechselwirkungen mit der elektromagnetischen Strahlung werden sowohl der Zusatzwerkstoff als auch das Substrat erwärmt und schmelzen schließlich auf. Um ein Aufschmelzen der Werkstoffe zu realisieren, sind bei diesen hohen Intensitäten geringe Einwirkzeiten von 0,001-2 s ausreichend. Hieraus wiederum resultiert ein nur geringer bis mittlerer Wärmeeintrag in das Werkstück. [DVS11]

Durch den sehr fokussierten und dadurch streng lokalen Energieeintrag kann die, dem Prozess zugeführte, Energie über die Laserleistung genau gesteuert und sehr gezielt in einzelne Bereiche eingebracht werden. Durch diese Möglichkeit sind eine präzise Steuerung der Wärmeenergie und damit eine sehr gezielte Einflussnahme auf die Prozesstemperatur möglich. Die präzise gesteuerte Energieeinbringung ermöglicht, dass das umliegende Gefüge nur eine geringe Wärmebeeinflussung erfährt und dass die Oberfläche des Substrats über Wärmeleitung nur sehr begrenzt aufgeschmolzen wird. Die aufgebrachten Schichten weisen ein homogenes Gefüge [DVS11], eine hohe Dichte von üblicherweise 100 % sowie eine homogene schmelzmetallurgische Anbindung an das Substrat bzw. die zuvor generierte Schicht auf [Part09]. Durch das streng lokalisierte Schmelzbad entstehen hohe Abkühlraten von $(\partial T/\partial t) > 10^2$ K $s^{-1}$ [Ohne09], die aus hohen Temperaturgradienten resultieren. In Abhängigkeit von der eingesetzten Laserquelle und deren Betriebsmodus (gepulster Betrieb) sowie der Vorschubgeschwindigkeit kann diese lokal aber auch bis zu $10^{13}$ K $s^{-1}$ ansteigen [Stee10]. Es entsteht daher in der erstarrten Schicht ein feinkörniges Gefüge, das neben einer höheren Härte eine höhere Zähigkeit als ein grobkörnigeres Gefüge des identischen Werkstoffs aufweist [Beye98]. Neben einer endkonturnahen Schicht und damit einer reduzierten mechanischen Nachbearbeitung durch z. B. spanende oder thermische Verfahren zur Erzielung der gewünschten Maßhaltigkeit und Oberflächenqualität, ermöglicht das Laserauftragschweißen aufgrund dieser Eigenschaften lokal begrenzte Schichten hoher Qualität, die nur geringen Verzug verursachen und ist daher für hochgenaue Bauteile geeignet [Vila99]. Typische Schicht- und Auftragsdicken weisen Höhen von 0,1-2 mm bei Breiten von 0,2 mm bis maximal 6-10 mm auf, wodurch sich das Laserauftragschweißen besonders für die Präzisionsbearbeitung eignet [Fahr06], [DVS11].

Der notwendige Zusatzwerkstoff kann hauptsächlich in zwei verschiedenen Formen zugeführt werden. Dazu zählen zum einen die pulverbasierten Prozesse, bei denen das Pulver entweder seitlich mit einer Düse oder koaxial, z. B. durch einen Konus, zugeführt wird. Nach Eintritt in den Laserstrahl schmilzt das Pulver auf und verbindet sich mit dem Substrat. Durch die Auswahl der Pulverbestandteile kann eine Variation der entstehenden Legierung eingestellt werden. Eine große Flexibilität hinsichtlich der Werkstoffzusammensetzung ist so möglich [Kloc15]. Zum anderen wird alternativ eine Drahtzufuhr verwendet, wobei der Draht normalerweise nur seitlich zugeführt werden kann und eine richtungsunabhängige, koaxiale Zuführung nur durch eine aufwendige Strahlführung des Lasers möglich ist. Hierzu sind aber bereits erfolgreiche Experimente den Laserstrahl aufzuteilen, den Draht mittig zuzuführen, den Laserstrahl auf dem Draht wieder zu vereinen und dort den Draht aufzuschmelzen, durchgeführt worden [Nowo08]. Erste kommerzielle Versionen dieser neuartigen Drahtzuführungen werden bereits zum Laserlöten eingesetzt [Scan13]. Die folgende Abbildung 2.5 zeigt schematisch das Laserauftragschweißen mit koaxial zugeführtem pulverförmigen und lateral zugeführtem drahtförmigen Zusatzwerkstoff.

Beim drahtbasierten Laserauftragschweißen ist die Werkstoffzusammensetzung durch den Drahtwerkstoff bestimmt und die Variabilität dadurch stärker eingeschränkt als bei pulverförmigem Zusatzwerkstoff [Kloc15]. Der höhere Werkstoffnutzungsgrad, der im Gegensatz zu dem pulverbasierten Prozess bei nahezu 100 % liegt, und die Umweltaspekte (z. B. verringertes Gesundheitsrisiko, da kein lungengängiges Pulver verwendet wird) stellen Vorteile des drahtbasierten Prozesses dar. Des Weiteren ist die Fördersicherheit höher, da der Zusatzwerkstoff keine Agglomerate bilden kann. Auch maschinenseitig sind geringere Anforderungen z. B. zum Schutz von Führungen und Lagern durch abrasive Pulverpartikel notwendig. Demgegenüber stehen aber die hohen Anforderungen an die Positioniergenauigkeit der Drahtzuführung, die eine anspruchsvollere Prozessführung erfordern und damit die Gefahr eines instabilen Prozesses erhöhen [Nowo04].

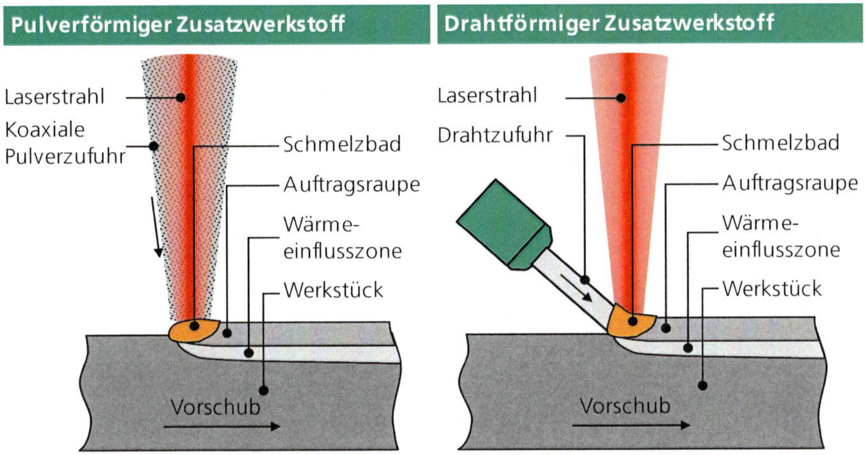


**Abbildung 2.5:** Prozessvarianten des Laserauftragschweißens
*Process variants of laser deposition welding*

Die Auswahl an Werkstoffen wird durch die Schweißeignung – die Fähigkeit nur eine geringe mechanisch-technologische Beeinträchtigung durch die unerwünschte Wärmebehandlung – durch die chemische Zusammensetzung sowie die metallurgischen und physikalischen Eigenschaften bestimmt und ggf. reduziert [Dilt05]. Forschungs- und Entwicklungsarbeiten zu additiven Fertigungsverfahren und damit auch zum Laserauftragschweißen fokussierten und fokussieren auch heute noch häufig auf die Erweiterung der möglichen Werkstoffzusammensetzungen auf verschiedene Hochleistungswerkstoffe, wie Nickelbasiswerkstoffe, wie beispielsweise Inconel 625 oder 718 [Kelb06], Titanbasislegierungen, wie beispielsweise Ti-6Al-4V oder Ti6246 [Over03], [Wirt05], [Kelb06], Cobalt-Chrom-Basiswerkstoffe [Bich03], [Ucke06], [Brec08], aber auch auf verschiedene Vergütungs-, Schnellarbeits- oder Warmarbeitsstähle, wie beispielsweise X37CrMoV5-1, und Oxid- und Nicht-Oxid-Keramiken [Wilk09], [Glae10]. Neben dem Erreichen einer Dichte von 100 %, sind die prozesstechnischen Herausforderungen u. a. die Reinheit des aufgetragenen Werkstoffs durch Vermeiden von Oxiden und/oder das Minimieren intermetallischer und damit spröder Phasen [Kloc15]. In Abhängigkeit von der Reaktionsfreudigkeit der verwendeten Werkstoffe und den Anforderungen an die chemische Reinheit des aufzutragenden Werkstoffs ist eine Abschirmung gegenüber der umgebenden Atmosphäre mit reaktionsträgem Schutzgas, wie z. B. Argon, Stickstoff oder seltener Helium, als Inertgas zweckmäßig. Die Schutzgaszuführung kann unabhängig von der Werkstoffzuführung zentral um den Laserstrahl oder seitlich über eine oder mehrere Düsen angebracht sein [Kloc15].

Die primären technologischen Prozesseinflussfaktoren aller laserbasierten, additiven Fertigungsverfahren sind die Laserleistung, der Laserstrahldurchmesser in der Bearbeitungsebene, die

Bearbeitungsgeschwindigkeit und die daraus resultierende Energiedichte sowie die Eigenschaften des verwendeten Werkstoffs sowie dessen Ausgangsform, die die Schmelzbadausbildung und -dynamik entscheidend bestimmen [Kloc15]. Aus diesen Prozesseinflussfaktoren werden prozessspezifisch optimale Abstände der Bearbeitungsspuren und Schichtdicke abgeleitet. Über diese sowie die Bearbeitungsgeschwindigkeit kann vereinfacht die Aufbaurate bestimmt werden. Aus der Auftragsdicke der einzelnen Schichten und deren Oberflächen resultieren die Eigenschaften der Bauteiloberfläche bzw. der bauteilbegrenzenden Stufenstruktur.

Das Laserauftragschweißen eignet sich z. B. zum Aufbringen dünnerer Schichten bzw. kleinerer Strukturen und zur Geometriemodifikation von Bereichen, die nicht aus dem Pulverbett generiert werden können. Das Verfahrensprinzip und die Unabhängigkeit von dem Pulverbett ermöglichen einen Aufbau, der nicht an eine Ebene gebunden ist. Dies ist ein fundamentaler Unterschied zu den pulverbettbasierenden Prozessen Lasersintern und Laserstrahlschmelzen, bei denen kein oder nur unter erheblichem Mehraufwand ein additiver Aufbau auf bereits existierende geometrisch bestimmte Geometrien möglich ist. Damit eignet sich das Fertigungsverfahren neben dem ausschließlich additiven Prozess auch zur Durchführung von Reparaturen. Hierzu wird in einem zuvor beschädigten Bereich Werkstoff abgetragen, sodass auf einer definierten Fläche gearbeitet und durch Werkstoffauftrag sowie anschließende Nachbearbeitung wieder die ursprüngliche Geometrie hergestellt werden kann.

Im Vergleich zu konventionellen schmelzmetallurgischen Auftragschweißverfahren ermöglicht das Laserauftragschweißen eine hohe Präzision der generierten Geometrie. Verfahrensbedingt gibt es aber keine Beschränkung der Bauteile und deren Abmessungen; diese wird lediglich durch die eingesetzte Laseranlage bestimmt. Anwendungen hierfür findet man z. B. bei der Instandsetzung von Turbinenteilen sowie der Reparatur von Ur- und Umformwerkzeugen, aber auch zum Werkstoffauftrag, um beanspruchungsangepasste Oberflächen vorzusehen. Dies können höhere Abrasivfestigkeit oder chemische Beständigkeit der Bauteiloberflächen von mechanisch und thermisch hoch beanspruchten Funktionsflächen an Werkzeugen und Formen [Fahr06], [Kloc15], aber auch eine Kombination von hoher Wärmeleitfähigkeit und hoher Abrasivfestigkeit, Härte oder chemischer Beständigkeit sein. Des Weiteren sind Änderungen eines bereits bestehenden Bauteils oder der additive Aufbau auf einen Grundkörper mögliche Anwendungsfälle.

Die Vorteile des Laserauftragschweißens gegenüber konventionellen Auftragschweißverfahren, wie hohe Schichtqualität und Präzision durch geringen lokalen Energieeintrag, bedingen aber gleichzeitig auch die Nachteile, wie eine geringe Abschmelzleistung und damit eine geringe Prozessgeschwindigkeit durch den geringen Energieeintrag, und eine geringe Prozessstabilität durch den lokal beschränkten Energieeintrag, der eine genaue Positionierung erfordert. Die Auftragsgeometrie stellt sich bei konstanten Prozessparametern im Allgemeinen prozessspezifisch u. a. durch geometrische Randbedingungen der Zusatzwerkstoffzuführung und der Laserstrahlposition ein. Hieraus folgt ein weiteres Defizit des Laserauftragschweißens: Die Flexibilität im Hinblick auf das Erzeugen von variablen Auftragsraupengeometrien ist eingeschränkt. Diese ist immer dann erforderlich, wenn der Materialauftrag an vorhandene Geometrieelemente des Substrats optimal angebunden werden muss oder wenn auf Flächen mit maximaler Produktivität gearbeitet werden soll. Des Weiteren kann, wie bei anderen Auftragschweißverfahren auch, bei bestimmten Werkstoffen bzw. Werkstoffkombinationen, die eine eingeschränkte Schweißeignung aufweisen, eine Vorwärmung notwendig sein, um den Abkühlprozess zu verlangsamen. Bei besonders dünnwandigen Bauteilen hingegen, kann eine Kühlung des Werkstücks erforderlich sein, um die eingebrachte Energie schnell genug wieder abzuführen. Bei gegebener Prozesssicherheit wird auf eine Temperierung aus wirtschaftlichen Gründen aber immer verzichtet werden [DVS11].

### 2.3.2 Prozessketten mit additiven Fertigungsverfahren

*Process Chains of Additive Manufacturing Processes*

An heutige Produkte werden hohe Anforderungen hinsichtlich der Funktion und Optik und damit an Geometrie, mechanische Festigkeit und Oberfläche gestellt. Um diese Anforderungen zu erfüllen, weisen die Produkte meist eine hohe Komplexität auf, die durch eine Herstellung aus Baugruppen erleichtert werden kann. Diese Baugruppen setzen sich wiederum aus einer Vielzahl an unterschiedlichen Bauteilen zusammen. Eine vollständige Austauschbarkeit jedes Bauteils ist hierbei notwendig, um eine Montage unter wirtschaftlichen Gesichtspunkten gewährleisten zu können. Hierzu werden in der Fertigungstechnik Toleranzen angegeben, die beispielsweise Abmessungen oder Form und Lage tolerieren. In Abhängigkeit von den Anwendungsfällen können diese Toleranzen im Bereich von zehntel Millimetern, wie z. B. bei der Blechumformung, liegen und auch kleiner als 5 µm, z. B. im Werkzeug- und Formenbau, sein. Die Anforderungen an die Oberflächengüte können Mittenrauwerte von $Ra = 0{,}025$ µm betragen [DIN02], aber auch noch höhere Oberflächenqualitäten verlangen.

Die Prozessergebnisse, und damit u. a. die Geometrie, mechanische Festigkeit und Oberfläche, der additiven Fertigungsverfahren ergeben sich primär aus dem ausgewählten Fertigungsverfahren, dem eingesetzten Werkstoff sowie den Prozesseinflussfaktoren u. a. mit ihren Prozessstellgrößen. Besonders die Höhe der Schicht- und Auftragsdicken und deren Breiten und die daraus resultierenden, notwendigen Prozessparameter, wie z. B. Laserleistung, sind ausschlaggebend für die erzielte Bauteilgenauigkeit und Detailauflösung [Kloc15]. Beispielsweise liegt für das selektive Laserschmelzen die erzielbare Rautiefe Rz für Warmarbeitsstahl (X40CrMoV5-1) bei ca. $34 \pm 4$ µm [SLM13]. Beim drahtbasierten Laserauftragschweißen liegt die Rautiefe Rz mit größer 64 µm deutlich höher [Schw14].

Die bei additiven Prozessen entstehende Stufenstruktur (vgl. Unterkapitel 2.3.1) beeinflusst die Form und Oberflächenrauheit ebenfalls in erheblichem Maße. Diese Stufenstruktur fällt umso ausgeprägter aus, je stärker sich die jeweils generierten Querschnittsebenen der Bauteilgeometrie verändern. Durch die Stufenstruktur entsteht in Abhängigkeit von der Schichtdicke ein notwendiges Aufmaß, sodass an keiner Stelle der jeweiligen Schicht die lokalen Abmessungen des Bauteils unterschritten werden.

Das Wirkprinzip laserbasierter, aber auch diverser anderer additiver Fertigungsverfahren, wie z. B. des Elektronenstrahlschmelzens, ist das Aufschmelzen des Werkstoffs durch den Eintrag von Wärme. Dieser Wärmeeintrag beeinflusst den verwendeten Werkstoff thermisch und führt so zu ungewollten Gefüge- und Gitterstrukturveränderungen. Die hieraus resultierenden Eigenspannungen beeinflussen sowohl die mechanischen Eigenschaften des Werkstücks als auch dessen Maßhaltigkeit in Folge des thermisch induzierten, inhomogenen Volumenschwunds und des thermisch induzierten Verzugs. Besonders bei stark variierenden Bauteilquerschnitten ist der ebenfalls stark variierende Wärmeeintrag in das Bauteil problematisch.

Die durch additive Fertigungsverfahren herstellbaren Form- und Lagetoleranzen sowie Oberflächenqualitäten erfüllen offensichtlich größtenteils nicht die Anforderungen an einbaufertige technische Bauteile. Durch eine nachgelagerte Bearbeitung der additiv gefertigten Bauteile können die Anforderungen jedoch erfüllt werden. Zur Kompensation der thermischen Beeinflussung des Gefüges wird eine Wärmebehandlung durchgeführt. Durch diese werden in erster Hinsicht die Eigenspannungen im Bauteil reduziert. Diese Reduktion führt allerdings auch zu geometrischen Änderungen des Bauteils. Des Weiteren können durch die Wärmebehandlung werkstoffabhängig auch gezielt Karbidausscheidungen realisiert werden. Die Wärmebehandlung stellt demnach die angestrebten mechanischen Eigenschaften des Bauteils ein. Die geometrischen Eigenschaften des Bauteils – ihre Form- und Lagegenauigkeiten – werden anschließend durch abtragende Fertigungsverfahren hergestellt. Durch diese Bearbeitung können teilweise ebenfalls die Oberflächenanforderungen realisiert werden. Anderenfalls führt eine weitere Bearbeitung des Bauteils zur finalen Oberfläche des Bauteils. Die Reihenfolge dieser Nachbearbeitungsschritte kann mit Einschränkungen variiert werden; so ist es möglich bereits vor der Wärmebehandlung definierte Oberflächen zu generieren. Ebenfalls sind zwischengelagerte abtragende Prozesse möglich.

Zur Berücksichtigung der nachgelagerten Prozesse wurden in jüngerer Vergangenheit erfolgsversprechende Ansätze entwickelt, die additive Fertigungsverfahren und konventionelle Fertigungsverfahren in Technologieplattformen vereinen [Over03], [Brec11]. Dies ermöglicht eine Verfahrenskombination in einer Maschine bei der beispielsweise das Laserauftragschweißen und Fräsen iterativ in einer Aufspannung durchgeführt werden, sodass nach jeder aufgetragenen Schicht die äußere Kontur sowie die Oberfläche gefräst werden kann. Der thermisch induzierte Verzug wird dadurch reduziert und die Oberfläche für die nächste additiv aufzutragende Schicht eindeutig definiert. Die adressierten Anwendungsfelder, wie z. B. Reparatur von defekten Komponenten, unterscheiden sich nicht von in unabhängigen Maschinen durchgeführten Prozessen.

Forschungsschwerpunkte sind hierbei aktuell besonders die Integration der additiven Fertigungsverfahren in konventionelle Werkzeugmaschinen, um die Technologien zur Herstellung komplexer Geometrien anwenden zu können [Kloc12], sowie die Berücksichtigung der Prozesskette und damit die Übertragbarkeit als ein industrielles Verfahren zur Herstellung von einbaufertigen Bauteilen [Bich03], [Clem04], [Frey07], [Brec11]. Hierzu zählt auch die Integration in Dreh-Fräszentren, z. B. zur Beschichtung von rotationssymmetrischen Bauteilen [Brec06a], [Brec06b], [Brec07], [Brec08] oder zur Reparatur von Turbinen- und Kompressorschaufeln [Jone12], [Tech14] oder die Verkettung von entsprechenden Maschinenplattformen [Addi15]. Mittlerweile sind diese Entwicklungen bis zur Serienreife getrieben worden, sodass das Laserauftragschweißen neben Systemen als separates Verfahren [Inss15], [Kuhn10] auch als ein in maschinenintegriertes Verfahren in Kombination mit zerspanenden Fertigungsverfahren [Liou07], [Jone12],

[Schu13], [Mats15], [Hybr15] verfügbar ist. Weitere Forschungsziele adressieren die Verkürzung der gesamten Bearbeitungszeiten und Verbesserung der Prozessstabilität und Präzision durch ganzheitliche Optimierung der Prozesskette und Abstimmung der Prozesse aufeinander [Kloc15]. Eine Schlüsseltechnologie, die sich dabei zurzeit noch in den Anfängen befindet, ist hierbei besonders eine durchgängige CAD-/CAM-Kette.

### 2.3.3 Ressourceneffizienz additiver Fertigungsverfahren

*Resource Efficiency of Additive Manufacturing Technologies*

Additive Fertigungsverfahren bieten eine Vielzahl von Vorteilen in Bezug auf Wirtschaftlichkeit und Ressourceneffizienz. Zu diesen Vorteilen zählen besonders die Reduzierung des Werkstoffbedarfs und des Energieverbrauchs [Huan12]. Die schichtweise Fertigung reduziert den Einsatz von Werkstoffen im Vergleich zu konventionellen, abtragenden Fertigungsverfahren, bei denen eine Fertigung der Bauteile aus teilweise großvolumigen Halbfertigteilen zu Zerspananteilen von über 90 % führen kann. Das zerspante Volumen kann dabei ohne aufwendige Aufbereitung nicht wiederverwendet werden. [Huan15] Additive Fertigungsverfahren bieten in diesen Fällen besonders großes Potential, da zusätzlich zu den eingesparten Werkstoffen entsprechend weniger Energie zur Aufbereitung der Werkstoffe bzw. Herstellung der Halbfertigteile benötigt wird [NIST13]. Allerdings ist auch bei diesen die Wiederverwendung von nicht verfestigten Werkstoffen eingeschränkt, da diese nur in einem begrenzten Umfang kreislauffähig sind [Driz06] und bei jedem Prozess zumindest teilweise thermisch nicht beeinflusster Werkstoff verwendet werden muss. Die Wiederverwendungsraten sind verfahrens- und werkstoffabhängig und liegen beispielsweise für die Stereolithographie bei 50-80 % [Driz06] und für das selektive Lasersintern bei 56-80 % [Tele12]. Neben der Reduzierung des Werkstoffbedarfs und Energieverbrauchs können eine verkürzte Time-to-Market, Just-in-Time Fertigung, Fertigen von konventionell nicht herstellbaren Geometrien sowie das Fertigen von neuen Designs ohne die Verwendung von zusätzlichen physischen Werkzeugen zu einer gesteigerten Ressourceneffizienz führen [Huan15]. Zum gegenwärtigen Zeitpunkt ist die Ressourceneffizienz von additiven Fertigungsverfahren aber nur unzureichend untersucht [Luo99], [Driz06], [Falu14]. Daher sind diese Aussagen auch nicht allgemeingültig, sondern müssen in Abhängigkeit von dem Einzelfall betrachtet werden [Huan15].

Eine Schwierigkeit bei den bisherigen Betrachtungen ist, dass bei den Untersuchungen eine Vielzahl unterschiedlicher additiver Fertigungsverfahren berücksichtigt worden sind, die untereinander keine bzw. höchstens eine geringe Vergleichbarkeit ermöglichen. So wurden in der Vergangenheit bereits Untersuchungen zur Stereolithographie, selektivem Lasersintern und Fused Deposition Modeling [Luo99], aber auch zum Laserauftragschweißen [LeBo13], [LeBo14] durchgeführt. Diese Verfahren unterscheiden sich in ihrem Verfahrensablauf und basieren teilweise auf unterschiedlichen Wirkmechanismen. Daher eignen sie sich zur Verarbeitung von teilweise unterschiedlichen Werkstoffen und adressieren damit unterschiedliche Anwendungsgebiete, wie z. B. Prototypenbau oder die Fertigung von einsatzfähigen Bauteilen, sodass eine Vergleichbarkeit stark eingeschränkt ist. Die betrachteten additiven Fertigungsverfahren eignen sich beispielsweise mit Ausnahme des selektiven Lasersinterns und Laserauftragschweißens nicht zur Verarbeitung von metallischen Werkstoffen. Auch neuere Untersuchungen zu Fused Deposition Modeling und Photopolymer Jetting/Polyjet unterliegen dieser Einschränkung [Clem13], [Falu14].

Bisher wurden die additiven Fertigungsverfahren mittels eines ganzheitlichen Life Cycle Assessments analysiert. Der Betrachtungsrahmen der additiven Prozesse umfasste dabei den Produktionsprozess von der Rohstoffgewinnung, über den Energieverbrauch des Prozesses, die Prozessabfälle und die Entsorgung [Luo99]. Eine Erweiterung des Betrachtungsrahmens durch eine Vergrößerung der Bilanzhülle um die Herstellung der Maschinen für die additiven Fertigungsverfahren und deren Entsorgung ist für die Fertigungsverfahren Fused Deposition Modeling und Polyjet ebenfalls erfolgt [Falu14]. Hierbei wurden die Rohstoffe zur Herstellung der Maschinen ebenso berücksichtigt wie deren Transport und das abschließende Recycling dieser. Notwendige Informationen, wie z. B. die Masse von Stahl, die in der Maschine verbaut ist, aber auch der Transport zu dem Produktionsstandort, wurden hierbei größtenteils abgeschätzt, da die Informationsdichte zu den Maschinen meist verhältnismäßig gering ist [Falu14]. Derselben Herausforderungen unterliegt aber auch das Life Cycle Assessment von konventionellen Fertigungsprozessen, wie z. B. der Fräsbearbeitung [Chen09], [Azev11].

Eine detaillierte Betrachtung auf der Prozessebene ist bei dem Life Cycle Assessment der additiven Fertigungsverfahren noch nicht durchgeführt worden. Der Abstraktionsgrad bisheriger Arbeiten liegt bisher auf der Maschinenebene und nur in Ausnahmefällen auf der Ebene der Maschinenkomponenten. Beim Laserauftragschweißen sind erste, primär experimentelle Untersuchungen durchgeführt worden, bei denen die verschiedenen Ressourcenverbraucher einer Anlage separat analysiert wurden. Hierzu zählen Abschätzungen des Gasverbrauchs und des Werkstoffeinsatzes, die Datenaufnahme des Energieverbrauchs von Maschinenachsen, Laser und Laserkühlung. [LeBo13] Bei anderen Betrachtungen sind die Ansätze meist auf den Energieeinsatz bzw. Energiebedarf der Anlagen begrenzt. Hierbei wurden verschiedene Prozessparameter eingestellt und der jeweilige Energieverbrauch der Anlage bei der Verwendung dieser Prozessparameter bestimmt. [Mogn06] Den mit Abstand signifikantesten Einfluss hat dabei in allen untersuchten Fällen die Prozesszeit, die proportional in den Energieverbrauch eingeht und der damit nahezu unabhängig von den übrigen Prozessparametern ist [Clem13], [Mogn06]. Ziel war daher die Prozessparameter so anzupassen, dass die Prozesszeiten verringert wurden und so der Energieverbrauch reduziert wurde [Mogn06]. Um den Energieverbrauch bei den additiven Fertigungsverfahren zu beschreiben, wurden Kennzahlen entwickelt, die den Energiebedarf bzw. -einsatz pro verarbeitetem Volumen oder verarbeiteter Masse beschreiben [Luo99]. Diese stellen gewissermaßen die Energieeffizienz des jeweiligen Verfahrens dar und sind bei dem Streben nach energie- und ressourceneffizienten Prozessen zeitgemäß. Hierzu gibt es für einzelne Verfahrensvarianten erste Kennwerte; es sind jedoch noch nicht für alle entsprechende Kennwerte bekannt bzw. bestimmt. Da der Energieverbrauch aufgrund des komplexen, mehrstufigen Verfahrensablaufs häufig nicht zeitlich konstant ist, werden teilweise Mittelwerte genutzt [Tele12]. Oft wird hierbei der Energieverbrauch der gesamten Maschine betrachtet, sodass der Energieverbrauch von Hilfsaggregaten, wie z. B. Pumpen, ebenfalls in diesen Kennwerten enthalten ist. Die Aussagekraft hinsichtlich des Energieverbrauchs des eigentlichen Prozesses des additiven Fertigungsverfahrens ist in diesen Fällen also sehr gering und in besonderem Maße auch von dieser Peripherie abhängig. Dies führt dazu, dass z. B. durch eine nicht zweckmäßige Dimensionierung der Hilfsaggregate der Energieverbrauch deutlich höher ausfällt und so die Ergebnisse deutlich verfälscht.

Neben diesem (Energie-)Kennwert wird häufig die Prozessgeschwindigkeit in Form von aufgebautem Volumen oder aufgebauter Masse pro Zeit beschreiben. Dies ist auch beim Auftragschweißen allgemein üblich. Bei Kenntnis des durchschnittlichen Energieverbrauchs kann mit diesem Kennwert ebenfalls der Energieeinsatz pro Volumen oder Masse bestimmt werden. Die nachfolgende Tabelle 2.3 gibt diese Kennwerte für eine Auswahl additive Fertigungsverfahren für die Verarbeitung von metallischen Werkstoffen wieder.

**Tabelle 2.3:** Energieeinsatz und Aufbaurate gängiger additiver Fertigungsverfahren für Stahlwerkstoffe [DVS11], [EOS15]
*Energy use and buildup rate of common additive manufacturing technologies for steels*

| Verfahren | Energieeinsatz* [MJ $kg^{-1}$] | Aufbaurate [kg $h^{-1}$] |
|---|---|---|
| **Laserauftragschweißen** | 9-60 | 0,1-2 |
| **Selektives Laserschmelzen** | 18,7 | bis zu 0,2** |

*Werte sind rechnerisch mittels Wirkleistung und Aufbaurate bestimmt
**Wert ist rechnerisch mittels Dichte des Zusatzwerkstoffs und Volumenrate bestimmt

Nicht primär durch eine Reduzierung des Energieverbrauchs, sondern durch eine Produktivitätssteigerung motiviert, wird bereits seit geraumer Zeit eine Reduzierung der Prozesszeiten angestrebt. Dieses Ziel soll durch eine Erhöhung der Aufbaurate und damit eine erhöhte Prozessgeschwindigkeit erreicht werden. Die hierzu verfolgten Ansätze zielten und zielen auf eine Erhöhung der Leistung bei gleichzeitiger Erhöhung der Vorschubgeschwindigkeit und/oder einer Erhöhung der Schichtdicke und damit letztendlich zu einem höheren Volumen, das pro Zeit aufgetragen wird, ab. [Schl10], [Schl11] Schlussendlich führt dies entsprechend den bisherigen Forschungsergebnissen, nach denen der Energieverbrauch proportional zur Prozesszeit ist, zufolge aber auch zu einer Reduzierung des Energieverbrauchs.

Bei klassischen, pulverbettbasierten additiven Fertigungsverfahren wird zur Produktivitätssteigerung üblicherweise die Leistung der primären Energiequelle, wie z. B. die Laserleistung oder die Leistung der Elektronenstrahlung, erhöht. Beim Laserauftragschweißen kann ebenfalls eine Produktivitätssteigerung durch Erhöhung der Laserleistung erzielt werden [ILT11], [Tuom13], [Schw14]. Hierzu werden mittlerweile Laserleistungen von über 20 kW von verschiedenen Laserherstellern standardmäßig angeboten. Um bei diesen hohen Laserleistungen jedoch keine Intensitäten zu erhalten, die zu einer Verbrennung des Zusatzwerkstoffs führen, wird mit entsprechend großen Laserbrennflecken gearbeitet. Dies bedingt den Einsatz von angepassten Zuführungen des Zusatzwerkstoffs, wie z. B. in Form von Flachdraht oder breitstrahligen, lateral oder koaxial angeordneten Pulverdüsen. Bei einer unflexiblen Zuführung durch Flachdraht sind zwar Spurbreiten von bis zu 28,5 mm [Tuom13] und damit auch entsprechend hohe Aufbauraten möglich, allerdings werden in diesem Fall auch die Vorteile des Laserauftragschweißens, wie z. B. präziser Werkstoffauftrag zur Herstellung von geometrisch kleinen Strukturen mit wenig Verzug, nicht mehr erfüllt. Die Zuführung von Pulver mittels einer breitstrahligen Düse – lateral oder koaxial – weißt diesen Nachteil zwar nicht zwingend auf, jedoch ist dafür eine aufwendige Laserstrahlformung und -positionierung z. B. mit einer modularen Optik [IWS10], einer steuerbaren Variooptik [Hong11], [ILT12] oder einem Laserscanner [Tuom13] notwendig. Sofern diese Flexibilität genutzt wird, verschlechtert sich der Werkstoffausnutzungsgrad bei einer Auftragsraupenbreite von bis zu 19 mm und einer Auftragsraupenhöhe von 3,1 mm allerdings signifikant und beträgt bestenfalls noch max. 80 % [Tuom13].

Die Tatsache, dass das Laserauftragschweißen zwar ein geeignetes Verfahren zum Aufbau geometrisch präziser Strukturen ist, im Vergleich zu anderen Schmelzauftragschweißverfahren aber nur eine geringe Aufbaurate bietet, hat dazu geführt, dass Verfahrensvarianten entwickelt worden sind, die u. a. Elemente von konventionellen Auftragschweißverfahren aufgreifen. Hiermit sollen die Vorteile des Laserauftragschweißens beibehalten werden, während gleichzeitig höhere Aufbauraten durch Vorteile der konventionellen Auftragschweißverfahren – primär durch effizientere Energieeinbringung – erzielt werden. Hierzu wird durch eine sekundäre Energiequelle die Menge der eingebrachten Energie erhöht. Bei diesem hybriden Energieeintrag wird so außer durch die elektromagnetische Strahlung der Laserquelle der Zusatzwerkstoff oder der Grundwerkstoff zusätzlich erwärmt. Zu den möglichen Energieformen zählen z. B. elektrische oder magnetische Energie. Um mit diesen eine Erhöhung der Aufbaurate und damit eine höhere Prozessgeschwindigkeit zu ermöglichen, wurden bisher verschiedene Ansätze verfolgt. Beispielsweise wurde die eingebrachte Wärme durch Induktion oder ein Heißdrahtsystem in den Zusatzwerkstoff erhöht, wodurch die Aufbaurate in Abhängigkeit von dem Zusatzwerkstoff auf 9 bis 21,5 kg $h^{-1}$ erhöht werden konnte [Nowo11], [Nowo12]. Alternativ zur Erwärmung des Zusatzwerkstoffs kann auch eine Vorwärmung des Werkstücks – ebenfalls induktiv – erfolgen. Hierzu wird eine Induktionsspule an die Werkstückgeometrie angepasst und vorlaufend zum Laserstrahl geführt [IWS11]. Dies führt zu einem nicht mehr lokal begrenzte Energieeinbringung und durch die Anpassung an die Werkstückgeometrie einer stark reduzierten Flexibilität und eignet sich für reproduzierbare Bearbeitungsaufgaben – dies widerspricht dem Gedanken des Laserauftragschweißens für die additive Fertigung bei dem individuelle Bauteile in kleinen Stückzahlen gefertigt werden. Zum anderen wurde ein hybrider Prozess mit elektromagnetischer Strahlung sowie einem nicht-übertragenden Lichtbogen, bei dem der Zusatzwerkstoff mittels zweier Drähte zugeführt wird, entwickelt. Zwischen diesen brennt ein Lichtbogen und wird durch Laserstrahlung kontrolliert zum Abschmelzen gebracht [Barr13], [LZH15]. Durch diese Entwicklungen kann die Aufbaurate erhöht und die Prozesszeit verkürzt werden und damit ein verringerter Energieeinsatz des Prozesses pro Volumen bzw. Masse erzielt werden. Einen Überblick über den notwendigen Energieeinsatz, die Aufbaurate sowie der Werkstoffausnutzungsgrad für verschiedene Varianten des Laserauftragschweißverfahrens, deren Kennwerte bereits bestimmt sind bzw. berechnet werden können, gibt Tabelle 2.4. Sofern nicht abweichend gekennzeichnet handelt es sich bei den dargestellten Ergebnissen um Stahlwerkstoffe.

**Tabelle 2.4:** Energieeinsatz, Aufbaurate und Werkstoffausnutzungsgrad verschiedener Varianten des Laserauftragschweißens [Barr13], [DVS11], [IWS10], [Nowo15] [LZH15], [Tuom13], [Schw14]

*Energy use, build-up rate and material's efficiency of variants of laser deposition welding*

| Variante | Energieeinsatz [MJ kg$^{-1}$]** | Aufbaurate [kg h$^{-1}$] | Werkstoffausnutzungsgrad [%] |
|---|---|---|---|
| **Konventionelles Laserauftragschweißen** | 9-60 | 0,1-2 | theo. 100 (Draht) |
| **Einsatz von High Power Laser (bis 20 kW)*** | 5,1-5,3 | 13,5-14,25 | 90-95 |
| **Flachdraht** | 7,14 | 2,22 | theo. 100 |
| **Breitstrahlige Pulverdüse mit Laserscanner*** | 2,36 | 16,3 | max. 80*** |
| **Einsatz von Heißdraht* (Widerstandserwärmung)** | 6,4-6,7 | 1,9-2,3 | theo. 100 |
| **Induktive Zusatzwerkstofferwärmung*** | 13,9 | 3,1 | 97 |
| **Induktive Werkstückerwärmung*** | 8,1 | 8 | 97 |
| **Nicht-übertragender Lichtbogen** | 2,74 | 10 | theo. 100 |

*Nickelbasislegierung (Inconel 625)

**Werte sind rechnerisch mittels Wirkleistung oder Energieeinsatz und Aufbaurate bestimmt

***Werte sind rechnerisch mittels Massenstrom des Zusatzwerkstoffs und Aufbaurate bestimmt

Die bisher durchgeführten Arbeiten zur Ressourceneffizienz im Bereich der additiven Fertigungsverfahren lagen zusammenfassend schwerpunktmäßig auf einem ganzheitlichen Life Cycle Assessment. Einerseits wurden hierbei verschiedene additive Fertigungsverfahren als separate Fertigungsverfahren mit ihren Halbfertigteilen und notwendigen Hilfs- und Betriebsstoffen betrachtet. Andererseits wurde der Betrachtungsrahmen auch so erweitert, dass ebenfalls die Maschinen für die additiven Fertigungsverfahren von ihrer Herstellung bis zu ihrer Entsorgung mit allen ihren Lebenszyklen berücksichtigt worden sind. Für produzierende Unternehmen sind diese Betrachtungen aber nur begrenzt zielführend. Zwar ermöglicht auch diese Betrachtung eine allgemeine Aussage zur Ressourceneffizienz der additiven Fertigungsverfahren, allerdings ist für Unternehmen vielmehr relevant, wie sich die Ressourceneffizienz der wertschöpfenden Prozesse innerhalb des Unternehmens verhält. Teilweise sind hierzu die Ressourceneffizienz durch die Angabe von Prozessparametern, wie z. B. der Energieeinsatz beim Laserauftragschweißen auch auf Prozessebene durch Kenntnis der Laserleistung und der Prozesszeit abschätzbar; eine Berücksichtigung der unternehmensinternen vor- und nachgelagerten Prozesse ist aber nicht möglich. Unabhängig davon ist eine singuläre Betrachtung eines Prozesses zum additiven Fertigen nicht zielführend. Es ist primär naheliegend, dass die Integration der additiven Fertigungsverfahren in eine Prozesskette eine praktische Relevanz hat. Prozessketten zum Herstellen von Komponenten, die durch additive Fertigungsverfahren und anschließende Nachbearbeitungsverfahren hergestellt werden, wurden bisher aber nicht gesamtheitlich auf Ressourceneffizienz untersucht, beschrieben und hinsichtlich der Potenziale optimiert. Dies liegt vor allem darin begründet, dass zu den Fragestellungen hinsichtlich der Vielzahl der unterschiedlichen zu berücksichtigenden Prozesse und deren wechselseitigen Einflüssen untereinander keine wissenschaftlichen Ergebnisse bekannt sind. Es ist bisher noch nicht deutlich, wie bei einer gesamtheitlichen Betrachtung die Ressourceneffizienz von additiven Fertigungsverfahren bewertet werden muss. Zudem fehlt es auch an realisierten Beispielen in der Praxis, aus denen heraus die notwendigen Bewertungsmethoden und Innovationspotenziale nachvollziehbar ableitbar wären. Die Analyse des Stands der Erkenntnisse in Industrie und Forschung zeigt dieses Forschungsdefizit deutlich auf.

# 3 Aufgabenstellung und Zielsetzung

*Description of Work and Objective*

Additive Fertigungsverfahren ermöglichen bzw. erleichtern verfahrensbedingt eine hohe Individualität von Geometrien und dadurch Variantenvielfalt bei gleichzeitig hoher Werkstoffeffizienz bzw. Werkstoffausnutzung. Zur ökologischen und ökonomischen Bewertung von additiven Fertigungsverfahren wurden erste Ansätze zur Bilanzierung von Ressourcen initiiert und Bewertungen dieser durchgeführt. Ein Defizit ist jedoch die mangelnde Möglichkeit einer Betrachtung im Hinblick auf Prozessketten mit additiven Fertigungsverfahren. Diese Betrachtung ist aber für die ökonomische und ökologische Bewertung in der Produktion notwendig. Hieraus ergibt sich die technische Problemstellung: Die Ressourcenbedarfe in der Prozesskette mit additiven Fertigungsverfahren, deren Bewertung und damit eine ganzheitliche Betrachtung der Fertigungsverfahren und darauf basierend eine ressourceneffiziente Gestaltung von Prozessketten sind bisher nicht möglich.

## *Wissenschaftliche Problemstellung und Zielsetzung*

Um diese technische Problemstellung zu lösen, ergibt sich die Notwendigkeit – die wissenschaftliche Problemstellung – die entscheidenden Zusammenhänge und signifikanten Einflussfaktoren der Ressourcenbedarfe und deren wechselseitige Einflüsse innerhalb der Prozesskette mit additiven Fertigungsverfahren – im Speziellen am Beispiel des Laserauftragschweißens – zu erforschen, da eine eingehende wissenschaftliche Betrachtung der Prozesskette bisher noch nicht durchgeführt wurde. Deskriptive Modellierungen der Prozesskette sind bisher nicht erfolgt; die additiven Fertigungsverfahren wurden bisher – falls überhaupt – singulär unabhängig von ihrer Prozesskette betrachtet. Es existiert weder ein Modell noch eine Methode zur Beschreibung und Bewertung der Ressourcen und anschließenden Optimierung des Ressourceneinsatzes in dieser Prozesskette. Daher ist eine ganzheitliche Quantifizierung nicht möglich. Gründe dafür liegen u. a. in den mangelnden Kenntnissen der signifikanten Ressourcenbedarfe und besonders deren wechselseitigen Einflüssen und dem damit einhergehenden nicht ausreichenden Prozesskettenverständnis.

Ein wesentliches Ziel ist es deshalb, diese grundsätzlichen Zusammenhänge zu erforschen und Beschreibungen für die wichtigsten Einflussfaktoren und deren Wechselwirkungen zu erarbeiten. Durch die Synthese dieser Erkenntnisse wird ein übertragbares Modell mit den grundlegenden Einflussfaktoren der Ressourcenbedarfe der Prozesskette mit additiven Fertigungsverfahren erarbeitet. Die wissenschaftliche Herausforderung besteht einerseits darin, die signifikanten Einflussfaktoren der Ressourcenbedarfe zu identifizieren und andererseits deren wechselseitige Einflüsse innerhalb der Prozesskette zu beschreiben. Diese erstmalige wissenschaftliche Modellierung der Prozesskette stellt einen signifikanten Fortschritt für das Verständnis der Integration der additiven Fertigungsverfahren in Prozessketten dar. Ziel ist es, mit dieser Modellierung eine Möglichkeit zur Optimierung des Ressourceneinsatzes in dieser Prozesskette und damit eine ökologische und ökonomische Verbesserung zu erzielen.

In der industriellen Praxis soll die Modellierung eine ressourceneffiziente sowie praktikable und dadurch besonders zielführende Auslegung ermöglichen, die ohne hinreichend genaue Beschreibung und Erklärung beobachteter Einflussfaktoren nicht realisierbar ist. Diese Modellierung ermöglicht eine ganzheitliche Beschreibung, Bewertung und anschließende Optimierung der Ressourcenbedarfe der Prozesskette. Hierdurch kann die Auslegung der Prozesskette hinsichtlich der verfügbaren Ressourcen zuverlässig zur Herstellung von einsatzfähigen Bauteilen mit additiven Fertigungsverfahren gestaltet werden.

## *Forschungsmethodik und Vorgehensweise*

Das Ziel ist es, deduktiv ein Beschreibungsmodell aufzustellen, das es ermöglicht, den Ressourcenbedarf der Prozesskette mit additiven Fertigungsverfahren am Beispiel des Laserauftragschweißens transparent darzustellen und dadurch die signifikanten Ressourcenbedarfe zu identifizieren. Im Mittelpunkt der Forschungen stehen hierzu Modellierungen der Ressourcenbedarfe der einzelnen Prozesse der Prozesskette. Durch die Synthese dieser Erkenntnisse der einzelnen Prozesse wird ein Modell erarbeitet, das die grundlegenden Ressourcenbedarfe und deren Wechselwirkungen untereinander beschreibt. Dadurch ist es möglich, den Ressourcenbedarf und -einsatz zu beschreiben und auf dieser Basis zu optimieren bzw. die Ressourceneffizienz zu erhöhen.

Aus dem geplanten Vorgehen lässt sich folgende Forschungshypothese aufstellen:

> *Die signifikanten Einflussfaktoren der Ressourcenbedarfe der Prozesskette mit additiven Fertigungsverfahren – im Speziellen dem Laserauftragschweißen – und der wechselseitige Einfluss der Prozesse auf den Ressourcenbedarf können mithilfe von einem Modell a priori beschrieben werden. Dadurch wird es möglich, den Ressourceneinsatz zu optimieren und damit die Ressourceneffizienz zu erhöhen.*

Aus dieser Hypothese leiten sich die folgenden Forschungsfragen ab:

1. Welche Einflussfaktoren der Prozesse sind für den Ressourcenbedarf und -einsatz signifikant?
2. Wie beeinflussen sich diese signifikanten Einflussfaktoren der Prozesse wechselseitig?
3. Wie müssen die Einflussfaktoren gestaltet werden, um den Ressourcenbedarf und -einsatz zu optimieren?

Zur Beantwortung dieser Fragen erfolgt eine Unterteilung in die Teilbereiche Systemanalyse der Prozesskette mit additiven Fertigungsverfahren, Abstraktion und Modellierung der Systemelemente, Durchführung von experimentellen Untersuchungen und anschließend die Ableitung einer Methode zur Anwendung in der Praxis und Diskussion der Ergebnisse. Im Folgenden wird die Forschungsmethodik grundsätzlich beschrieben.

*Systemanalyse der Prozesskette mit additiven Fertigungsverfahren – Modellkonzeptionierung*

Auf Basis einer ausführlichen Systemanalyse der Prozesskette mit additiven Fertigungsverfahren werden die Ein- und Ausgangsgrößen hinsichtlich der Energie- und Stoffströme und physikalischen Wirkmechanismen der Systemelemente beschrieben und analysiert. Ziel ist es, die signifikanten Einflussfaktoren zu ermitteln, um den Ressourcenbedarf, -einsatz und die Ressourceneffizienz a priori zu bestimmen. Ergebnis ist die Identifikation der Einflussfaktoren, die für den Ressourcenbedarf in der Prozesskette signifikant sind sowie darauf basierend abgeleitete ressourcenbezogene Kenngrößen, um den Ressourcenbedarf und -einsatz zweckmäßig beschreiben zu können.

*Modellierung der Systemelemente der Prozesskette mit additiven Fertigungsverfahren – Modelldetaillierung*

Die Detaillierung des Modells erfolgt auf dem Abstraktionsgrad der Prozessebene. Dieses Modell beschreibt einerseits den zeitlichen und ereignisbasierten Prozessablauf und andererseits die Prozesse mit ihren gegenseitigen Wechselwirkungen und ihren offenen Ein- und Ausgangsgrößen zum Umfeld, wobei das Ziel in erster Hinsicht die deskriptive Modellierung des Ressourcenbedarfs und -einsatzes der Prozesse zur Bauteilherstellung ist. Zu den Ein- und Ausgangsgrößen zählen einerseits die Energieströme und andererseits die Stoffströme, die für die Durchführung der Prozesse der Prozesskette notwendig sind. Die betrachteten Prozesse reichen von dem additiven Fertigungsverfahren und der anschließenden Wärmebehandlung bis zu der Nachbearbeitung, deren Notwendigkeit wesentlich durch das Prinzip der additiven Fertigungsverfahren und die Bauteilanforderungen charakterisiert wird. Bei der Beschreibung der Energie- und Stoffströme sind Abstraktion und Modellierungen der physikalischen Wirkenergien der Prozesse notwendig. Neben den Wirkenergien wird hierbei der bauteilbezogene Stoffstrom betrachtet. Dieser und seine Veränderungen sind das Ergebnis der in die Prozesse eingebrachten Wirkenergien. Ergebnis ist die Beschreibung der signifikanten Einflussfaktoren der Prozesse und wie diese sich wechselseitig beeinflussen.

*Experimentelle Untersuchungen, Ableitung einer Methode zur Anwendung und Diskussion*

Zur Erweiterung der erarbeiteten Erkenntnisse werden experimentelle Untersuchungen durchgeführt. Bei diesen wird mit den zuvor modellierten Prozessen die Herstellung von demonstratorischen Prüfkörpern realisiert und der Ressourceneinsatz der signifikanten Einflussfaktoren messtechnisch erfasst und analysiert. Neben dem Ressourceneinsatz ist der Schwerpunkt der Untersuchungen der Einfluss der physikalischen Wirkenergien auf den bauteilbezogenen Stoffstrom. Die Geometrien der Prüfkörper werden hinsichtlich der Abmessungen sowie der Oberflächengüte und die Stoffeigenschaften der Prüfkörper hinsichtlich der Eigenspannungen, des vorliegenden Gefüges sowie der mechanischen Eigenschaften bewertet. Ziel ist es, ein erweitertes Verständnis der signifikanten Einflussfaktoren zu erlangen, um den Ressourcenbedarf und -einsatz sowie daraus folgend die Ressourceneffizienz ohne vorherige Untersuchungen bestimmen zu können. Diese Erkenntnisse werden anschließend in eine Methode zur Anwendung in der Praxis überführt und die Ergebnisse kritisch diskutiert.

### *Aufbau der Arbeit*

Die vorliegende Arbeit ist zur Beantwortung der Aufgabenstellung und Erreichung der Zielsetzung in acht Kapitel aufgeteilt (siehe Abbildung 3.1). Nach einer Einleitung und Motivation in Kapitel 1, aus der die Problemstellung und die Notwendigkeit, und damit der Bedarf, eines Modells zur Beschreibung des Ressourcenbedarfs und -einsatzes für Prozessketten mit additiven Fertigungsverfahren hervorgehen, erfolgt in Kapitel 2 eine Einordnung von Ressourcen und deren Grundlagen sowie im Speziellen die Bilanzierung und Bewertung von Ressourcen. In die additiven Fertigungsverfahren, die in dieser Arbeit primär behandelt werden, wird anschließend eingeführt. Im Besonderen wird auch auf die Notwendigkeit der Einbindung dieser Fertigungsverfahren in Prozessketten eingegangen und verschiedene Arbeiten zur Ressourceneffizienz additiver Fertigungsverfahren vorgestellt und diskutiert. Die daraus abgeleitete Aufgabenstellung und Zielsetzung wird anschließend in Kapitel 3 vorgestellt.

Auf diese folgt in Kapitel 4 eine Systemanalyse der Prozesskette mit additiven Fertigungsverfahren am Beispiel des Laserauftragschweißens, bei der die Ein- und Ausgangsgrößen hinsichtlich der Energie- und Stoffströme der einzelnen Systemelemente detailliert beschrieben werden. Auf dieser Basis werden anschließend aussagekräftige ressourcenbezogene Kenngrößen und -zahlen der Prozesskette entwickelt. In Kapitel 5 erfolgt aufbauend auf der Systemanalyse die Abstraktion und Modellierung der Systemelemente der Prozesskette. Die Erkenntnisse des Modells werden anschließend in Kapitel 6 mithilfe von experimentellen Untersuchungen erweitert. In Kapitel 7 werden die Ergebnisse der Modellierung und experimentellen Untersuchungen in eine Methode zur Anwendung in der Praxis überführt und diskutiert. Abgeschlossen wird die Arbeit mit einer Zusammenfassung und einem Ausblick in Kapitel 8.

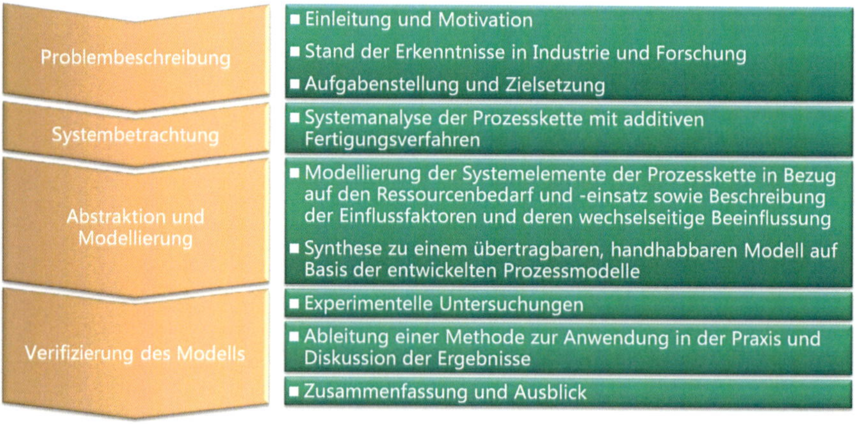


**Abbildung 3.1:** Vorgehensweise und Aufbau der Arbeit nach Ulrichs angewandter Wissenschaft im Theorie- und Praxisbezug [Ulri81]

*Procedure and setup of the study based on Ulrich's applied science in theoretical and practical terms*

# 4 Systemanalyse der Prozesskette mit additiven Fertigungsverfahren

*System Analysis of the Process Chain with Additive Manufacturing Technologies*

Beim Einsatz von additiven Fertigungsverfahren ist das Zusammenwirken verschiedener Fertigungsverfahren, die aufeinanderfolgend oder teilweise auch iterativ in der Prozesskette eingesetzt werden, zur Herstellung von technischen Produkten erforderlich (vgl. Unterkapitel 2.3.2). Die Nachbearbeitung von Produkten additiver Fertigungsverfahren ist erforderlich, wenn spezifische Eigenschaften erzielt, verbessert oder weitere Merkmale eingebracht werden müssen. Zu diesen Eigenschaften gehören beispielsweise die mechanischen Eigenschaften oder die Oberflächengüte [VDI14a]. Der in dieser Arbeit adressierte Betrachtungsrahmen enthält daher die wesentlichen Prozesse der Prozesskette mit additiven Fertigungsverfahren. Diese entspricht der Herstellung eines Halbfertigteils aus formlosem Werkstoff bis zu der Herstellung eines Fertigteils und erstreckt sich dabei von dem additiven Fertigungsverfahren über die Wärmebehandlung bis zur trennenden Nachbearbeitung zur Herstellung des Fertigteils (siehe Abbildung 4.1). Die Originalität besteht darin, dass erstmals die gesamte Prozesskette vom additiven Fertigungsverfahren mit seinem Halbfertigteil bis zum einsatzfähigen Bauteil einer Betrachtung des Ressourcenbedarfs unterzogen wird. Die Herstellung der Werkzeugmaschinen zur Durchführung der Prozesse wird dabei bewusst nicht betrachtet, da die Nutzungsphase – also die Prozessdurchführung – mit einem Ressourcenbedarf und -einsatz mit anteilig bis zu 99 % der gesamten Energie- und Stoffströme maßgeblich ist [Bäum11]. Ausführliche Studien zur Ökobilanzierung haben ebenfalls die Maschinennutzungsphase als Hauptwirkung identifiziert [Diaz10], [Kloc08a], sodass davon auszugehen ist, dass selbiges auch für die einzelnen Systemkomponenten und Ressourcenverbraucher gilt und Instandhaltung und Reparatur vernachlässigbar sind [Kloc08a]. Des Weiteren werden die Nutzungsphase sowie Entsorgung und Recycling der Fertigteile nicht betrachtet. Diese Aspekte sind unabhängig von der Herstellung durch die additiven Fertigungsverfahren, zählen meist nicht zu den wertschöpfenden Bereichen des Produzenten und liegen üblicherweise nicht in dessen Verantwortungsbereich, sodass für diese Phasen kaum valide Annahmen getroffen werden können [Schl13].

**Abbildung 4.1:** Systemelemente der Prozesskette mit additiven Fertigungsverfahren
*System's elements of the process chain with additive manufacturing technologies*

Die Systemelemente – die betrachteten Fertigungsverfahren – der Prozesskette mit additiven Fertigungsverfahren werden im Folgenden, soweit möglich, den Hauptgruppen bzw. Gruppen der DIN 8580 zugeordnet. Der Einsatz der Fertigungsverfahren liegt in dem Ziel begründet, die jeweiligen Eigenschaften und Zustände hinsichtlich der geometrischen Form und Stoffeigenschaften zu verändern. Diese werden in diesem Kontext ebenfalls beschrieben.

Additive Fertigungsverfahren werden nicht explizit nach DIN 8580 klassifiziert, da nicht alle Variationen einheitlich einer Hauptgruppe zugeordnet werden können. Das in dieser Arbeit betrachtete Laserauftragschweißen erfüllt jedoch fast alle Eigenschaften, durch die die Hauptgruppe 1 – urformende Fertigungsverfahren – definiert ist. Ziel der Fertigungsverfahren dieser Hauptgruppe ist das Schaffen einer Form bzw. eines Zusammenhalts, wodurch ein fester Körper erzeugt wird. Als Ausgangsform dient bei diesen Fertigungsverfahren ausschließlich formloser Stoff. Zu diesen werden Gase, Flüssigkeiten, Pulver, Fasern, Späne, Granulat und ähnliche Stoffe gezählt. Hierin liegt auch die Tatsache begründet, dass nicht alle additiven Fertigungsverfahren dieser Hauptgruppe zugeordnet werden können, da diese teilweise keinen formlosen Stoff einsetzen. Neben dem Schaffen einer Form beeinflussen die Urformverfahren meist auch die Stoffeigenschaften des Werkstoffs. [DIN03a]

Die Wärmebehandlung wird der Hauptgruppe 6 – Stoffeigenschaften ändern – zugeordnet. Bei einer weiteren Unterteilung entspricht die Wärmebehandlung der Gruppe 6.2. Für die Wärmebehandlung von Eisenwerkstoffen, die Fokus dieser Arbeit ist, erfolgt eine detaillierte Begriffsdefinition in der DIN EN 10 052. Ziel dieser Fertigungsverfahren ist eine Veränderung und damit das spezifische Einstellen der Stoffeigenschaften des Werkstückwerkstoffs. Hierbei kommt es zu Veränderungen auf der submikroskopischen bzw. molekularen und atomaren Ebene des Werkstoffs. Hierzu zählen u. a. Diffusionsprozesse von Atomen, Veränderungen des Atomgitters durch Erzeugen und Bewegen von Versetzungen und chemische Reaktionen. Hierdurch entstehen u. a. die erforderlichen mechanischen Eigenschaften. Eventuell auftretende Maß- und Formänderungen, z. B. durch den Abbau von Eigenspannungen, können unvermeidbar sein; diese entsprechen aber nicht dem Zweck dieser Fertigungsverfahren. [DIN03a], [DIN94]

Die trennende Nachbearbeitung zum Erreichen der Oberflächen- und Formgenauigkeiten der finalen Geometrie wird der Hauptgruppe 3 – Trennen – zugeordnet. Die relevanten Fertigungsverfahren werden in die Gruppe 3.2 – Zerspanung mit bestimmten Schneiden – und Gruppe 3.3 – Zerspanung mit unbestimmten Schneiden – eingeteilt. Beide werden in der DIN 8589 detailliert dargestellt. Das Ziel ist hierbei die Änderung der Form durch die Verminderung des Zusammenhalts. Hierzu wird die Endform durch das Aufheben des Zusammenhalts aus der Ausgangsform gefertigt, wobei der Zusammenhalt bei diesen Fertigungsverfahren teilweise vermindert wird. Der Einsatz dieser Fertigungsverfahren führt zu unvermeidbaren Änderungen der Stoffeigenschaften, die, da sie technisch relevant sind, berücksichtigt werden müssen. [DIN03a], [DIN03b] Bei entsprechender Prozessführung kann meist aber auf korrigierende Maßnahmen verzichtet werden.

Einen Überblick über die Klassifizierung bzw. näherungsweise Eingruppierung der betrachteten Fertigungsverfahren nach DIN 8580 bietet die folgende Abbildung 4.2. Die berücksichtigten Hauptgruppen der Fertigungsverfahren sind entsprechend gekennzeichnet. Die nicht eindeutige Zuordnung der additiven Fertigungsverfahren ist durch die schwächere Einfärbung visualisiert.

**Abbildung 4.2:** Eingruppierung der Systemelemente der Prozesskette mit additiven Fertigungsverfahren nach DIN 8580 [DIN03a]

*Classification of the elements of the process chain with additive manufacturing technologies according to DIN 8580*

Zur Strukturierung der Systemanalyse wird einerseits eine Unterteilung in die einzelnen betrachteten Fertigungsverfahren berücksichtigt, andererseits wird eine zweckmäßige Gliederung der Ein- und Ausgangsgrößen der Systemelemente hinsichtlich der Ressourcen, im Besonderen der Energie- und Stoffströme, gewählt. Diese Struktur ist in der folgenden Abbildung 4.3 visualisiert. Als Ein- und Ausgangsgrößen werden im Rahmen dieser Arbeit ausschließlich die Energie- und Stoffströme der betrachteten Systemelemente bezeichnet. Um ein Verständnis für die Prozesskette mit additiven Fertigungsverfahren und deren Ressourcenbedarf und -einsatz zu entwickeln, müssen die Zusammenhänge der einzelnen Prozesse und ihre gegenseitigen Wechselwirkungen in ihrem Grundsatz verstanden werden.

Die Ein- und Ausgangsgrößen der Systemelemente werden zwischen solchen, die sich auf Energieströme, und solche, die sich auf Stoffströme beziehen, unterschieden. Diese lassen sich jeweils noch einmal untergliedern. Die Unterteilung der Energieströme erfolgt einerseits in die, die die Wirkenergien der physikalischen Wirkmechanismen tragen – also prozessbezogen sind und das Werkstück unmittelbar verändern, und andererseits in jene, die die Rahmen- und Umgebungsbedingungen zur Durchführung der Fertigungsverfahren ermöglichen. Diese Energie ist also für die Bereitstellung der Betriebsmittel notwendig. Die stoffstrombezogenen Ein- und Ausgangsgrößen lassen sich einerseits in bauteilbezogene Größen, also jene Stoffe, die durch Fertigungsverfahren bzw. das entsprechende Werkzeug gezielt verändert werden, und andererseits in jene Größen unterteilen, die die Stoffströme der Hilfs- und Betriebsstoffe beschreiben. Diese sind mittelbar für die Ausführung der Fertigungsverfahren notwendig, verändern das Werkstück aber nicht direkt.

Zur eingehenden Systemanalyse werden zunächst in Unterkapitel 4.1 die einzelnen Energie- und Stoffströme der Systemelemente, also der Prozesse, singulär betrachtet. Anschließend wird in Unterkapitel 4.2 der bauteilbezogene Stoffstrom der vollständigen Prozesskette bestehend aus dem additiven Fertigungsverfahren, der Wärmebehandlung und der trennenden Nachbearbeitung analysiert. Dies ist vor dem Hintergrund, dass die Endform des vorgelagerten Prozesses jeweils die Ausgangs- bzw. Eingangsform des betrachteten Prozesses ist, von besonderer Bedeutung. Auf Basis dieser Systemanalyse werden abschließend in Unterkapitel 4.3 aussagekräftige ressourcenbezogene Kenngrößen der Prozesskette abgeleitet. Diese sollen eine Quantifizierung und Aggregation der entscheidenden Ressourcen ermöglichen.

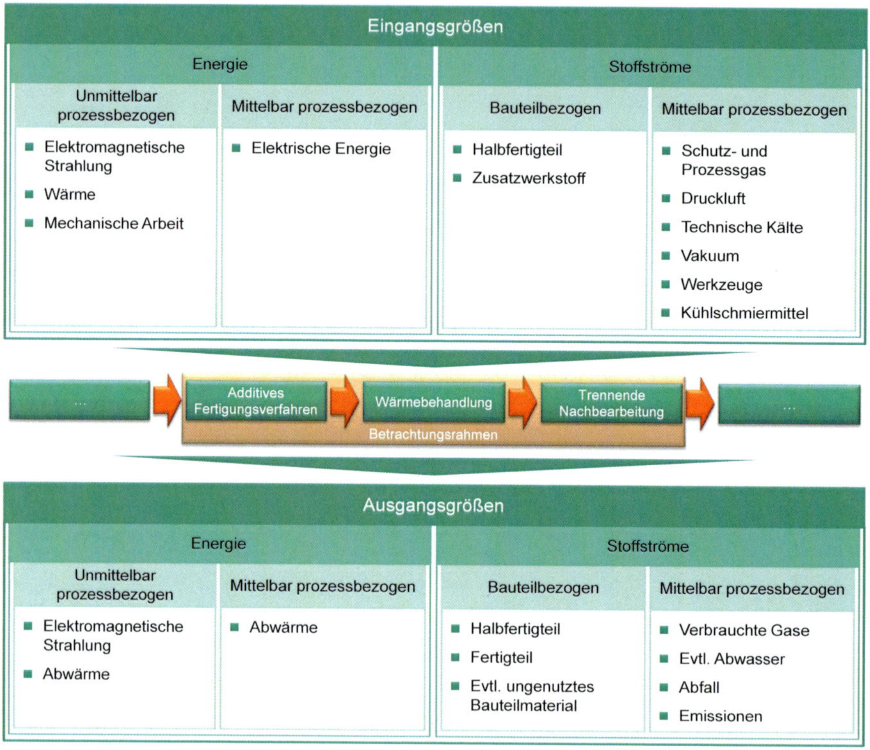


**Abbildung 4.3:** Ein- und Ausgangsgrößen der Systemelemente hinsichtlich der Energie- und Stoffströme der Prozesskette mit additiven Fertigungsverfahren

*Immisions and emissions of the system elements of the process chain with additive manufacturing technologies with regard to the energy and material flow*

## 4.1 Ressourcenbezogene Ein- und Ausgangsgrößen der Systemelemente

*Resource Related Immissions and Emissions of the System's Elements*

Durch den zweckmäßigen Einsatz von Ressourcen kann eine beabsichtigte Veränderung eines Werkstücks erzielt werden. Hierbei wird die Ausgangsform, bei der es sich sowohl um ein Halbfertigteil als auch ein Werkstück handeln kann, in seine Endform überführt. Der Ressourcenbedarf und -einsatz ist dabei sowohl von der Ausgangsform als auch von der Endform abhängig; er ist also bauteil- und werkstoffspezifisch.

Der Ressourcenbedarf besteht zu einem Teil aus der Summe der Energieströme, die die Wirkenergien beschreiben. Im Rahmen der betrachteten Prozesskette mit additiven Fertigungsverfahren sind dies die elektromagnetische Strahlung $\phi$, die Wärme Q und bei der spanenden Nachbearbeitung die mechanische Arbeit W – die Trennenergie zum Verringern des Zusammenhalts. Diese Wirkenergien werden allgemein als Prozessenergien definiert [VDI14b]. Zur Bereitstellung dieser Wirk- bzw. Prozessenergien und zum Durchführen der Prozesse werden entsprechende Hilfs- und Betriebsstoffe benötigt. Hierzu zählen auch die Betriebsmittel, für die ebenfalls verschiedene Energie- und Stoffströme bereitgestellt werden müssen.

Ein weiterer Teil des Ressourcenbedarfs ergibt sich aus den Stoffströmen der Systemelemente der Prozesskette mit additiven Fertigungsverfahren. Zu diesen gehören u. a. bauteilbezogene Stoffströme. Ein Teil von diesen bauteilbezogenen Stoffströmen erfährt schrittweise eine Veränderung von einem Rohzustand bis zu einem Fertigzustand. In diesem Zustand stellt er das Fertigteil dar. Weitere Teile gehören nur temporär zu den bauteilbezogenen Stoffströmen und stellen die bei der schrittweisen Veränderung entstehenden Neben- und Abfallprodukte dar. Zur Durchführung der Prozesse sind aber noch weitere Stoffströme, wie Hilfs- und Betriebsstoffe, notwendig. Hierzu zählen Gase, wie z. B. der Volumenstrom von Schutz- oder Prozessgas $\dot{V}_{Gas}$, aber auch flüssige, wie z. B. der Volumenstrom des Kühlschmierstoffs $\dot{V}_{KSS}$, oder feste Stoffströme.

Die abgeleiteten Ressourcenbedarfe sind in der Regel einerseits bei singulärer Betrachtung eines Prozesses und andererseits auch innerhalb der Prozesskette miteinander verknüpft und führen prozessübergreifend zu gegenseitigen Wechselwirkungen. Die Systemanalyse der einzelnen Systemelemente – der Prozesse der Prozesskette mit additiven Fertigungsverfahren – erfolgt nicht nach dieser Gruppierung der Ressourcenbedarfe folgend, sondern pragmatischer nach der Einteilung der einzelnen Prozesse mit ihren einzelnen Systemkomponenten und Ressourcenverbrauchern und den entsprechenden Ressourcenbedarfen.

### 4.1.1 Laserauftragschweißen

*Laser Deposition Welding*

Die Prozessenergien, bauteilbezogene Stoffströme und Hilfsstoffe sowie die zur Prozessdurchführung notwendigen Komponenten und Betriebsstoffe des betrachten additiven Fertigungsverfahrens – des Laserauftragschweißens – sind ursächlich für den Ressourcenbedarf. Zu diesen zählen eine Laserquelle, der Zusatzwerkstoff mit entsprechendem Zuführungssystem sowie das Schutz- und Prozessgas mit dem dazugehörigen Fördergassystem. Zur Handhabung ist des Weiteren eine Werkstück- und/oder Laserpositioniereinheit mit einer Steuerung notwendig (siehe Abbildung 4.4). Daneben sind üblicherweise noch zusätzliche Systemelemente, wie z. B. Kühler und Peripherie zur Prozessüberwachung, vorhanden sein.

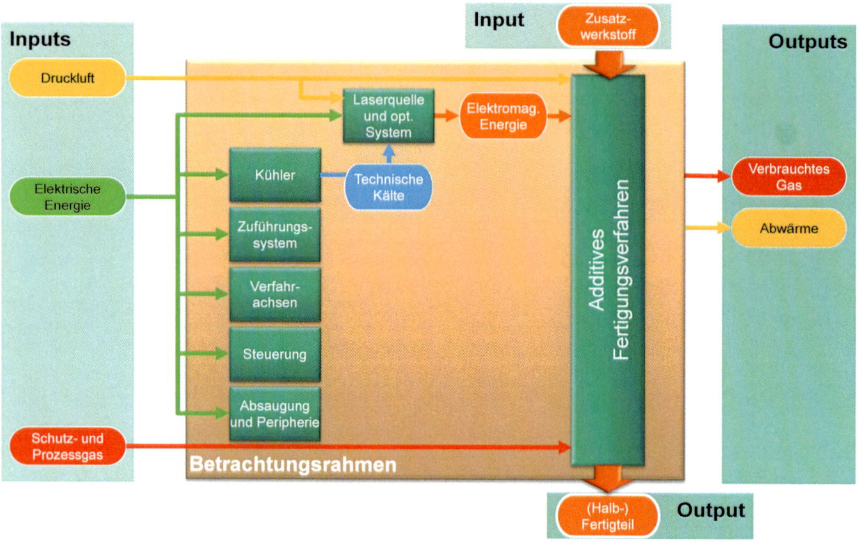


**Abbildung 4.4:** Systemkomponenten und Ressourcenbedarfe zum Laserauftragschweißen
*System's components and resources for laser deposition welding*

Auf Basis der Übersicht der Ressourcenverbraucher in Abbildung 4.4 werden im Folgenden die Ressourcenbedarfe der Systemelemente separat charakterisiert.

## *Laserquelle – Strahlungsenergie*

Die benötigte Prozessenergie zum Laserauftragschweißen zur additiven Fertigung wird durch elektromagnetische Strahlung $\phi$ bereitgestellt, die von einer Laserquelle erzeugt wird. Die elektromagnetische Strahlungsenergie $E_{Laser}$ wird durch die elektromagnetische Strahlleistung $P_{Laser}$ und die Dauer der Einschaltzeit t dieser Laserquelle bestimmt. Sie ist definiert als die Summe der abgegebenen elektromagnetischen Strahlleistung über die Dauer des Prozesses t und berechnet sich wie folgt:

$$E_{Laser} = \int_0^t P_{Laser}(t)\,dt \qquad 4.1$$

Die elektromagnetische Strahlleistung kann zeitlich konstant oder während des Prozesses veränderlich sein. Hierbei kann sie entweder kontinuierlich durch die Prozessstellgröße der Laserleistung angepasst oder diskontinuierlich durch gepulsten Betrieb der Laserquelle abgegeben werden. Sowohl die Pulsfrequenz $f_{Puls}$ als auch die Pulsdauer $t_{Puls}$ bestimmen dann neben der Strahlleistung die abgegebene elektromagnetische Strahlungsenergie. Die im Rahmen dieser Arbeit verwendete Laserstrahlung wird aber kontinuierlich abgegeben, sodass dies nicht weiter berücksichtigt werden muss.

Die elektromagnetische Strahlleistung ergibt sich aus der Summe der optischen Leistung. Diese ist aber nicht gleichmäßig über den Strahlquerschnitt, der durch ein optisches System geformt wird, verteilt. Die Leistungsverluste liegen bei geeigneter Auslegung des optischen Systems meist bei unter 1 %, sodass evtl. Leistungsverluste durch das optische System im Rahmen dieser Arbeit vernachlässigt werden können. Unter der Annahme, dass die Intensität I radialsymmetrisch ist, was für das Laserauftragschweißen meist ausreichend ist, kann die elektromagnetische Strahlleistung mit

$$P_{Laser} = 2\pi \int_0^{\infty} I(r)\, r\, dr \tag{4.2}$$

berechnet werden. Die Intensität der elektromagnetischen Strahlung ist dementsprechend maßgeblich von dem Abstand r koaxial von der Strahlachse abhängig. Die Intensitätsverteilung ist bei der Lasermaterialbearbeitung von besonderer Bedeutung. Einerseits beschreibt sie die Größe des Strahlquerschnitts und andererseits können anhand der lokalen Intensität Effekte, wie Aufschmelzen, Sublimation oder die Entstehung von Plasma, präzise vorhergesagt werden. Bei einem Gaußprofil lässt sich die Intensitätsverteilung nach HERZIGER und LOOSEN mit

$$I(r) = I_0 e^{-2\frac{r}{w}} \tag{4.3}$$

beschreiben, wobei $I_0$ die maximale Intensität im Mittelpunkt des Laserstrahls und w der Strahlradius (engl.: Waist = Taille) in der Bearbeitungsebene sind. Der Strahlradius lässt sich mit Kenntnis der Strahltaille mit dem geringsten Strahlradius $w_0$ und des Abstands zur Fokuslage z in Abhängigkeit der eingesetzten Laserquelle und Strahlformung wie folgt bestimmen:

$$w(z) = w_0 \sqrt{1 + \left(\frac{1}{K} \frac{\lambda}{\pi w_0^2} z\right)^2} \tag{4.4}$$

Die Strahltaille mit dem geringsten Strahlradius $w_0$ berechnet sich dabei mit

$$w_0 = \frac{1}{K} \frac{\lambda}{\pi\theta}, \tag{4.5}$$

wobei K eine Kenngröße für die Strahlqualität ist und das Verhältnis zwischen dem idealen Gaußstrahl und der Abweichung des realen Strahls von diesem beschreibt. Die Strahldivergenz $\theta$ beziffert den Winkel, mit dem sich die elektromagnetische Strahlung aufweitet. Aus diesen Gleichungen wird deutlich, dass der Strahlradius w maßgeblich von der Laserquelle bzw. ihrer Wellenlänge $\lambda$ und ihrer Strahlqualität – durch den Strahlradius $w_0$ und die Strahldivergenz $\theta$ bestimmt – aber auch die Strahlführung und -formung durch die optischen Elemente beschrieben wird. [Herz93]

Mit der Intensität I und dem Strahlradius w können damit neben der Dauer des Prozesses t die zwei wichtigsten Einflussfaktoren beschrieben werden, die die Prozessenergie für das Laserauftragschweißen beschreiben. Durch Einsetzen der Gleichung 4.3 in Gleichung 4.2 ergibt sich ein direkter Zusammenhang zwischen maximaler Intensität $I_0$, Strahlradius w und der elektromagnetischen Strahlleistung $P_{Laser}$:

$$I_0 = \frac{2\,P_{Laser}}{\pi w^2} \tag{4.6}$$

## *Zusatzwerkstoff und Zuführungssystem*

Der benötigte Zusatzwerkstoff beim Laserauftragschweißen zur additiven Fertigung wird durch einen in Pulverform oder als Draht vorliegenden Werkstoff realisiert. Dieser wird durch die elektromagnetische Strahlung der Laserquelle aufgeschmolzen. Die notwendige Energie zum Aufschmelzen und Zuführen des Werkstoffs ist u. a. von den geometrischen, chemischen, optischen, thermischen und mechanischen Eigenschaften des Zusatzwerkstoffs abhängig.

Die Zuführung des Zusatzwerkstoffs wird meist volumetrisch ausgelegt, sodass sich der Werkstoffmassenstrom $\dot{m}$, der dem Prozess zugeführt wird, aus der Dichte $\rho_{Werkstoff}$ des Werkstoffs und dem Volumenstrom $\dot{V}_{Werkstoff}$ ergibt:

$$\dot{m} = \rho_{Werkstoff}\,\dot{V}_{Werkstoff} \tag{4.7}$$

Für den drahtbasierten Laserauftragschweißprozess wird der Volumenstrom durch den Querschnitt des Drahts $A_{Draht}$ sowie die Drahtvorschubgeschwindigkeit $v_{Draht}$ bestimmt:

$$\dot{m} = \rho_{Werkstoff}\,A_{Draht}\,v_{Draht} \tag{4.8}$$

Im Fall der Zuführung von Pulver wird zusätzlich ein Pulverfördergas eingesetzt, das meist durch einen Unterdruck ein definiertes Pulvervolumen aus einer Nut absaugt und in die Prozesszone fördert.

Die Art – pulver- oder drahtförmig – und die geometrischen Eigenschaften des Zusatzwerkstoffs haben Einfluss auf den Energiebedarf des Laserauftragschweißprozesses. Die entscheidenden geometrischen Eigenschaften sind bei der pulverförmigen Zuführung einerseits die Korngröße bzw. die Korngrößenverteilung und andererseits die Form der Körner. Diese hängt dabei hauptsächlich von dem Herstellungsverfahren ab und wird als spratzig bis ideal kugelig beschrieben. Bei der drahtförmigen Zuführung ist der Durchmesser des Drahts von signifikanter Bedeutung, da an diesen im Wesentlichen der Laserstrahlquerschnitt durch die Einstellung der Fokuslage angepasst werden muss. Zusätzlich beeinflusst die Oberfläche des Drahtwerkstoffs die optischen Eigenschaften des Werkstoffs, wie Transmission, Absorption und Reflexion der elektromagnetischen Strahlung, aber auch die Emissivität des Werkstoffs.

Die signifikantesten chemischen Eigenschaften sind die werkstoffspezifische Schmelztemperatur $T_{Schmelz}$ und die Schmelzenthalpie $\Delta h_{Schmelz}$. Sie bestimmen die minimal notwendige Prozesstemperatur und die Energie zur Aggregatzustandsänderung des festen Zusatzwerkstoffs in seine schmelzflüssige Phase. Aufgrund des anschließenden Erstarrungsvorgangs ist die Schweißeignung – die Fähigkeit nur eine geringe mechanisch-technologische Beeinträchtigung durch die unerwünschte Wärmebehandlung zu erfahren – des Werkstoffs von Bedeutung [Dilt05]. Diese wird durch die chemische Zusammensetzung bestimmt. Sie beeinflusst letztendlich auch die weiteren optischen, thermischen und mechanischen Eigenschaften, allerdings werden diese in dieser Arbeit separat betrachtet und nicht auf den ursächlichen Einfluss der chemischen Zusammensetzung des Zusatzwerkstoffs zurückgeführt. Daher wird im Folgenden der Einfluss der optischen, thermischen und mechanischen Eigenschaften auf den Ressourcenbedarf diskutiert.

Die optischen Eigenschaften des Werkstoffs, wie Transmission, Absorption und Reflexion der elektromagnetischen Strahlung, bestimmen die Energieeinkopplung, die Umwandlung in Wärme und den Energiefluss in das Werkstück. Des Weiteren bestimmt die Emissivität des Werkstoffs die Wärmestrahlung. Diese führt bereits durch elektromagnetische Strahlung zugeführte und in Wärme umgewandelte Energie in Form von elektromagnetischer Strahlung wieder ab. Das Vermögen elektromagnetische Strahlung pro Zeiteinheit abgeben zu können, wird Wärmestrahlungsvermögen genannt und mithilfe von der Emissionsrate ε beschrieben. Diese ist definiert als das Verhältnis der emittierten Strahlung des betrachteten Körpers $E_{Körper}$ und der Energieabgabe eines idealen schwarzen Strahlers $E_{Strahler}$ bei der gleichen Temperatur T und wird mit dem kirchhoffschen Strahlungsgesetz beschrieben:

$$\varepsilon(T) = \frac{E_{Körper}(T)}{E_{Strahler}(T)} \qquad 4.9$$

Die Wärmestrahlung breitet sich dabei hemisphärisch in alle Richtungen mit unterschiedlichen Wellenlängen aus. Zur Bestimmung der Emissionsrate werden unter isothermen Umgebungsbedingungen Messungen der Infrarotstrahlung durchgeführt und diese mit der Emissivität von bekannten Referenzmaterialien verglichen. Mit Kenntnis der Emissivität ε kann die Menge der abgestrahlten Wärme Q in der Zeit t über die Fläche $A_{FE}$ berechnet werden. In differentieller Schreibweise wird diese abgestrahlte Wärme mit

$$\frac{\partial Q}{\partial t} = \varepsilon\, \sigma\, A_{FE} \left(T_{Umgebung}^4 - T_{Werkstück}^4\right) \qquad 4.10$$

beschrieben, wobei des Weiteren die Stefan-Boltzmann-Konstante σ sowie die Temperatur der Umgebung $T_{Umgebung}$ und die des Werkstücks $T_{Werkstück}$ bekannt sein müssen. [Knee07]

Die übrigen drei optischen Eigenschaften, Transmission, Absorption und Reflexion, beeinflussen im Gegensatz zu der Wärmestrahlung die eingebrachte Energie unmittelbar. Die Transmission, d. h. die elektromagnetische Strahlung, die durch das Werkstück hindurchdringt, kann für technische Anwendungen im makroskopischen Maßstab mit metallischen Werkstoffen vernachlässigt werden, da die optische Eindringtiefe lediglich im Bereich von ca. 10-20 nm liegt. Die optische Eindringtiefe ist dabei als die Tiefe definiert, bei der die ursprüngliche Intensität $I_0$ auf $I_0\, e^{-2}$ abgefallen ist. Die Intensität I berechnet sich nach dem lambert-beerschen Gesetz in Abhängigkeit von der optischen Eindringtiefe $d_{opt}$ mit

$$I(d_{opt}) = I_0\, e^{-\alpha d_{opt}}, \qquad 4.11$$

wobei der Absorptionskoeffizient α werkstoff- und wellenlängenabhängig ist. Dementsprechend wird die eindringende elektromagnetische Strahlung vollständig in oberflächennahen Bereichen absorbiert und in Wärme umgewandelt. Der nicht eindringende Teil der elektromagnetischen Strahlung wird an der Oberfläche reflektiert und nicht in Wärme umgewandelt. Die Aufschmelz- und Erstarrungsvorgänge verursachen eine variierende Prozesstemperatur, Dichte und Oberflächenbeschaffenheit, die zu fortwährend ändernden optischen Eigenschaften des Werkstoffs führen.

Außer durch die Energieeinkopplung und den Energiefluss aufgrund der optischen Eigenschaften, wird die Wärmeausbreitung und -verteilung in der Prozesszone durch die werkstoffspezifischen thermischen Kennwerte bestimmt. Neben der Schmelztemperatur $T_{Schmelz}$ und Schmelzenthalpie $\Delta h_{Schmelz}$ sind die Wärmeleitfähigkeit $\lambda$ und die spezifische Wärmekapazität $c_p$ für die Wärmeausbreitung und -verteilung beim Laserauftragschweißen signifikant.

Die Wärmeausbreitung beruht auf den drei Wärmetransportmechanismen Wärmeleitung bzw. Konduktion, Wärmestrahlung (siehe S. 43) und Konvektion. Für die Wärmeleitung ist die Wärmestromdichte q bzw. die zeitliche Änderung der thermischen Energie $\delta Q/\delta t$ pro Fläche $A_i$ von entscheidender Bedeutung. Sie berechnet sich aus der Wärmeleitfähigkeit $\lambda$ und der Temperaturdifferenz $\partial T$ über eine Länge $\partial i$ in eine beliebige Richtung i zu

$$q = \frac{1}{A_i}\frac{\delta Q}{\delta t} = -\lambda \frac{\partial T}{\partial i}. \tag{4.12}$$

Die Wärmeleitfähigkeit $\lambda$ ist werkstoffspezifisch und beträgt für viele Stahlwerkstoffe mit einem Kohlenstoffanteil kleiner 0,4 % ca. 45 bis 55 W $m^{-1}$ $K^{-1}$. [Knee07] Der weitere signifikante thermische Kennwert, die spezifische Wärmekapazität $c_p$, beeinflusst ebenfalls die Temperatur und Temperaturverteilung in der Prozesszone. Mit ihr kann die thermische Energie $\partial Q$ – die Wärme – berechnet werden, die für eine definierte Masse m zu der Temperaturveränderung $\partial T$ führt. Der rechnerische Zusammenhang entspricht

$$\partial Q = m\, c_p\, \partial T. \tag{4.13}$$

Der Zusammenhang der werkstoffspezifischen Wärmeleitfähigkeit $\lambda$ und der spezifischen Wärmekapazität $c_p$ kann durch die Temperaturleitfähigkeit $a_\vartheta$ beschrieben werden [Knee07]. Zusätzlich wird hierbei die Dichte $\rho_{Werkstoff}$ des Zusatzwerkstoffs berücksichtigt:

$$a_\vartheta = \frac{\lambda}{c_p\, \rho_{Werkstoff}} \tag{4.14}$$

Die Konvektion, der dritte Mechanismus des Wärmetransports, ist maßgeblich von der Umgebung des Prozesses abhängig und wird daher im folgenden Unterkapitel Schutz- und Prozessgas diskutiert.

### *Schutz- und Prozessgas*

Neben dem Prozessgas, das bei dem Einsatz von pulverförmigen Zusatzwerkstoff zu dessen Förderung benötigt wird, ist zur Vermeidung von ungewollten chemischen Reaktionen des Zusatzwerkstoffs eine Abschirmung der Prozesszone gegenüber der Umgebung notwendig.

Durch ein reaktionsträges Schutzgas, wie z. B. Argon, Stickstoff, Helium oder ein Gasgemisch aus diesen, das lokal der Prozesszone zugeführt wird, werden z. B. Oxid- aber auch Porenbildung, die zu schlechteren mechanischen Eigenschaften führen können, reduziert. Üblicherweise werden das Schutzgas und das Prozessgas aus derselben Quelle zugeführt und sind dementsprechend von ihrer chemischen Zusammensetzung identisch. Neben der chemischen Zusammensetzung ist die Gasreinheit von hoher Relevanz.

Die chemische Zusammensetzung des Schutz- und Prozessgases bestimmt die thermischen Eigenschaften wie Wärmeleitfähigkeit und Wärmekapazität, aber auch die Dichte und Viskosität. Diese Eigenschaften sind für die Konvektion, der stoffgebundenen Wärmeübertragung, von Bedeutung. Die übertragene Wärme pro Zeit $\partial Q/\partial t$ über eine Fläche $A_{FE}$ lässt sich nach KNEER [Knee07] mit dem werkstoffspezifischen Wärmeübergangskoeffizient $\alpha$ und der Differenz von der Umgebungstemperatur $T_{Umgebung}$ und der Werkstücktemperatur $T_{Werkstück}$ bestimmen:

$$\frac{\partial Q}{\partial t} = \alpha\, A_{FE}\, (T_{Umgebung} - T_{Werkstück}) \qquad 4.15$$

Indirekt wird hieraus deutlich, dass die Positionierung der Gaszuführung zum Laserstrahl und damit zur Prozesszone relevant ist, da aus dieser die wirkende Fläche $A_{FE}$ resultiert, die in die Gleichung zur Wärmeübertragung linear eingeht. Des Weiteren ist der Volumenstrom von signifikanter Bedeutung, da durch diesen die Strömungsgeschwindigkeit bestimmt und dadurch die Umgebungstemperatur beeinflusst wird.

Die Steuerung des Gasvolumenstroms $\dot{V}_{Gas}$ erfolgt üblicherweise über den Gasdruck p aus dem sich in Abhängigkeit von dem Strömungsquerschnitt A bzw. der Düsengeometrie und der geodätischen Höhe z eine Strömungsgeschwindigkeit $v_{Gas}$ ergibt. Für reibungsfreie, ideale Gase berechnet sich der Zusammenhang des Gasdrucks p mit der bernoullischen Gleichung mit

$$p_{statisch} + \rho_{Gas} g z + \frac{\rho}{2} v_{Gas}^2 = p, \qquad 4.16$$

wobei $\rho_{Gas}$ die Dichte und $p_{statisch}$ der statische Druck der Umgebung sowie g die Gravitationskonstante sind. Bei dieser bernoullischen Gleichung ist zu berücksichtigen, dass diese nur für inkompressible Fluide gilt. Strenggenommen erfüllen die verwendeten Gase diese Anforderung nicht; allerdings fällt die Abweichung für Strömungsgeschwindigkeiten Mach < 0,3 kleiner als 5 % aus, sodass für das Schutz- und Pulverfördergas diese Näherung akzeptabel ist. [Schr04]

### *Werkzeugmaschine – Verfahrachsen*

Zur Umsetzung der Bearbeitungsstrategie ist eine relative Positionierung und Bewegung von Werkstück zu Laserstrahlung und Zusatzwerkstoffzuführung notwendig. Hierzu werden mithilfe von einem Handhabungssystem, wie z. B. einem Anlagensystem oder Roboter, mit mindestens drei Achsen, häufig aber auch fünf oder sogar sechs Achsen, das Werkstück und die Laserstrahloptik relativ zu einander bewegt. Durch diese Relativbewegung werden neben den Bearbeitungsbereichen auch die Bearbeitungsstrategie und die Bearbeitungsparameter Werkstückvorschubgeschwindigkeit $v_f$ und Bearbeitungsabstand zwischen Laseroptik bzw. Position der Zuführung des Zusatzwerkstoffs und der Werkstückoberfläche festgelegt.

Die notwendige Energie, die zum Verfahren der Achsen um den Weg l benötigt wird, lässt sich mithilfe von der mechanischen Arbeit W mit

$$W = \int F \, dl \qquad 4.17$$

ermitteln [Weic99]. Die Kraft F ergibt sich dabei unter anderem aus der notwendigen Kraft $F_a$, um die Masse m sowohl positiv als auch negativ mit der Beschleunigung a zu beschleunigen und lässt sich mit dem zweiten newtonschen Gesetz beschreiben:

$$F_a = m\,a \qquad 4.18$$

Analog gilt für die mechanische Arbeit für rotatorische Bewegungen bei Kenntnis des Drehmoments M und des Drehwinkels $\varphi$:

$$W = \int M \, d\varphi \qquad 4.19$$

Hierbei kann das Drehmoment M mit dem Trägheitsmoment J und der Winkelbeschleunigung $\ddot{\varphi}$ durch

$$M = J\,\ddot{\varphi} \qquad 4.20$$

berechnet werden [Weic99]. Bei dieser Betrachtung muss berücksichtigt werden, dass nicht nur die für die Prozesse benötigten Bewegungen zu Beschleunigungen führen, sondern dass die Antriebe der Verfahrachsen während des gesamten Betriebs geregelt werden und daher auch bei augenscheinlichem Stillstand der Achsen Beschleunigungen wirken. Daher wird unabhängig von der Bewegung zur Umsetzung der Bearbeitungsstrategie durch relative Positionierung und Bewegung von Werkstück zu optischem System und Zusatzwerkstoffzuführung elektrische Energie benötigt. Des Weiteren wirken den Bewegungsrichtungen eine translatorische Widerstandskraft $F_{Widerstand}$ und ggf. ein Moment $M_{Widerstand}$, z. B. aufgrund von Reibung, entgegen, die proportional zur Geschwindigkeit der Bewegung sind.

## *Werkzeugmaschine – Absaugung und Peripherie*

Neben den zuvor vorgestellten unmittelbar prozessbezogenen Energie- und Stoffströmen werden zur Prozessdurchführung weitere nur mittelbar relevante Energie- und Stoffströme benötigt. Die Notwendigkeit dieser hängt u. a. von den Anforderungen und der Auslegung, wie z. B. den Einsatz von Mess- oder Überwachungsequipment oder eines Spannsystems mit Druckluft oder Hydrauliköl, ab. Des Weiteren ist zur Be- und Entlüftung eine Absaugung notwendig. Mit dieser wird der entstehende Schweißrauch mit Partikeln, die überwiegend eine Größe von weniger als 1 µm aufweisen, abgesaugt. Zusätzlich können einzelne Systemkomponenten, wie z. B. das optische System sowie Mess- oder Überwachungsequipment durch den Einsatz von gerichteter

Druckluft vor dem Schweißrauch mit seinen Partikeln geschützt werden. Abschließend kann die Werkzeugmaschine noch elektrische Energie für Beleuchtung erfordern.

### *Kühlung*

Für die Bereitstellung aller Energie- und Stoffströme für das betrachtete Laserauftragschweißen wird elektrische Energie benötigt, um die elektromagnetische Strahlung zu erzeugen, den Zusatzwerkstoff sowie das Schutz- und Prozessgas zu fördern und die Achsen zu verfahren. Diese elektrische Energie wird wirkungsgradbedingt nicht vollständig in die benötigte Energieform umgewandelt, sodass neben den benötigten Energien auch zusätzlich Wärme entsteht, die nicht für den Prozess zur Verfügung steht, sondern als Emissionen durch Wärmeübertragung an die Umgebung abgegeben wird. Ist die entstehende Wärme so groß, dass diese nicht mehr über die Oberfläche der Komponenten und Maschinen übertragen werden kann, so ist eine vergrößerte Wärmeübertragung durch entsprechende Kühlsysteme notwendig. Hierfür werden entweder technische Kälte über eine zentrale Zuführung, der Maschinenkälte, oder lokal installierte Kühler, wie z. B. Wasser-Luft-Kühler, genutzt.

## 4.1.2 Wärmebehandlung

*Heat Treatment*

Durch Laserauftragschweißen hergestellte Bauteile können bzw. müssen, wie alle schmelzmetallurgisch hergestellten Bauteile, mit konventionellen Fertigungsverfahren bearbeitet werden, um die notwendigen mechanischen Eigenschaften und Oberflächengüten zu erreichen. Eines dieser Fertigungsverfahren, das in der betrachteten Prozesskette eingesetzt wird, ist eine Wärmebehandlung. Diese konzentriert sich auf die Verbesserung der mechanischen Eigenschaften durch Einstellung von Gefüge und evtl. Dichtheit sowie Härte [VDI14a]. Hierzu kommt mittels eines Ofens eine werkstoffspezifische Wärmebehandlung mit festgelegtem Zeit-Temperatur-Verlauf zum Einsatz. Je nach verwendetem Werkstückwerkstoff und Ziel der Wärmebehandlung können durch den gewählten Zeit-Temperatur-Verlauf Temperaturspitzen von zeitweise bis zu 1200 °C notwendig sein. Für unlegierte und niedriglegierte Stähle liegen die Temperaturspitzen üblicherweise zwischen 450 °C und 650 °C, wenn die Eigenspannungen reduziert werden sollen [Blec14]; bei hochlegierten Stählen können die Temperaturspitzen gegebenenfalls leicht darüber liegen. Dies ermöglicht unter wirtschaftlichen sowie technischen Gesichtspunkten einen optimalen Kompromiss aus Prozesszeit und mechanischen Eigenschaften. Der im Rahmen dieser Arbeit betrachtete Warmarbeitsstahl X37CrMoV5-1 liegt aufgrund seiner chemischen Zusammensetzung im Übergangsbereich von niedrig- zu hochlegierten Stählen. Zusätzlich kann eine Schutzgasatmosphäre oder ein Vakuum benötigt werden, sodass ungewollte chemische Reaktionen unterbunden werden. Die notwendigen Systemkomponenten für die Wärmebehandlung und die zum Betrieb notwendigen Ressourcenbedarfe sind in Abbildung 4.5 dargestellt.

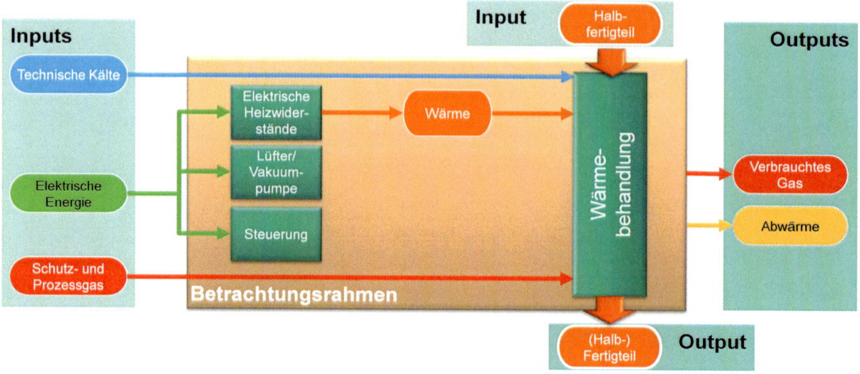


**Abbildung 4.5:** Systemkomponenten und Ressourcenbedarfe zur Wärmebehandlung
*System's components and resources for heat treatment*

Auf Basis der Übersicht der Ressourcenverbraucher in Abbildung 4.5 werden im Folgenden die Ressourcenbedarfe der Systemelemente separat charakterisiert.

## *Heizung – Wärme*

Die benötigte Prozessenergie zur Wärmebehandlung wird in Form von thermischer Energie bereitgestellt, die üblicherweise von elektrischen Heizwiderständen erzeugt wird. Die thermische Energie Q wird durch den abgegebenen Wärmestrom $\dot{Q}$ bestimmt und berechnet sich als dessen Summe über die Zeit t des Prozesses:

$$Q = \int \dot{Q}\, dt \tag{4.21}$$

Nach dem jouleschen Gesetz ergibt sich die abgegebene Wärme Q aus der umgewandelten elektrischen Energie $E_{elektrisch}$ eines mit Strom durchflossenen Leiters mit der elektrischen Leistung P zu

$$Q = E_{elektrisch} = \int P\, dt. \tag{4.22}$$

Mit der Annahme einer zeitlich veränderlichen elektrischen Leistung durch variierende Stromstärke I und Spannung und unter Berücksichtigung des ohmschen Gesetzes folgt für die zugeführte Wärme

$$Q = \int R\, I^2\, dt, \tag{4.23}$$

wobei R der elektrische Widerstand des Heizelements ist. Die dem Prozess zugeführte Wärme wird in Abhängigkeit von den thermischen Eigenschaften durch Wärmestrahlung und -leitung sowie Konvektion an das Werkstück und die Umgebung abgegeben (vgl. S. 43-45).

### *Prozessatmosphäre*

Zur Verhinderung von ungewollten chemischen Reaktionen, wie z. B. Oxidbildung, ist unter Umständen die Abwesenheit von Sauerstoff notwendig. Hierzu kann der Arbeitsraum mittels einer Vakuumpumpe evakuiert werden. Hierbei wird ein technisches Vakuum – also ein verringerter Gasdruck – eingestellt. Alternativ kann der Arbeitsraum des Ofens mit einem Schutzgas, wie z. B. Argon, Stickstoff oder Helium, geflutet werden.

Bei der energetischen Betrachtung wird der Ofen als ein offenes System verstanden, über dessen Grenzen nicht nur mechanische Arbeit, sondern auch Massenströme – bei der Evakuierung und bei der Flutung des Arbeitsraums – ein- und austreten. Nach dem ersten Hauptsatz der Thermodynamik wird die Änderung der inneren Energie U während der Zeit t für ein beliebiges offenes System – also auch unter instationären Bedingungen – wie folgt beschrieben:

$$\frac{dU}{dt} = \sum_i \dot{m}_i(t)\,[h_i(t) + e_{a,i}(t)] + \sum_j \dot{Q}_j(t) + \sum_k \dot{W}_k(t) \qquad 4.24$$

Einerseits werden alle Stoffmassenströme $\dot{m}_i$ mit ihren spezifischen Enthalpien $h_i$ und äußeren Energien $e_{a,i}$, wie z. B. kinetischen oder potenziellen Energien, die über die Systemgrenzen ein- und austreten, berücksichtigt. Andererseits verändern die Wärmeströme $\dot{Q}_j$ und die Arbeitsströme $\dot{W}_k$ über die Systemgrenzen hinweg die innere Energie des betrachteten Systems.

### *Kühlung*

Die für die Wärmebehandlung notwendige Temperatur verursacht eine hohe thermische Belastung der Komponenten des Ofens. Um diese Belastung zu reduzieren, können einzelne Systemkomponenten mit einem Kühlsystem versehen werden. Aufgrund der Höhe der Belastung sind Kühlsysteme, die eine hohe Wärmeübertragung ermöglichen besonders zielführend. Die Wärme wird mittels Konduktion bzw. Wärmeleitung an das Kühlmedium übertragen und mit diesem abgeführt (vgl. S. 44). Zu den hierfür geeigneten Kühlsystemen zählt beispielsweise eine Wasserkühlung, die von einer zentralen Maschinenkälte versorgt wird und hohe Volumenströme ermöglicht.

## 4.1.3 Trennende Nachbearbeitung

*Material Removal Finishing*

Durch Laserauftragschweißen hergestellte Bauteile können bzw. müssen nach der Wärmebehandlung mit konventionellen Fertigungsverfahren bearbeitet werden, um die notwendigen Eigenschaften von einsatzfertigen Bauteilen zu erreichen. Die trennende Nachbearbeitung konzentriert sich dabei auf die Einhaltung der geometrischen Abmessungen und Toleranzen sowie die Verbesserung der Oberflächenqualität [VDI14a]. Das Gefüge von laserauftraggeschweißten Werkstücken erlaubt eine Nachbearbeitung mittels trennender Fertigungsverfahren mit geometrisch bestimmter oder unbestimmter Schneide, wie z. B. durch Fräsen, Schleifen oder Polieren, ohne dass dabei Poren an der Oberfläche sichtbar werden, wenn die geeigneten Prozessparameter für das Laserauftragschweißen und die Wärmebehandlung gewählt wurden. Die genannten trennenden Fertigungsverfahren sind dabei auch zur Nachbehandlung von Metallprodukten üblich. Der Einsatz von abtragenden Fertigungsverfahren, wie z. B. Funkenerosion, ist aber ebenfalls möglich. Im Rahmen dieser Arbeit erfolgt die Nachbearbeitung durch Fräsen. Die notwendigen Systemkomponenten und die zum Betrieb notwendigen Ressourcenbedarfe sind in Abbildung 4.6 dargestellt.

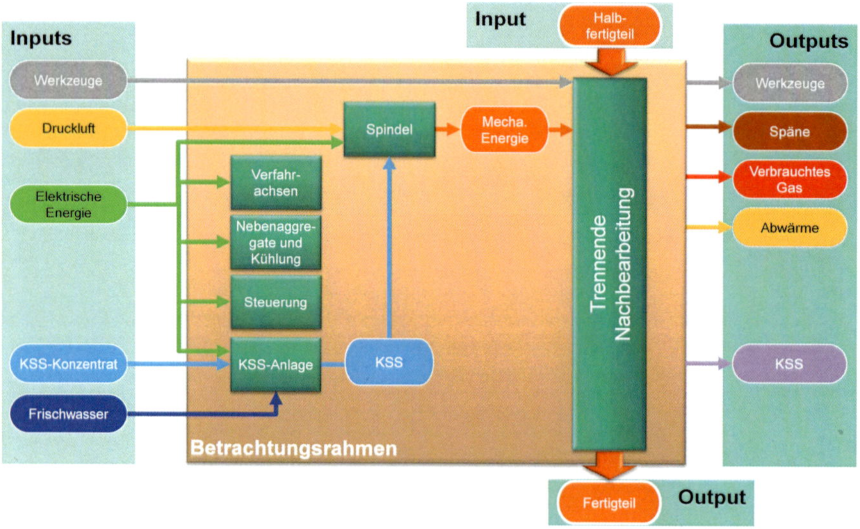


**Abbildung 4.6:** Systemkomponenten und Ressourcenbedarfe zur Nachbearbeitung
*System's components and resources for mechanical finishing*

Auf Basis der Übersicht der Ressourcenverbraucher in Abbildung 4.6 werden im Folgenden die Ressourcenbedarfe der Systemelemente separat charakterisiert.

## *Trennen – Zerspanenergie*

Die notwendige Energie zum Trennen – dem Verringern des Zusammenhalts – wird für die Verrichtung von mechanischer Arbeit genutzt. Diese ergibt sich aus dem Produkt der Zerspankraft und des zurückgelegten Wegs. [DIN82] Die Zerspankraft setzt sich dabei aus der Aktivkraft $F_a$ mit ihren Komponenten Schnittkraft $F_c$ und Schnitt-Normalkraft bzw. Vorschubkraft $F_f$, die entgegengesetzt zu der Vorschubrichtung gerichtet ist, sowie der Passivkraft $F_p$ zusammen. Die Summierung der Produkte aus dem Betrag dieser Kräfte und dem jeweils zurückgelegten Weg l ergeben die notwendige Energie E zum spanabhebenden Trennen. Für konstante Prozesse, d. h. bei konstanten Eingriffsbedingungen, gilt vereinfacht

$$E = \sum_i F_i l_i . \qquad 4.25$$

Die Passivkraft charakterisiert im Gegensatz zu der Aktivkraft, dass parallel zu ihrer Richtung keine Bewegung durchgeführt und daher auch kein Weg zurückgelegt wird. Das Produkt, das die Energie in diese Richtung beschreibt, ist dementsprechend null. In die Richtung der Aktivkraft dominieren betragsmäßig sowohl die Schnittkraft als auch der Schnittweg, sodass häufig eine Vernachlässigung der Energie in Vorschubrichtung möglich ist. Neben der beschriebenen Aufteilung der Zerspankraft in Aktiv- und Passivkraft sind prinzipiell auch weitere Unterteilungen, wie z. B. eine Differenzierung nach Wirkkraft und Wirk-Normalkraft, gültig [DIN82].

Die Leistung beim Zerspanen ergibt sich aus der in mechanische Arbeit umgewandelten Energie, die während einer spezifischen Zeit t umgesetzt wird. Aus den Weglängen, die während dieser Zeit zurückgelegt werden, lassen sich die Geschwindigkeitskomponenten $v_i$ ermitteln:

$$P = \sum_i \frac{F_i \, l_i}{t_i} = \sum_i F_i \, v_i \qquad 4.26$$

Bei Vernachlässigung der Kraft und des Wegs in Vorschubrichtung ergibt sich die benötigte Energie zum Trennen mit der Schnittkraft $F_c$ und der Schnittlänge $l_c$ zu

$$E = F_c \, l_c \qquad 4.27$$

und die benötigte Leistung P mit der Schnittkraft $F_c$ und der Schnittgeschwindigkeit $v_c$ zu

$$P = F_c \, v_c. \qquad 4.28$$

Die Schnittgeschwindigkeit $v_c$ zur Bestimmung der Zerspanleistung ergibt sich aus der Winkelgeschwindigkeit des Fräswerkzeugs und dessen Kinematik und Geometrie. Die Zerspankraft bzw. ihre einzelnen Komponenten werden üblicherweise über die spezifische Schnittkraft $k_i$ und den Spanungsquerschnitt bzw. die Spanungsbreite b und Spanungsdicke h nach der empirisch ermittelten Gleichung des Schnittkraftmodells nach KIENZLE und VICTOR bestimmt [Kloc08b], [Kuhr11], [Töns04]:

$$F_i = k_i \, b \, h \qquad 4.29$$

Die spezifische Schnittkraft $k_i$ lässt sich über den Hauptwert der spezifischen Schnittkraft $k_{i1,1}$ für b = 1 mm und h = 1 mm sowie die Spanungsdicke h und einen werkstoffspezifischen Kennwert $m_i$ mit

$$k_i = k_{i1,1} \, h^{-m_i} \qquad 4.30$$

bestimmen, sodass sich die Komponenten der Zerspankraft durch die Kienzle-Gleichung

$$F_i = k_{i1,1} \, b \, h^{1-m_i} \qquad 4.31$$

berechnen lassen. Für die spezifische Schnittkraft $k_{i1,1}$ und den werkstoffspezifischen Kennwert $m_i$ bzw. $1 - m_i$ existieren umfangreiche Tabellenbücher, wie z. B. von KÖNIG und ESSEL [Köni82]. Neben den in der Kienzle-Gleichung berücksichtigten Parametern sind zusätzlich die Zustellung

$a_p$, die Schnittgeschwindigkeit $v_c$ sowie die Vorschubgeschwindigkeit $v_f$ und der Einstellwinkel $\kappa$ als Einflussfaktoren auf die Zerspankraft identifiziert worden [Kien52]. Diese sind bisher aber nicht formelmäßig beschrieben; es existieren aber Ansätze zur Verwendung von Korrekturfaktoren, die u. a. das Fertigungsverfahren $K_{Var}$, den Spanwinkel $K_\gamma$, den Neigungswinkel $K_\lambda$, die Schnittgeschwindigkeit $K_V$, den Verschleiß $K_{Ver}$ oder den Schneidstoff $K_S$ korrigieren können [Vict69], [Tsch91], [Degn93], [Pauc96], [Grot07].

Die Zerpanleistung führt einerseits zu elastischer und plastischer Verformung des abgetrennten Werkstoffs – den Spänen – und verursacht andererseits Reibung zwischen Werkstück und Werkzeug. Beides führt zu einer fast vollständigen Umwandlung der Energie in Wärme. Diese verbleibt größtenteils in den Spänen und wird über diese abgeführt. Die Werkzeug- und Werkstückerwärmung bleibt verhältnismäßig gering.

### *Werkzeuge und Kühlschmierstoff*

Obwohl die aus der Umwandlung der mechanischen Arbeit resultierende Wärme größtenteils über die Späne abgeführt wird, entstehen aus der Reibung zwischen Werkstück und Werkzeug sowie der Verformung der Späne mechanische und thermische Belastungen des Werkzeugs. Diese führen zu Verschleiß mit einem abschließenden Versagen des Werkzeugs. In Abhängigkeit von den Schnittbedingungen dominieren unterschiedliche Verschleißmechanismen. Bei niedrigen Schnittgeschwindigkeiten und leicht zerspanbaren Werkstoffen herrschen überwiegend Adhäsionsverschleiß und mechanischer Abrieb (Abrasion), während bei hohen Schnittgeschwindigkeiten und schwer zerspanbaren Werkstoffe der Diffusionsverschleiß und Verzunderung bzw. Oxidation überwiegen. Diese Verschleißmechanismen sind ursächlich für das Standzeitende, das eine Erneuerung des Werkzeugs erfordert.

Einerseits können an die Schnittbedingungen angepasste Werkzeuge, wie z. B. modifizierte Schneidstoffe oder Beschichtungen, den Verschleiß reduzieren. Andererseits kann zusätzlich durch Kühlschmierstoff die Schmierung verbessert und so die Reibung verringert werden, wodurch die Wärmeentstehung reduziert und die Temperatur in der Prozesszone verringert wird. Des Weiteren wird der Abtransport von Wärme und heißen Spänen verbessert. Die über den Kühlschmierstoff und über die Späne abgeführte Wärme $\partial Q$ kann jeweils in Abhängigkeit von der Masse m, der Wärmekapazität $c_p$ und der Temperaturerhöhung $\partial T$ bestimmt werden:

$$\partial Q = m\, c_p\, \partial T \qquad 4.13$$

Beim Einsatz von Kühlschmierstoff muss bei Betrachtung der Wärmebilanz zusätzlich beachtet werden, dass der Kühlschmierstoff oder einzelne Bestandteile von ihm aufgrund der hohen Temperaturen in der Prozesszone verdampfen können, sodass die Verdampfungsenthalpien berücksichtigt werden müssen. Des Weiteren haben diese Verdampfungsverluste Einfluss auf den stoffbezogenen Ressourcenbedarf, da der Kühlschmierstoff entsprechend nachdosiert werden muss.

Im Bereich der Kontaktzone zwischen Kühlschmierstoff, Werkzeug und Werkstück ergibt sich für die Wärmeübertragung durch Konvektion

$$\frac{\partial Q}{\partial t} = \alpha\, A_{FE}\left(T_{Werkzeug/Werkstück} - T_{Umgebung}\right), \quad 4.15$$

wobei die übertragene Wärme $\partial Q$ während der Zeit $\partial t$ über eine Fläche $A_{FE}$ mit dem werkstoffspezifischen Wärmeübergangskoeffizient $\alpha$ und der Differenz von der Werkzeug- oder Werkstücktemperatur $T_{Werkzeug/Werkstück}$ und der Umgebungstemperatur $T_{Umgebung}$ bestimmt wird. Der Kühlschmierstoff wird mittels einer Pumpe gefördert, dessen Druck ebenfalls mit der bernoullischen Druckgleichung abgeschätzt werden kann (vgl. Gleichung 4.16).

## Werkzeugmaschine – Verfahrachsen

Analog zu den Verfahrachsen beim Laserauftragschweißen (S. 45) wird bei der spanenden Nachbearbeitung Energie zum Umsetzen der Bearbeitungsstrategie benötigt. Im Gegensatz zum weitestgehend kraftlosen Prozess des Laserauftragschweißens werden mittels der Verfahrachsen bei der mechanischen Nachbearbeitung auch Anteile der Zerspankraft übertragen. Die notwendige Kraft in Vorschubrichtung $F_f$ wird mit den Verfahrachsen übertragen. Wenn diese über die Weglänge in Vorschubrichtung $l_f$ konstant ist, so gilt entsprechend der Gleichung 4.25 für die Energie:

$$E_f = F_f l_f \quad 4.32$$

Wenn die Weglänge $l_f$ mit einer konstanten Vorschubgeschwindigkeit $v_f$ zurückgelegt wird, bestimmt sich die Leistung $P_f$ mit

$$P_f = F_f\, v_f. \quad 4.33$$

## Werkzeugmaschine – Nebenaggregate und Kühlung

Neben diesen unmittelbar prozessbezogenen Energie- und Stoffströmen werden zur Nachbearbeitung ebenso wie beim Laserauftragschweißen (S. 46) auch nur mittelbar prozessrelevante Energie- und Stoffströme benötigt. Auch hier kann evtl. Druckluft oder ein hydraulisches System, z. B. zum Spannen des Werkstücks, erforderlich sein. Zur Realisierung von besonders hohen Genauigkeitsanforderungen kann eine Klimatisierung des Arbeitsraums notwendig sein. Abschließend kann die Werkzeugmaschine noch elektrische Energie für Beleuchtung und die oben erwähnte evtl. Klimatisierung sowie eine Absaugung zur Be- oder Entlüftung erfordern.

Für die Bereitstellung aller Energie- und Stoffströme für das betrachtete Fertigungsverfahren zur trennenden Nachbearbeitung wird elektrische Energie benötigt, um die mechanische Arbeit zu verrichten, den Kühlschmierstoff zu fördern sowie die Achsen zu verfahren und die elektrischen Komponenten zu versorgen. Auch hier gilt, dass bei der Umwandlung der elektrischen Energie eine teilweise unbeabsichtigte Umwandlung in Wärme erfolgt, die nicht für den Prozess zur Verfügung steht, sondern als Emissionen durch Wärmeübertragung an die Umgebung abgegeben wird. Die hierfür evtl. notwendige technische Kälte wird ebenfalls entweder über eine zentrale Zuführung, der Maschinenkälte, oder über lokal installierte Kühler, wie z. B. Wasser-Luft-Kühler, zur Verfügung gestellt.

## 4.2 Bauteilbezogene Ein- und Ausgangsgrößen

*Part Related Immissions and Emissions*

Neben den zuvor betrachteten und analysierten Ein- und Ausgangsgrößen der Systemelemente, die sowohl Energie- als auch Stoffströme berücksichtigen, sollen im Folgenden die bauteilbezogenen Ein- und Ausgangsgrößen im Speziellen betrachtet werden. Als bauteilbezogene Ein- und Ausgangsgrößen gelten im Rahmen dieser Arbeit alle Stoffströme, die temporär oder permanent physischer Bestandteil des zu produzierenden Fertigteils sind. Der bauteilbezogene Stoffstrom ist in der folgenden Abbildung 4.7 dargestellt; er zeigt die bauteilbezogenen Ein- und Ausgangsgrößen der betrachteten Prozesse der Prozesskette mit additiven Fertigungsverfahren.

**Abbildung 4.7:** Bauteilbezogene Ein- und Ausgangsgrößen der Systemelemente der Prozesskette mit additiven Fertigungsverfahren

*Part related immissions and emissions of the system's elements of the process chain with additive manufacturing technologies*

Die Eigenschaften des bauteilbezogenen Stoffstroms der Prozesskette werden prinzipiell über die Merkmale Geometrie, Oberflächengüte und physikalischen bzw. im Speziellen die Eigenspannungen und mechanischen Eigenschaften beschrieben, wobei nicht für jeden Prozess alle Merkmale relevant sein müssen und prozessabhängig unterschiedlich bedeutsam sein können. Zu den geometrischen Merkmalen gehören in erster Hinsicht die Abmessungen. Diese werden meist mit absoluten Messwerten oder seltener, z. B. im Fall von Schwindungsaufmaß, relativ angegeben. Zur Charakterisierung der Oberflächengüte wird häufig zum einen die Oberflächenrauheit mit der gemittelten Rauheit Ra und/oder der gemittelten Rautiefe Rz beschrieben. Daneben werden teilweise noch die genutzten Fertigungsverfahren herangezogen und die Oberfläche z. B. mit poliert/geschliffen o. ä. beschrieben, wobei diese Angaben entsprechend unpräziser sind. Zum anderen gehört zur Charakterisierung der Oberflächengüte eine gegebenenfalls vorhandene Oberflächenbeschichtung. Die mechanischen Eigenschaften werden primär durch die chemische Zusammensetzung und das vorliegende Gefüge bestimmt. Hierbei sind neben den vorliegenden Gefügebestandteilen, wie z. B. Ferrit oder Martensit, auch Form, Größe, Verteilung und Orientierung dieser sowie Fehlstellen, wie z. B. Poren und Einschlüsse sowie Lunker, und Eigenspannungen die signifikanten Einflussfaktoren. Diese bestimmen die mechanischen Kennwerte, wie z. B. Elastizitätsmodul, Streckgrenze, Zug- und Biegewechselfestigkeit, aber auch Härte und Bruchdehnung.

Neben diesen Merkmalen beeinflussen alle in Unterkapitel 4.1 beschrieben Eigenschaften des verwendeten Werkstoffs – also auch die optischen, thermischen und chemischen Eigenschaften – den notwendigen Ressourcenbedarf und -einsatz und charakterisieren die betrachteten Prozesse der Prozesskette mit additiven Fertigungsverfahren. Von besonderer Bedeutung sind aber dennoch die genannten Merkmale Geometrie, Oberflächengüte und mechanische Eigenschaften. Da diese durch die Prozesse der betrachteten Prozesskette gezielt oder als Nebeneffekt verändert werden, wirken sie sich auf nachfolgende Prozesse und deren Ressourcenbedarf und -einsatz aus. Die übrigen Eigenschaften bleiben prozessübergreifend weitestgehend unverändert. Die Änderungen der Merkmale wirken sich insofern auf die nachfolgenden Prozesse aus, als dass das Halbfertigteil – das Werkstück nach der Bearbeitung durch einen Prozess – das Werkstück des nachfolgenden Prozesses ist, welches durch seine Merkmale eine Beeinflussung des Prozesses verursacht und so den Ressourcenbedarf und -einsatz entsprechend beeinflusst. Daher wird im Folgenden der bauteilbezogene Stoffstrom der einzelnen Prozesse der Prozesskette mit additiven Fertigungsverfahren diskutiert.

### 4.2.1 Laserauftragschweißen

*Laser Deposition Welding*

Die bauteilbezogenen Eingangsgrößen des betrachteten additiven Fertigungsverfahrens – dem Laserauftragschweißen – sind die Bauteilplattform und der Zusatzwerkstoff, der im Rahmen dieser Arbeit drahtförmig vorliegt. Die meist quaderförmige Bauteilplattform muss in ihren Abmessungen der Bearbeitungsfläche mindestens denen der untersten aufgebrachten Schicht des Zusatzwerkstoffs entsprechen. Des Weiteren ist die Dicke der Bauteilplattform so zu wählen, dass durch die während des Laserauftragschweißprozesses eingebrachte Wärme lediglich einen geringen und akzeptablen Verzug verursacht. Nach dem Entwurf der DIN EN ISO 15 614-7 ist bei der Prüfung von laserauftraggeschweißten Prüfkörpern ab einer Dicke der Bauteilplattform von 12 mm und mehr keine Differenzierung hinsichtlich der Prozessführung und Ergebnisqualität notwendig [DIN15]. Die Oberfläche der verwendeten Bauteilplattformen ist im Anlieferungszustand üblicherweise geschliffen.

Um dem Ziel, dem Aufbau einer Geometrie bzw. eines Bauteils aus einem homogenen Werkstoff, gerecht zu werden, werden für die Bauteilplattform und für den drahtförmigen Zusatzwerkstoff artgleiche Werkstoffe mit der identischen chemischen Zusammensetzung aus homogenem Vollmaterial gewählt. Aufgrund der regelmäßigen Geometrie des Zusatzwerkstoffs ist neben dem zugeführten Volumen bzw. Massenstrom $\dot{m}$ der einzige Einflussfaktor des bauteilbezogenen Stoffstroms auf die Ausbildung der Auftragsraupe der Drahtdurchmesser. Die zugeführte Masse m kann mit der Bildung der Summe des Massenstroms $\dot{m}$ über die Zeit berechnet werden:

$$m = \int \dot{m}(t)\, dt \tag{4.31}$$

In Abhängigkeit von diesen Einflussfaktoren und den in Unterkapitel 4.1.1 diskutierten Ressourcen des Laserauftragschweißens stellt sich die Auftragsraupengeometrie in ihrer Breite, Höhe und Krümmung sowie die Homogenität der Anbindung prozessspezifisch ein. Aufgrund der artgleichen Auftragung ist die Aufmischung von Zusatz- und Grundwerkstoff von untergeordneter Relevanz, jedoch beeinflussen bereits platzierte Auftragsraupen die Ausbildung und damit die Geometrie der anschließend aufgebrachten Auftragsraupen, sodass die Überlappung der Auftragsraupen entsprechend gewählt werden muss. Durch verschiedene Wärmedehnungen, die aus dem ungleichmäßigen Abkühlen resultieren, entstehen allerdings innere Spannungen, die bei Weiterverarbeitung oder während der Nutzungsphase zu Verzug oder Rissbildung mit sprödem Versagen führen können [Blec14].

### 4.2.2 Wärmebehandlung

*Heat Treatment*

Wie in der Einführung dieses Unterkapitels beschrieben, ist das durch Laserauftragschweißen hergestellte Halbfertigteil das Ausgangswerkstück der anschließenden Wärmebehandlung. Ziel ist hierbei nicht die geometrische Änderung des Werkstücks, sondern das gezielte Einstellen der mechanischen Eigenschaften durch ein Erwärmen und Halten bei ausreichend hoher Temperatur unterhalb des unteren Umwandlungspunkts Ac1 und anschließendem kontrollierten Abkühlen im Ofen. Hierbei kommt es im Wesentlichen nicht zu Änderungen des vorliegenden Gefüges, sondern zu Spannungsabbau durch plastische Deformation im Mikrobereich – den Versetzungsbewegungen. Je höher die vorherrschende Temperatur ist, desto schneller erfolgt das Entspannen und desto geringer sind die verbleibenden Spannungen. Die maximale Temperatur ist jedoch werkstoffspezifisch durch Oxidation und auftretende unerwünschte Gefügeänderungen begrenzt. Beim abschließenden Abkühlen können durch eine zu hohe Abkühlrate neue Spannungen entstehen, die wiederum zu Verzug oder Rissen führen können, sodass der Abkühlvorgang ebenfalls werkstoff- und bauteilspezifisch ist. Nebeneffekt der Wärmebehandlung ist, dass es durch den Abbau der thermisch induzierten Spannungen in dem Werkstück zu einer geringfügigen, aber ungewollten Veränderung der makroskopischen Geometrie des Werkstücks kommen kann.

### 4.2.3 Trennende Nachbearbeitung

*Material Removal Finishing*

Die Geometrie des Halbfertigteils weist nach dem Spannungsarmglühen nach wie vor die für das Laserauftragschweißen charakteristische Oberfläche, die sich aus der Geometrie der Auftragsraupen sowie deren gegenseitigen Überlappung ergibt, auf. Durch die trennende Nachbearbeitung wird das Fertigteil aus dem Halbfertigteil herausgearbeitet. Dies bedeutet gleichzeitig, dass das Halbfertigteil in seinen Dimensionen mindestens denen des Fertigteils entsprechen muss – dieses also mit Aufmaß gefertigt wurde. Die mechanischen Eigenschaften entsprechen dank der Wärmebehandlung bereits den beabsichtigten Eigenschaften des Fertigteils, sodass das Ziel der trennenden Nachbearbeitung lediglich das Einstellen der geometrischen Eigenschaften ist. Im Fall der betrachteten Prozesskette erfüllt das Fräsen die Anforderungen an die Oberflächenrauheiten, sodass dieser Prozess zur Fertigbearbeitung geeignet ist und keine nachgelagerte Feinbearbeitung notwendig ist. Neben dem gewünschten Fertigteil fallen bei dem Prozess Späne als ungewolltes Abfallprodukt ab. Die Menge der Späne ergibt sich aus der volumetrischen Differenz des Halbfertigteils und des Fertigteils und entspricht dem Zerspanungsvolumen $V_W$, das sich aus der Summe des lokalen Aufmaßes $h_{Aufmaß}$ über die Fläche $A_{wst}$ ergibt:

$$V_W = \int h_{Aufmaß}(A_{wst})\, dA_{wst} \qquad 4.35$$

Die anfallenden Späne können recycelt und wiederaufbereitet werden. Diese Aspekte werden jedoch auch bei sehr großen Spanvolumina, wie z. B. bei der Zerspanung von Aluminium in der Luftfahrtbranche, nicht der Produktion zugeordnet, sodass dies im Rahmen dieser Arbeit nicht betrachtet wird.

## 4.3 Ressourcenbezogene Kenngrößen der Prozesskette

*Resource Related Key Performance Indicators of the Process Chain*

Die Betrachtung und Analyse der ressourcenbezogenen Ein- und Ausgangsgrößen der Systemelemente sowie die bauteilbezogenen Ein- und Ausgangsgrößen in den Unterkapiteln 4.1 und 4.2 spiegeln die Ressourcenbedarfe und deren Einsatz in der Prozesskette mit additiven Fertigungsverfahren wider. Auf Basis dieser Analyse werden im Folgenden ressourcenbezogene Kenngrößen abgeleitet, die das Zusammenwirken mehrerer ressourcenbezogener Ein- und Ausgangsgrößen dieser Systemelemente beschreiben. Diese implizieren die Einführung sowohl von Energiekenngrößen als auch von Stoffstromkenngrößen, die die Prozesse und die Bearbeitung des Werkstücks charakterisieren. Zur Berücksichtigung des Ressourceneinsatzes müssen neben dem Ressourcenbedarf auch die Wirkungsgrade zur Erzeugung der Prozessenergien und die Energie und Stoffe für die notwendigen Hilfssysteme, wie z. B. Zuführungssystem oder Verfahrachsen, berücksichtigt werden. Diese Erkenntnisse werden zur Erweiterung des Prozesskettenverständnisses hinsichtlich des Ressourceneinsatzes genutzt und entstehen auf Basis experimenteller Untersuchung; diese Erkenntnisse werden in Kapitel 6 erarbeitet.

Zur Charakterisierung der Ressourcenbedarfe der betrachteten Prozesskette mit additiven Fertigungsverfahren werden im Folgenden ressourcenbezogene Kenngrößen eingeführt, die den Energiebedarf in Bezug auf das zugeführte Material, das Volumen des Fertigteils und die Oberfläche des Werkstücks beschreiben. In Abbildung 4.8 sind die energiebezogenen Kenngrößen und deren Abhängigkeiten von den Prozessenergien und Stoffströmen abgebildet.

**Abbildung 4.8:** Energiekenngrößen der Prozesskette
*Key performance indicators of the energy of the process chain*

Zentrale Kenngröße zur Beschreibung des Energiebedarfs des Laserauftragschweißprozesses ist die spezifische elektromagnetische Energie $E_m$. Diese ergibt sich aus dem Quotienten der zugeführten Strahlungsenergie $E_{Laser}$, vgl. Gleichung 4.1, die aus der über die Zeit summierten Strahlleistung $P_{Laser}$ folgt, und der Summe des zugeführten Massenstroms $\dot{m}$ bzw. der Masse m, die durch den Laserauftragschweißprozess aufgebaut wurde. Sie berechnet sich zu

$$E_m = \frac{\int P_{Laser}(t)\,dt}{\int \dot{m}(t)\,dt} = \frac{E_{Laser}}{m}. \quad 4.36$$

Die Energiekenngröße der Wärmebehandlung, die spezifische Wärme $E_Q$, bildet sich aus dem Quotienten der notwendigen Wärme Q, um einen definierten Zeit-Temperatur-Verlauf zu durchlaufen, sowie der Werkstückmasse m und berechnet sich dementsprechend zu

$$E_Q = \frac{\int q(t)\,dt}{\int \dot{m}(t)\,dt} = \frac{Q}{m}. \quad 4.37$$

Die abschließende Energiekenngröße beschreibt die Energiedichte zur Zerspanung des Volumens des Aufmaßes und die Herstellung der Funktionsflächen in Anlehnung an EVERSHEIM et. al. [Ever10]. Hierzu wird die Leistung des Zerspanprozesses $P_e$ über die Zeit summiert, woraus die mechanische Arbeit W folgt, und durch die Oberfläche $A_{wst}$ des Werkstücks, die nachbearbeitet werden muss, dividiert. Daher lässt sich die Kenngröße der Energiedichte zur Zerspanung $E_{c,wst}$ wie folgt beschreiben:

$$E_{c,wst} = \frac{\int P_e(t)\,dt}{A_{wst}} = \frac{W}{A_{wst}} \quad 4.38$$

Zur weiteren Charakterisierung der Ressourcenbedarfe der betrachteten Prozesskette mit additiven Fertigungsverfahren werden im Folgenden ressourcenbezogene Kenngrößen eingeführt, die den relativen Stoffstromeinsatz in Bezug auf ein Werkstück bzw. dessen Charakteristika oder anteilig pro Fertigteil beschreiben. In Abbildung 4.9 sind die Stoffstromkenngrößen und deren Abhängigkeiten von den Stoffströmen abgebildet; bei diesen existieren keine Abhängigkeiten von den Energieströmen auf der Prozessebene.

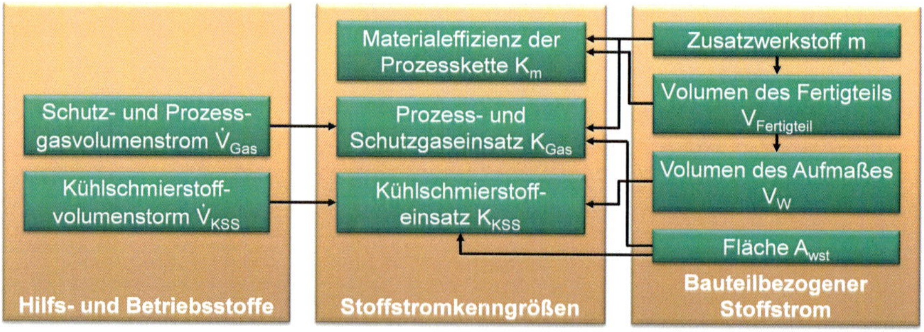


**Abbildung 4.9:** Stoffstromkenngrößen der Prozesskette
*Key performance indicators of the mass flow of the process chain*

Der beim Laserauftragschweißen zugeführte Werkstoff verbleibt nicht vollständig als Teil des Fertigteils, sondern wird teilweise wieder durch die trennende Nachbearbeitung entfernt, sodass sich aus der zugeführten Masse und dem Zerspanungsvolumen des Aufmaßes $V_W$ und der Dichte des Werkstoffs $\rho_{Werkstoff}$ die Materialeffizienz der Prozesskette $K_m$ berechnet. Mit dieser wird also das Volumen des Fertigteils $V_{Fertigteil}$ in Bezug auf den Werkstoffeinsatz beschrieben. Mathematisch wird dies mit der folgenden Gleichung ausgedrückt:

$$K_m = \frac{m - \rho_{Werkstoff} * V_W}{m} = 1 - \frac{\rho_{Werkstoff} * V_W}{m} = \frac{\rho_{Werkstoff} * V_{Fertigteil}}{m} \quad 4.39$$

Das zugeführte Volumen des Kühlschmierstoffs $V_{KSS}$ ist bei konstant festgelegtem Kühlschmierstoffvolumenstorm $\dot{V}_{KSS}$ proportional zu der Prozesszeit und ergibt sich daher aus dem Spanungsvolumen des Aufmaßes $V_W$ und dem mittleren Zeitspanvolumen $\overline{Q_W}$ zu

$$V_{KSS} = \frac{V_W}{\overline{Q_W}} \dot{V}_{KSS}. \quad 4.40$$

Die bezogene Kenngröße $K_{KSS}$ des zugeführten Volumens des Kühlschmierstoffs $V_{KSS}$ wird im Gegensatz zu der Materialeffizienz auf die Fläche $A_{wst}$ des Fertigteils bezogen:

$$K_{KSS} = \frac{V_{KSS}}{A_{wst}} \quad 4.41$$

Der Bedarf des Schutzgases $V_{Gas}$ hängt einerseits von dem Laserauftragschweißprozess bzw. dessen Prozesszeit, die sich aus der Masse m des Werkstücks und dem Massenstrom des Zusatzwerkstoffs $\dot{m}$ ergibt und zu der der Schutzgasbedarf des Prozesses proportional ist, sowie von dem festgelegten Volumenstrom des Schutzgases $\dot{V}_{Gas}$ ab. Andererseits hängt dieser Bedarf evtl. auch von der Wärmebehandlung ab, wenn bei dieser das Volumen des Innenraums des Ofens $V_{Ofen}$ nach der Beladung des Werkstücks mit Schutzgas geflutet wird. Das Volumen des Innenraums wird jedoch in Abhängigkeit von dem Werkstückvolumen und bei Beladung mit mehreren Werkstücken um deren Volumen, in Abhängigkeit von den jeweiligen Masse $m_i$ und der Dichte des Werkstoffs $\rho_{Werkstoff}$, verringert. Für den Bedarf des Schutzgases für den Laserauftragschweißprozess ergibt sich

$$V_{Gas} = \frac{m}{\dot{m}} * \dot{V}_{Gas}, \quad 4.42$$

wobei die Bezugszahl zur Bestimmung der bezogenen Kenngröße $K_{Gas}$ ebenfalls die Fläche des Fertigteils $A_{wst}$ ist, sodass sich

$$K_{Gas} = \frac{V_{Gas}}{A_{wst}} \quad 4.43$$

ergibt. Der Bedarf des Schutzgases für die Wärmebehandlung ergibt sich zu

$$V_{Gas} = V_{Ofen} - \sum_i \frac{m_i}{\rho_{Werkstoff}}. \quad 4.44$$

Die Bildung der Kenngröße erfolgt analog. Bei Einsatz der identischen Schutzgase ist eine gemeinsame Betrachtung der Gleichungen 4.42 für den Laserauftragschweißprozess und 4.44 für die Wärmebehandlung möglich.

Zur Charakterisierung des Ressourceneinsatzes der betrachteten Prozesskette mit additiven Fertigungsverfahren wird im Folgenden einerseits der Wirkungsgrad zur Erzeugung der Prozessenergien, der als Faktor bei der Betrachtung des Ressourcensatzes einhergeht, berücksichtigt. Andererseits werden die Ressourcen zur Zuführung der Hilfsstoffe, zum Betrieb der Verfahrachsen, Neben- und Kühlaggregate, aber auch prozessbezogene Verschleißteile berücksichtigt, die sich zu dem Ressourcenbedarf addieren. Die Kennzahlen, die auf den Ressourceneinsatz bezogen sind, ermöglichen es damit den realen Ressourceneinsatz in der Produktion zu beschreiben und gehen damit über die reine Betrachtung auf der Prozessebene hinaus und können so abschließend bei der Unterstützung einer ressourceneffizienten Prozesskettengestaltung genutzt werden. In Abbildung 4.10 sind die Zusammenhänge des Ressourcenbedarfs und des Ressourceneinsatzes abgebildet.

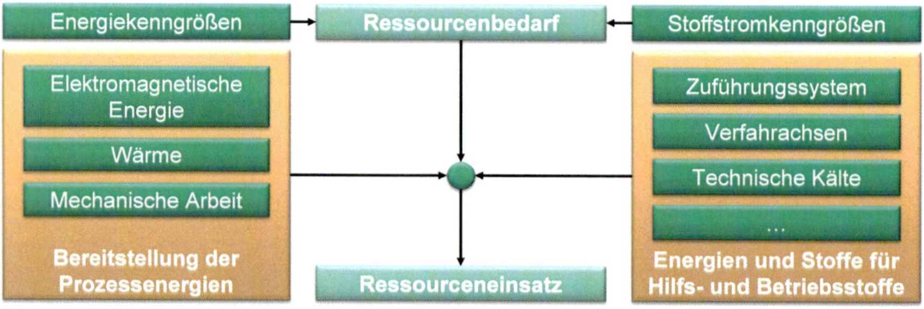


**Abbildung 4.10:** Erweiterte Kenngrößen des Ressourceneinsatzes
*Extended key performance indicators of the resource use*

# 5 Abstraktion und Modellierung der Systemelemente der Prozesskette

*Abstraction and Modeling of the System's Elements of the Process Chain*

Mit der in diesem Kapitel folgenden Abstraktion und Modellierung soll ausgehend von den identifizierten Forschungsdefiziten erstmals ein ganzheitlicher Ansatz zur ressourceneffizienten Gestaltung von Prozessketten generisch erforscht werden, in denen ein additives Fertigungsverfahren – exemplarisch in dieser Arbeit das Laserauftragschweißen mit drahtförmigem Zusatzwerkstoff – sowie eine Wärmebehandlung und trennende Nachbearbeitung durch Fräsen die dominierenden Fertigungstechnologien darstellen. Aufbauend auf der Systemanalyse der Prozesskette mit additiven Fertigungsverfahren in Bezug auf den Ressourcenbedarf und -einsatz (Kapitel 4) werden hierzu im Folgenden modellhafte Beschreibungen der Prozesszeiten und Ereignisse innerhalb der Prozesskette und anschließend der prozessrelevanten Ressourcenbedarfe für die drei Prozesse Laserauftragschweißen, Wärmebehandlung und trennende Nachbearbeitung in Teilsystemen vorgenommen. Diese werden im späteren Verlauf dieser Arbeit miteinander verknüpft, um die wesentlichen Strukturgegebenheiten und Zusammenhänge transparent darzustellen. Sowohl der Umfang als auch der Detaillierungsgrad der Modellierung gestalten sich zweckorientiert und zielen daher nicht auf ein naturgetreues Abbild der Prozesse ab.

Die im Rahmen dieser Arbeit entwickelten Modelle basieren auf theoretischen Überlegungen und folgen damit dem Ansatz der deduktiven Modellierung, bei der die zugrundeliegenden physikalischen Gesetzmäßigkeiten der betrachteten Prozesse hinsichtlich des Ressourcenbedarfs mit mathematischen Formulierungen erfasst werden. Diese Vorgehensweise erlaubt die Untersuchung der internen Wechselwirkungen innerhalb der Prozesskette, was im Rahmen einer induktiven Modellierung und damit ausschließlichen Betrachtung der Ein- und Ausgangsgrößen auf Basis von Experimenten nicht möglich wäre. Nach MARQUARDT folgt die deduktive Modellierung dabei den Arbeitsschritten Problemanalyse, Abstraktionsvorgang, (Prozess-)Ersatzbild und wird mit einer mathematischen Beschreibung abgeschlossen [Marq94].

In der Problemanalyse werden zunächst die einzelnen Prozesse der Prozesskette, mit allen Zuständen und Vorgängen, die mess- oder beobachtbar sind, beschrieben. Bei dem Abstraktionsvorgang werden aus der Gesamtheit dieser Zustände und Vorgänge diejenigen ausgewählt, die für den Umfang und den Detaillierungsgrad der Modellierung erforderlich und damit für den Zweck bzw. die Erreichung der Zielsetzung geeignet sind. Durch die transparente Darstellung der Strukturgegebenheiten und der Zusammenhänge während des Abstraktionsvorgangs entstehen Teilsysteme, die unabhängig voneinander betrachtet werden können, aber miteinander verknüpft sind. Das Ergebnis des Abstraktionsvorgangs ist die Visualisierung als Ersatzbild; in dieser Arbeit ist dies daher die Prozesskette mit additiven Fertigungsverfahren (vgl. Abbildung 5.1). Dieses zeigt die Teilsysteme der Prozesskette mit additiven Fertigungsverfahren mit den für die Modellierung relevanten Informationen und ggf. Ressourcen. Die Zweckmäßigkeit und die Grundlage zur Erreichung der Zielsetzung werden durch die Ein- und Ausgangsgrößen der Teilsysteme und ggf. mit ihren Verknüpfungen erzielt; diese sind einerseits die Energie- und

Stoffströme der Teilsysteme zur Umwelt und andererseits die Stoffströme der Teilsysteme untereinander.

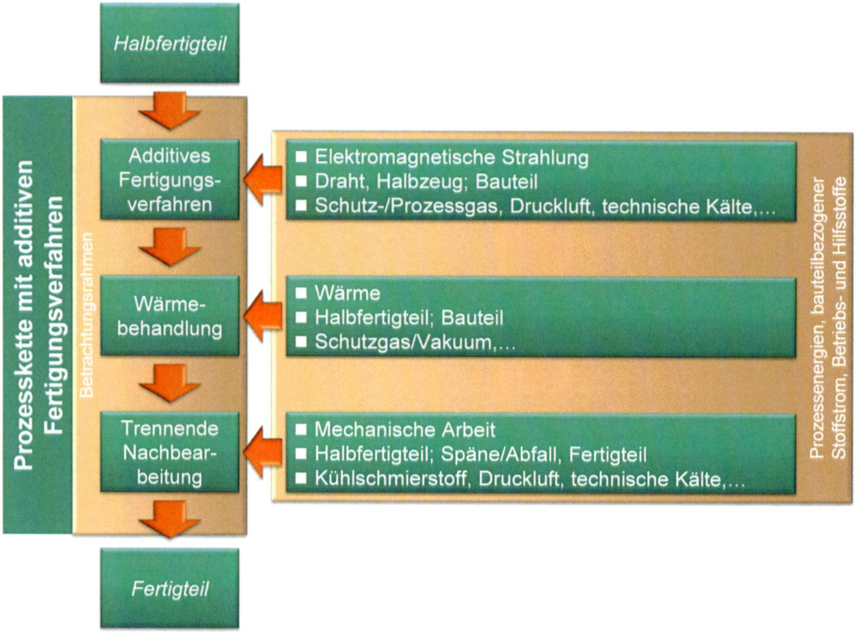


**Abbildung 5.1:** Ersatzbild der Prozesskette mit additiven Fertigungsverfahren
*Equivalent diagram of the process chain with additive manufacturing technologies*

Durch die Entwicklung der Teilsysteme der Prozesse entlang der Prozesskette mit ihren jeweiligen Abhängigkeiten und Wechselwirkungen wird einerseits die Grundlage geschaffen, die Prozesskette mit additiven Fertigungsverfahren hinsichtlich ihrer Ressourceneffizienz zu beschreiben und durch eine Analyse der Gestaltungsräume im Hinblick auf die Einzelprozesse und deren Verkettung zu optimieren. Andererseits wird durch eine entsprechende Gestaltung der Verknüpfungen der Teilsysteme eine Austauschbarkeit dieser und damit der betrachteten Prozesse sowie eine Ergänzung von weiteren Teilsystemen und damit eine Erweiterung um zusätzliche vor-, zwischen- oder nachgelagerte Prozesse ermöglicht.

Abgeschlossen wird die Modellierung durch die mathematische Beschreibung der Teilsysteme mit ihren grundlegenden Wirkmechanismen und den Ressourcenbedarfen der Prozesse. Diese erklärt auf Basis von physikalischen Gesetzen die Wirkmechanismen sowie Wechselwirkungen der Teilsysteme untereinander und bildet damit den zentralen Bestandteil der Modellierung. Die mathematische Beschreibung der einzelnen Teilsysteme folgt dabei in dieser Arbeit einem mehrstufigen Vorgehen. Basierend auf der Systemanalyse werden im folgenden Unterkapitel 5.1

Zeiten- und Ereignismodelle entwickelt, da neben dem prozessabhängigen Ressourcenbedarf während der Produktionszeit im Besonderen auch die Prozessnebenzeiten für den Ressourceneinsatz entscheidend sind. Hierzu werden in dem darauffolgenden Unterkapitel 5.2 für die drei betrachteten Fertigungsverfahren ressourcenbezogene Modelle der Prozesse entwickelt. Diese berücksichtigen die Ein- und Ausgangsgrößen der Energie- und Stoffströme, die für die jeweilige Durchführung der Prozesse notwendig sind. Abgeschlossen wird das Kapitel 5 mit einer Synthese der zuvor entwickelten Prozessmodelle und den Zeiten- und Ereignismodellen, durch die verschiedene Betriebsmodi, »Ausgeschaltet«, »Eingeschaltet«, »Bereit« und »Aktiv«, sowie Ereignisse im Rahmen der Prozesse berücksichtigt werden. Durch diese Synthese entsteht ein übertragbares, handhabbares Modell der Prozesskette mit additiven Fertigungsverfahren (Unterkapitel 5.3).

## 5.1 Zeiten- und Ereignismodelle

*Time and Incident Models*

In der Systemanalyse (Kapitel 4) wurden die verschiedenen Ressourcenbedarfe der betrachteten Prozesse identifiziert und diskutiert. Da jedoch neben dem prozessabhängigen Ressourcenbedarf während der produktiven Zeit im Besonderen die Warte- und Stillstandzeiten für den Ressourceneinsatz entscheidend sind, werden basierend auf der Systemanalyse in diesem Unterkapitel Zeiten- und Ereignismodelle für die drei betrachteten Fertigungsverfahren entwickelt, die neben den prozessbezogenen Energie- und Stoffströmen, die maßgeblich von dem temporären Maschinenzustand abhängig sind, auch deren zeitlichen Verlauf beschreiben. Ausgangspunkt für diese Zeiten- und Ereignismodelle ist die VDI-Richtlinie 3321, in der zur Fertigungskosten- und Optimierungsrechnung verschiedene Zeiten definiert werden, sowie ergänzend die Overall Equipment Effectiveness (OEE), um die teils überschlägigen Berechnungen der VDI-Richtlinie zu verbessern [Schl13], [VDI94], [May08].

Nach der ursprünglich zur kostenbezogenen Beurteilung von Arbeitsvorgängen der spanenden Bearbeitung aufgestellten VDI-Richtlinie ergibt sich die Fertigungszeit $t_e$ aus der Summe der fertigungsrelevanten Grundzeit $t_g$, die sich wiederum aus der Summe der unmittelbar zum Prozessfortschritt beitragenden Hauptzeit $t_h$ und der Nebenzeit $t_n$ aller mittelbaren Vorgänge in Bezug zur Fertigung berechnet, der Verteilzeit $t_v$ für alle unregelmäßig auftretenden Vorgänge in Form von Störungen und der Erholungszeit $t_{er}$ [VDI94], [Schc10], [Schi00], [Schl13]. Zur Verbesserung von betriebsspezifischen Abschätzungen der Verteil- und Erholungszeiten und maschinenspezifischen Berechnung wird als Parameter die OEE hinzugezogen. Gegenüber einer reinen Abschätzung oder umständlichen Bestimmung der Verteil- und Erholungszeit bei reiner Berücksichtigung der VDI-Richtlinie können für diese Kennzahl die benötigten Eingangsinformationen einfach und zeitparallel zur Fertigung erfasst werden. Die OEE-Kennzahl beschreibt die Effektivitätsverluste einer Maschine und ermöglicht dadurch Optimierungspotentiale abzuleiten; allerdings ist mit ihr keine Ursachenidentifikation möglich.

Ausgangspunkt zur Berechnung der OEE-Kennzahl ist eine ideale Maschine, die während der geplanten Produktionszeit ununterbrochen mit maximaler Leistung ausschließlich Gutteile produziert. Von diesem Idealzustand abweichende Bedingungen werden in die drei Verlustbereiche

Verfügbarkeit, Leistung und Qualität klassifiziert (vgl. Abbildung 5.2) und die jeweiligen Abweichungen mithilfe von den Verhältniskennzahlen $k_{Verfügbarkeit}$, $k_{Leistung}$ und $k_{Qualität}$ quantifiziert. Das Produkt dieser Kennzahlen ergibt die OEE-Kennzahl [May08], [Dal00]:

$$OEE = k_{Verfügbarkeit}\, k_{Leistung}\, k_{Qualität} \tag{5.1}$$

**Abbildung 5.2:** Definition der OEE-Kennzahl nach MAY [May08]
*Definition of the OEE according to MAY*

Die geplante Produktionszeit $t_{Produktion,plan}$ entspricht der Schichtzeit $t_{Schicht}$ abzüglich der Pausenzeiten $t_{Pause}$ und der geplanten Zeit zur Wartung $t_{Wartung,plan}$. Die Verluste der Verfügbarkeit resultieren aus den Zeiten verursacht durch Störungen mit technischen und organisatorischen Ursachen $t_{Störung}$, ungeplanten Warte- und Stillstandzeiten $t_{Wartung,ungeplant}$ oder Rüstvorgängen $t_{Rüsten}$. Demnach ergibt sich der Verfügbarkeitsfaktor $k_{Verfügbarkeit}$ basierend auf dem Quotienten der tatsächlichen Produktionszeit $t_{Produktion,tatsächlich}$ und der geplanten Produktionszeit $t_{Produktion,plan}$ zu

$$\begin{aligned} k_{Verfügbarkeit} &= \frac{t_{Produktion,tatsächlich}}{t_{Produktion,plan}} \\ &= \frac{t_{Schicht} - t_{Pause} - t_{Wartung,plan} - t_{Störung} - t_{Wartung,ungeplant} - t_{Rüsten}}{t_{Schicht} - t_{Pause} - t_{Wartung,plan}}. \end{aligned} \tag{5.2}$$

Der Leistungsfaktor $k_{Leistung}$ wird unter Beachtung von kleineren Störungen bzw. Kurzstillständen, deren Schwellwert unternehmensspezifisch festgelegt wird und üblicherweise bei 1 min liegt, und der tatsächlichen Produktionsgeschwindigkeit im Verhältnis zur maximalen Produktionsgeschwindigkeit bestimmt. Im Detail berechnet sich der Leistungsfaktor $k_{Leistung}$ mit der Nettoproduktionsrate $n_{Produktion,Netto}$ und der Rate der Produktionsgeschwindigkeit $n_{Produktionsgeschwindigkeit}$ [Dal00]. Hierbei wird die Nettoproduktionsrate durch die Anzahl der hergestellten Produkte $n_{Produkte}$, der tatsächlichen Zykluszeit $t_{Zyklus,tatsächlich}$ und der tatsächlichen Produktionszeit $t_{Produktion,tatsächlich}$ berechnet. Die Rate der Produktionsgeschwindigkeiten ergibt sich aus der geplanten Zykluszeit $t_{Zyklus,plan}$ und der tatsächlichen Zykluszeit $t_{Zyklus,tatsächlich}$, sodass sich der Leistungsfaktor $k_{Leistung}$ wie folgt berechnet:

$$\begin{aligned} k_{Leistung} &= n_{Produktion,Netto}\, n_{Produktionsgeschwindigkeit} \\ &= \frac{n_{Produkte}\, t_{Zyklus,tatsächlich}}{t_{Produktion,tatsächlich}} \frac{t_{Zyklus,plan}}{t_{Zyklus,tatsächlich}} \end{aligned} \tag{5.3}$$

Der Qualitätsfaktor $k_{Qualität}$ beschreibt das Verhältnis der Differenz der hergestellten Produkte $n_{Produkte}$ und der fehlerhaften Produkte $n_{Produkte,Fehler}$ zu den hergestellten Produkten [Dal00] und ergibt sich zu

$$k_{Qualität} = \frac{n_{Produkte} - n_{Produkte,Fehler}}{n_{Produkte}}. \qquad 5.4$$

Mit den Faktoren der OEE-Kennzahl kann ohne eine Quantifizierung der Verteil- und Erholungszeiten die Fertigungszeit $t_e$ bestimmt werden, indem ausgehend von der Grundzeit $t_g$, die die ideale Fertigungszeit beschreibt, der Leistungsfaktor $k_{Leistung}$ und der Qualitätsfaktor $k_{Qualität}$ berücksichtigt werden:

$$t_e = \frac{t_g}{k_{Leistung}\, k_{Qualität}} \qquad 5.5$$

Der Verfügbarkeitsfaktor $k_{Verfügbarkeit}$ geht nicht in die Berechnung ein, da die Zeiten, die dieser betrachtet, bereits in der Grundzeit berücksichtigt sind. Im Folgenden wird die Grundzeit $t_g$ prozessbezogen spezifiziert, wobei die jeweiligen Betriebszustände der Systeme und Systemkomponenten betrachtet werden.

Die Kategorisierung der prozessspezifischen Grundzeit erfolgt mithilfe von Ereignissen. Diese beschreiben einmalige oder repetitive Vorgänge, die sich hinsichtlich des Zustands der Systeme und Systemkomponenten unterscheiden. Die Ressourcenbedarfe und -einsätze dieser Ereignisse können vollständig oder anteilig einem Werkstück zugeordnet werden und dadurch eine zweckmäßige Strukturierung der Prozesse ermöglichen. Hierzu wird grundsätzlich zwischen den Betriebsmodi »Ausgeschaltet«, »Eingeschaltet«, »Bereit« und »Aktiv« unterschieden. Während die Systeme und Systemkomponenten im Betriebsmodus »Aktiv« ihre Hauptfunktion erfüllen, können sie vom Betriebsmodus »Bereit« unmittelbar in diesen versetzt werden. Wenn hierzu noch weitere Zwischenschritte notwendig sind, sind die Systeme oder Systemkomponenten lediglich »Eingeschaltet«.

### 5.1.1 Laserauftragschweißen

*Laser Deposition Welding*

Die Grundzeit $t_g$ des Laserauftragschweißens wird in sechs unterschiedliche Ereignisse und deren Zeiten unterteilt, die sich entweder der Hauptzeit $t_h$ oder der Nebenzeit $t_n$ zuordnen lassen. Die Ereignisse, bei denen die Wirkenergie – die elektromagnetische Strahlung der Laserquelle – benötigt wird, werden mit ihren Zeiten der Hauptzeit zugerechnet, da hierbei ein unmittelbarer Prozessfortschritt erzielt wird. Hierzu zählen die Zeiten des Auftragschweißens einer Auftragsraupe $t_{Auftrag}$ sowie des Auf- und Abschmelzens ($t_{Auf}$ und $t_{Ab}$) des Zusatzwerkstoffs zu Beginn und zum Abschluss einer Auftragsraupe. Die Zeiten der weiteren Ereignisse, zu denen Positionierfahrten $t_{Pos}$ sowie Wartezeiten $t_{Warte}$ und Rüstvorgänge $t_{Rüsten}$ zählen, werden aufgrund des mittelbaren Prozessfortschritts der Nebenzeit zugeordnet. Die Summe der einzelnen Ereigniszeiten ergibt die werkstückspezifische Grundzeit:

$$t_g = t_h + t_n = t_{Auftrag} + t_{Auf} + t_{Ab} + t_{Pos} + t_{Warte} + t_{Rüsten} \quad 5.6$$

Die folgende Abbildung 5.3 zeigt die Zuordnung der einzelnen Ereignisse und deren Zeiten beim Laserauftragschweißen zu der Haupt- und Nebenzeit.

| | | | |
|---|---|---|---|
| Grundzeit $t_g$ | Hauptzeit $t_h$ | Auftragschweißen einer Auftragsraupe | $t_{Auftrag}$ |
| | | Aufschmelzen des Drahts | $t_{Auf}$ |
| | | Abschmelzen des Drahts | $t_{Ab}$ |
| | Nebenzeit $t_n$ | Positionieren | $t_{Pos}$ |
| | | Wartezeit beim Aufbau | $t_{Warte}$ |
| | | Rüsten | $t_{Rüsten}$ |

**Abbildung 5.3:** Ereignisse und Zeiten beim Laserauftragschweißen
*Incidents and times for laser deposition welding*

## *Auftragschweißen einer Auftragsraupe*

Das Auftragschweißen einer Auftragsraupe beschreibt den Vorgang bei dem durch elektromagnetische Strahlung und Zuführung des Zusatzwerkstoffs sowie durch eine Relativbewegung zwischen der auftreffenden elektromagnetischen Strahlung und dem Werkstück eine Auftragsraupe erzeugt wird. Um die werkstückbezogene Zeit zu ermitteln, werden die Gesamtanzahl der Auftragsraupen $n_{Auftrag}$, eventuell variierende Längen der Auftragsraupen $l_{Auftrag}$ und Vorschubgeschwindigkeiten $v_f$ des Laserauftragschweißprozesses berücksichtigt. Die Summe der Zeiten zum Auftragen der einzelnen Auftragsraupen entspricht näherungsweise der werkstückbezogenen Zeit $t_{Auftrag}$, da Beschleunigungsvorgänge vernachlässigt werden, und ergibt sich mithilfe von der Zählvariablen i zu

$$t_{Auftrag} = \sum_{i=1}^{n_{Auftrag}} \frac{l_{Auftrag,i}}{v_{f,i}}. \quad 5.7$$

Während des Auftragschweißens einer Auftragsraupe wird die Wirkenergie zum Auftragen des Zusatzwerkstoffs durch eine aktive Laserquelle bereitgestellt, deren elektromagnetische Strahlleistung den Energiebedarf unmittelbar beeinflusst. Die Relativbewegungen werden über aktive Verfahrachsen realisiert, deren Energiebedarf in Abhängigkeit von der Vorschubgeschwindigkeit variiert. Des Weiteren werden der Zusatzwerkstoff mittels eines Drahtvorschubantriebs, dessen elektrische Wirkleistung ebenfalls von der Vorschubgeschwindigkeit abhängt, und ein definierter Volumenstrom Schutzgas, der durch eine Stellgröße festgelegt wird, zugeführt. Dementsprechend sind sowohl der Drahtvorschubantrieb als auch die Schutzgaszufuhr »Aktiv«. Daneben sind die Absaugung zur Entfernung von eventuell entstehendem Schweißrauch, die Kühler der Laserquelle sowie des optischen Systems und die Druckluft primär in ihrer Funktion als Sperrluft im Betriebsmodus »Aktiv«.

### *Aufschmelzen des Drahts*

Das Aufschmelzen des Drahts zu Beginn des Laserauftragschweißprozesses erzeugt am Anfang der Auftragsraupe ein Schmelzbad, indem die elektromagnetische Strahlung den zugeführten Zusatzwerkstoff aufschmilzt. Das Aufheizen und anschließende Aufschmelzen benötigt eine prozessspezifische Zeit während der keine Relativbewegung stattfindet [Witz14]. Die Zeit eines einzelnen Aufschmelzereignisses $t_{Auf,einzel}$ basiert auf Erfahrungswerten und ist u. a. von den Werkstoffen, der elektromagnetischen Strahlleistung und dem Massenstrom des Zusatzwerkstoffs abhängig und variiert von einigen hundertstel Sekunden [Witz14] bis zu einigen Sekunden [Kim00]. Das Produkt der Anzahl der Auftragsraupen $n_{Auftrag}$ und der Zeit zum Aufschmelzen des Drahts entspricht der werkstückbezogenen Zeit $t_{Auf}$ und ergibt sich zu

$$t_{Auf} = n_{Auftrag}\, t_{Auf,einzel}. \qquad 5.8$$

Während des Aufschmelzens des Drahts wird die Wirkenergie durch die Laserquelle ebenso wie der Zusatzwerkstoff mittels des Drahtvorschubantriebs und ein definierter Volumenstrom Schutzgas zugeführt. Diese Systeme bzw. Systemkomponenten sind dementsprechend »Aktiv«. Zusätzlich sind auch während dieses Ereignisses die Absaugung, die Kühler der Laserquelle sowie des optischen Systems und die Druckluft im Betriebsmodus »Aktiv«. Da keine Relativbewegung stattfindet, befinden sich die Verfahrachsen im Betriebsmodus »Bereit«.

### *Abschmelzen des Drahts*

Das Abschmelzen des Drahts zum Abschluss des Laserauftragschweißprozesses verhindert am Ende der Auftragsraupe, dass sich der Draht im erstarrenden Schmelzbad befindet, indem bei Erreichen des Endpunkts der Auftragsraupe die Laserquelle nicht unmittelbar ausgeschaltet und das Drahtende entweder mittels der Verfahrachsen oder durch einen Drahtrückzug aus dem Schmelzbad bewegt wird. Die Zeit eines einzelnen Abschmelzereignisses $t_{Ab,einzel}$ basiert auf Erfahrungswerten [Frey07]. Analog zum Aufschmelzen des Drahts ist das Produkt der Auftragsraupenanzahl $n_{Auftrag}$ und der Zeit zum Abschmelzen des Drahts die werkstückbezogene Zeit $t_{Ab}$:

$$t_{Ab} = n_{Auftrag}\, t_{Ab,einzel} \qquad 5.9$$

Während des Abschmelzens des Drahts sind die Laserquelle, Kühler, Absaugung, Druckluft und der Volumenstrom des Schutzgases »Aktiv«. Die Betriebsmodi des Drahtvorschubantriebs und der Verfahrachsen sind »Aktiv« oder »Bereit« je nachdem, wie die Drahtbewegung realisiert wird.

### *Positionieren*

Das Positionieren ist ein repetitives Ereignis zur Positionierung des Werkstücks relativ zum optischen System und damit der Position der elektromagnetischen Strahlung vor Prozessbeginn jeder einzelnen Auftragsraupe. Um die werkstückbezogene Zeit zu ermitteln, werden die Gesamtanzahl der Positionierstrecken $n_{Pos}$, eventuell variierende Längen der Positionierstrecken $l_{Pos,i}$ und Vorschubgeschwindigkeiten $v_{Pos,i}$ berücksichtigt. Die Summe der Zeiten zum Positionieren entspricht näherungsweise der werkstückbezogenen Zeit $t_{Pos}$ und ergibt sich mithilfe von der Zählvariablen i zu

$$t_{Pos} = \sum_{i=1}^{n_{Pos}} \frac{l_{Pos,i}}{v_{Pos,i}}. \quad 5.10$$

Gegebenenfalls kann es aufgrund von variierenden Vorschubgeschwindigkeiten beim Positionieren sinnvoll sein, die einzelnen Positionierbewegungen je Auftragsraupe in Segmente zu unterteilen, sodass Übersichtlichkeit und rechnerische Handhabbarkeit erhöht werden.

Während des Positionierens erfolgt kein Werkstoffauftrag, sodass sich die Laserquelle und der Drahtvorschubantrieb im Betriebsmodus »Bereit« befinden. Die Relativbewegungen werden über aktive Verfahrachsen realisiert. Der Schutzgasvolumenstrom sollte zur Ressourcenreduktion abgeschaltet werden, jedoch wird eine kurze Vorlaufzeit beim wieder Einschalten benötigt, sodass der Schutzgasstrom üblicherweise »Aktiv« bleibt [Witz14]. Die Kühler des optischen Systems und der Laserquelle sind trotz der nicht vorhandenen Laserstrahlung ggf. »Aktiv«, wenn technische Kälte benötigt wird. Daneben sind die Absaugung und die Druckluft im Betriebsmodus »Aktiv«.

## *Wartezeit beim Aufbau*

Die Wartezeit beim Aufbau dient zur Abkühlung der Auftragsraupen vor Beginn des Auftrags einer weiteren Schicht, sodass aufgrund einer erhöhten Temperatur des Werkstoffs kein negativer Einfluss hinsichtlich der Prozessstabilität und Oxidation vorliegt. Um die werkstückbezogene Zeit zu ermitteln, werden die Gesamtanzahl der Auftragsschichten $n_{Schicht}$ und eventuell variierende Wartezeiten je Auftragsschicht $t_{Warte,einzel}$ – häufig zwischen 1 und 4 min [Kelb06] – berücksichtigt. Die Summe der Zeiten zum Auftragen der einzelnen Auftragsraupen entspricht der werkstückbezogenen Wartezeit $t_{Warte}$ und ergibt sich mithilfe von der Zählvariablen i zu

$$t_{Warte} = \sum_{i=1}^{n_{Schicht}} t_{Warte,einzel,i}\,. \quad 5.11$$

Während der Abkühlphase erfolgt kein Werkstoffauftrag, sodass sich die Laserquelle und der Drahtvorschubantrieb sowie die Verfahrachsen im Betriebsmodus »Bereit« befinden. Die Kühler, die Druckluft und ggf. der Schutzgasstrom sind dagegen dauerhaft »Aktiv«. Eine Absaugung ist während der Wartezeit zwar prinzipiell nicht notwendig, allerdings hängt eine Abschaltung der Absaugung von der Steuerungsmöglichkeit des Systems ab.

## *Rüsten*

Das Rüsten dient zur Vorbereitung der Systeme und Systemkomponenten für die Fertigung. Um die werkstückbezogene Rüstzeit $t_{Rüsten}$ zu ermitteln, werden die Zeiten zum Einspannen der Substratplatte inkl. Ausrichten und Entnahme des aufgebauten Werkstücks $t_{wst}$ sowie die Befüllung des Systems mit Zusatzwerkstoff nach Verbrauch eines Reservoirs berücksichtigt. Das Befüllungsintervall ergibt sich aus der Werkstückmasse $m_{wst}$ und der im Reservoir befindlichen Masse $m_{Draht,Rolle}$ und geht zusammen mit der Zeit zur Befüllung $t_{Draht,Befüllung}$ in die Rüstzeit ein. Weitere Zeiten, z. B. zum Ein- oder Abschalten, für Referenzfahrten sowie zum Schreiben oder Laden von NC-Programmen werden auf die Losgröße $n_{Rüsten,i}$ bezogen je Vorgang i mit der Zeit $t_{Sonst,i}$ berücksichtigt:

$$t_{Rüsten} = t_{wst} + \frac{m_{wst}}{m_{Draht,Rolle}} t_{Draht,Befüllung} + \sum_i \frac{t_{Sonst,i}}{n_{Rüsten,i}} \quad 5.12$$

Je nach Art des Rüstvorgangs sind unterschiedliche Systeme und Systemkomponenten im Betriebsmodus »Ausgeschaltet«, »Eingeschaltet«, »Bereit« oder »Aktiv«. Aufgrund der Vielfältigkeit der Rüstvorgänge und daraus resultierenden, mangelnden Übersichtlichkeit ist eine allgemeingültige Beschreibung mit Fallunterscheidungen im Rahmen dieser Arbeit nicht zweckmäßig.

### *Zusammenfassung*

Die folgende Tabelle 5.1 zeigt zusammenfassend die Betriebsmodi der Systeme und Systemkomponenten in Abhängigkeit von den einzelnen Ereignissen des Laserauftragschweißens.

**Tabelle 5.1:** Betriebsmodi der Systeme und Systemkomponenten abhängig von den Ereignissen beim Laserauftragschweißen

*Operating modes of systems and system components depending on the incidents of laser deposition welding*

| | Laser | Kühler | Schutz-gas | Draht-förderer | Ab-saugung | Verfahr-achsen | Druck-luft |
|---|---|---|---|---|---|---|---|
| **Auftragschweißen** | Aktiv | Aktiv | Aktiv | Aktiv | Aktiv | Aktiv | Aktiv |
| **Aufschmelzen** | Aktiv | Aktiv | Aktiv | Aktiv | Aktiv | Bereit | Aktiv |
| **Abschmelzen** | Aktiv | Aktiv | Aktiv | Variabel | Aktiv | Variabel | Aktiv |
| **Positionieren** | Bereit | Aktiv | Aktiv | Bereit | Aktiv | Aktiv | Aktiv |
| **Wartezeit** | Bereit | Aktiv | Variabel | Bereit | Variabel | Bereit | Aktiv |
| **Rüsten** | Variabel | Variabel | Bereit | Variabel | Bereit | Variabel | Variabel |

## 5.1.2 Wärmebehandlung

*Heat Treatment*

Die Grundzeit $t_g$ der Wärmebehandlung ist abhängig von der Art der Wärmebehandlung und wird bei dem betrachteten Spannungsarmglühen in vier unterschiedliche Ereignisse unterteilt. Die Ereignisse, bei denen die Wirkenergie – die Wärme des Ofens – benötigt wird, werden mit ihren Zeiten der Hauptzeit zugerechnet. Hierzu zählen die Zeiten des Aufheizens $t_{Heizen}$, des Haltens der Temperatur $t_{Halten}$ und des kontrollierten Abkühlens $t_{Kontrolliert}$, bei der die Abkühlung mit einem definierten Temperaturgradienten erfolgt. Die Zeiten der weiteren Ereignisse, zu denen das unkontrollierte Abkühlen $t_{Unkontrolliert}$ (ohne definierten Temperaturgradienten) und

Rüstvorgänge $t_{Rüsten}$ zählen, werden aufgrund des mittelbaren Prozessfortschritts der Nebenzeit zugeordnet. Die Summe der einzelnen Ereigniszeiten ergibt die werkstückspezifische Grundzeit:

$$t_g = t_h + t_n = t_{Heizen} + t_{Halten} + t_{Kontrolliert} + t_{Unkontrolliert} + t_{Rüsten} \quad 5.13$$

Die folgende Abbildung 5.4 zeigt die Zuordnung der einzelnen Ereignisse und deren Zeiten beim Spannungsarmglühen zu der Haupt- und Nebenzeit.

| | | | |
|---|---|---|---|
| Grundzeit $t_g$ | Hauptzeit $t_h$ | Aufheizen | $t_{Heizen}$ |
| | | Halten der Temperatur | $t_{Halten}$ |
| | | Kontrolliertes Abkühlen | $t_{Kontrolliert}$ |
| | Nebenzeit $t_n$ | Unkontrolliertes Abkühlen | $t_{Unkontrolliert}$ |
| | | Rüsten | $t_{Rüsten}$ |

**Abbildung 5.4:** Ereignisse und Zeiten bei der Wärmebehandlung
*Incidents and times for heat treatment*

## *Aufheizen*

Das Aufheizen beschreibt den Vorgang bei dem durch Wärme die zur Wärmebehandlung notwendige Temperatur mit einem werkstoff- und behandlungsspezifischen Temperaturgradienten erreicht wird. Um die werkstückbezogene Zeit $t_{Heizen}$ zu ermitteln, werden die Differenz der Zieltemperatur $T_{Ziel}$ und der Starttemperatur $T_{Start}$ sowie der Temperaturgradient $(\partial T/\partial t)_{Heizen}$ berücksichtigt. Der Quotient der Temperaturdifferenz und des Temperaturgradienten entspricht der werkstückbezogenen Zeit $t_{Heizen}$ und ergibt sich zu

$$t_{Heizen} = \frac{T_{Ziel} - T_{Start}}{\left(\frac{\partial T}{\partial t}\right)_{Heizen}}. \quad 5.14$$

Während des Aufheizens wird die Wirkenergie in Form von Wärme durch aktive Heizelemente zur Verfügung gestellt. Aufgrund des Temperaturgradienten werden diese nicht dauerhaft mit maximaler Leistung betrieben, sondern hinsichtlich der Leistung und Einschaltdauer gesteuert. Der Lüfter ermöglicht durch eine Luftzirkulation eine gleichmäßige Temperaturverteilung. Des Weiteren kann eine evtl. vorhandene Kühlung »Aktiv« sein, um temperaturempfindliche Komponenten zu schützen.

## *Halten der Temperatur*

Das Halten der Temperatur ermöglicht eine konstante Werkstücktemperatur und damit die beabsichtigten mikroskopischen Änderungen des Gefüges. Die Zeit des Haltens der Temperatur $t_{Halten}$ ist einerseits von der Art der Wärmebehandlung abhängig und andererseits werkstoff- und werkstückspezifisch. Zur Bestimmung dieser Zeit existieren diverse empirisch ermittelte Formeln und Tabellen, die eingesetzt werden, wenn definierte Haltezeiten eines Werkstoffs, beispielsweise aus einem Werkstoffdatenblatt, nicht bekannt sind [Werk08]. Während des Haltens der Temperatur sind die Heizelemente, die Steuerung und der Lüfter zur Luftzirkulation »Aktiv«.

### *Kontrolliertes Abkühlen*

Das kontrollierte Abkühlen beschreibt den Vorgang bei dem durch Wärme und gezielte Luftzirkulation die Temperatur mit einem werkstoff- und behandlungsspezifischen Temperaturgradienten reduziert wird. Die werkstückbezogene Zeit des kontrollierten Abkühlens $t_{Kontrolliert}$ ergibt sich analog zu dem Aufheizen aus dem Quotienten der Temperaturdifferenz der Starttemperatur $T_{Start}$ und der Zieltemperatur $T_{Ziel}$ sowie dem werkstoff- und behandlungsspezifischen Temperaturgradienten $(\partial T/\partial t)_{Kühlen}$ und berechnet sich mit

$$t_{Kontrolliert} = \frac{T_{Start} - T_{Ziel}}{\left(\frac{\partial T}{\partial t}\right)_{Kühlen}}. \qquad 5.15$$

Während des kontrollierten Abkühlens sind die Heizelemente, die Steuerung und der Lüfter »Aktiv«.

### *Unkontrolliertes Abkühlen*

Das unkontrollierte Abkühlen erfolgt ohne die Einhaltung eines werkstoff- und behandlungsspezifischen Temperaturgradienten, wenn aufgrund des Temperaturniveaus keine mikroskopischen Änderungen des Gefüges mehr auftreten, indem der Abkühlvorgang an der Luft oder bei ausgeschalteten Heizelementen erfolgt. Um die werkstückbezogene Abkühlzeit $t_{Unkontrolliert}$ zu ermitteln, kann eine Differentialgleichung der Energiebilanz und den Randbedingungen der Starttemperatur $T_{Start}$ und Umgebungstemperatur $T_{Umgebung}$ berechnet werden [Kram02]. Während des unkontrollierten Abkühlens sind die Steuerung und ggf. der Lüfter »Aktiv«, um einzelne Ofenelemente vor einer Überhitzung zu schützen. Die Energie- und Stoffströme sind während des unkontrollierten Abkühlens aufgrund der nicht aktiven Heizelemente vernachlässigbar.

### *Rüsten*

Das Rüsten dient zur Vorbereitung der Systeme und Systemkomponenten für die Fertigung. Um die werkstückbezogene Zeit $t_{Rüsten}$ zu ermitteln, werden die Werkstückwechselzeit $t_{wst}$ sowie die Zeiten zur Beladung und Entnahme ofenspezifisch ermittelt. Diese Vorgänge können je nach Ofentyp kontinuierlich, sowohl automatisiert als auch manuell, oder diskontinuierlich sein [Kram02]. Des Weiteren werden die Zeiten zur Flutung des Ofeninnenraums mit Schutzgas oder dessen Evakuierung sowie die Zeiten zum Ein- oder Abschalten und zum Festlegen oder Laden des Zeit-Temperatur-Verlaufs bezogen auf die Losgröße $n_{Rüsten,i}$ je Vorgang i mit der Zeit $t_{Sonst,i}$ berücksichtigt:

$$t_{Rüsten} = t_{wst} + \sum_i \frac{t_{Sonst,i}}{n_{Rüsten,i}} \qquad 5.16$$

Während des Rüstens sind die Heizelemente und der Lüfter »Ausgeschaltet«. Je nach Art des Rüstvorgangs sind die Steuerung und die Schutzgaszufuhr oder Vakuumpumpe entweder »Ausgeschaltet«, »Eingeschaltet«, »Bereit« oder »Aktiv«.

### *Zusammenfassung*

Die folgende Tabelle 5.2 zeigt zusammenfassend die Betriebsmodi der Systeme und Systemkomponenten in Abhängigkeit von den einzelnen Ereignissen der Wärmebehandlung.

**Tabelle 5.2:** Betriebsmodi der Systeme und Systemkomponenten abhängig von den Ereignissen bei der Wärmebehandlung

*Operating modes of systems and system components depending on the incidents of the heat treatment*

| | Heizelemente | Steuerung | Lüfter | Schutzgas |
|---|---|---|---|---|
| **Aufheizen** | Aktiv | Aktiv | Aktiv | Ausgeschaltet |
| **Halten der Temperatur** | Aktiv | Aktiv | Aktiv | Ausgeschaltet |
| **Kontrolliertes Abkühlen** | Aktiv | Aktiv | Aktiv | Ausgeschaltet |
| **Unkontrolliertes Abkühlen** | Ausgeschaltet | Aktiv | Variabel | Ausgeschaltet |
| **Rüsten** | Ausgeschaltet | Variabel | Ausgeschaltet | Variabel |

## 5.1.3 Trennende Nachbearbeitung

*Material Removal Finishing*

Die Grundzeit $t_g$ der trennenden Nachbearbeitung wird in drei Ereignisse unterteilt, wobei nur während den Zeiten des Trennens $t_c$ Wirkenergie zugeführt wird, sodass diese der Hauptzeit $t_h$ zugerechnet wird. Die Zeiten des Positionierens $t_{Pos}$ und des Rüstens $t_{Rüsten}$ werden aufgrund des nur mittelbaren Prozessfortschritts dieser Ereignisse der Nebenzeit $t_n$ zugezählt [VDI94]. Die Summe der einzelnen Ereigniszeiten ergibt die werkstückspezifische Grundzeit:

$$t_g = t_h + t_n = t_c + t_{Pos} + t_{Rüsten} \tag{5.17}$$

Die folgende Abbildung 5.5 zeigt die Zuordnung der einzelnen Ereignisse und deren Zeiten bei der trennenden Nachbearbeitung zu der Haupt- und Nebenzeit.

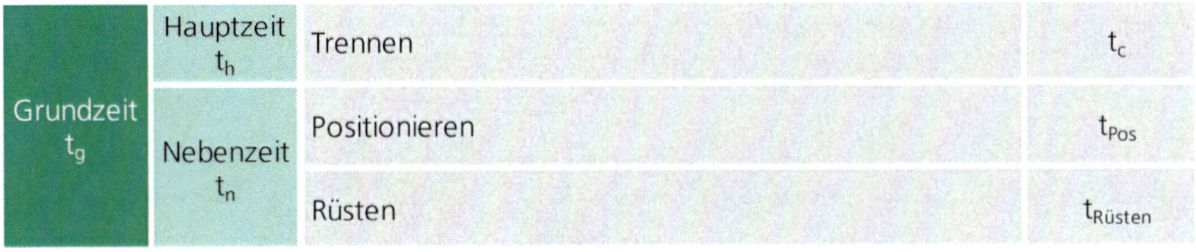


**Abbildung 5.5:** Ereignisse und Zeiten bei der trennenden Nachbearbeitung
*Incidents and times for material removal finishing*

## *Trennen*

Das Trennen dient zur spanenden Werkstoffabnahme und damit zur Einstellung der Geometrie des Werkstücks. Um die werkstückbezogene Schnittzeit $t_c$ zu ermitteln, wird die Summe aller einzelnen Zeiten der Bahnen 1 bis $n_{Bahn}$, die sich aus dem Quotienten der jeweiligen Bahnlänge $l_{Bahn,i}$ und Vorschubgeschwindigkeit $v_f$ ergeben [Schl13], berechnet. Wenn für die Vorschubgeschwindigkeit $v_f$ der Zahnvorschub $f_z$, die Schneidenzahl z und die Spindeldrehzahl n berücksichtigt werden [Denk11], ergibt sich die werkstückbezogene Zeit zu

$$t_c = \frac{1}{v_f} \sum_{i=1}^{n_{Bahn}} l_{Bahn,i} = \frac{1}{f_z\, z\, n} \sum_{i=1}^{n_{Bahn}} l_{Bahn,i}. \qquad 5.18$$

Während des Trennens wird die Wirkenergie in Form von mechanischer Arbeit von der aktiven Spindel bereitgestellt. Die Relativbewegungen werden über aktive Verfahrachsen realisiert. Des Weiteren ist der Kühler im Betriebsmodus »Aktiv«. Daneben werden ggf. Kühlschmierstoff und Druckluft zugeführt, sodass sich auch diese Systemkomponenten im Betriebsmodus »Aktiv« befinden.

## *Positionieren*

Das Positionieren beschreibt die Relativbewegung vor und nach dem Trennen sowie zwischen den einzelnen Bahnen. Um die werkstückbezogene Zeit $t_{Pos}$ zu ermitteln, werden analog zur Bestimmung der Zeiten zum Positionieren beim Laserauftragschweißen (Gleichung 5.10) die Gesamtanzahl der jeweiligen Positionierstrecken $n_{Pos}$, deren Länge $l_{Pos,i}$ und Vorschubgeschwindigkeiten $v_{Pos,i}$ berücksichtigt. Die Summe der Zeiten der einzelnen Positionierschritte entspricht der werkstückbezogenen Zeit $t_{Pos}$ und ergibt sich mithilfe von der Zählvariablen i zu

$$t_{Pos} = \sum_{i}^{n_{Pos}} \frac{l_{Pos,i}}{v_{Pos,i}}. \qquad 5.19$$

Gegebenenfalls kann es aufgrund von variierenden Vorschubgeschwindigkeiten beim Positionieren sinnvoll sein, die einzelnen Positionierbewegungen in Segmente zu unterteilen. Dies ist auch vor dem Hintergrund zweckmäßig, dass die Spindel je nach Länge der Positionierstrecke und in Abhängigkeit von der Tatsache, ob es sich um eine Anlauf- oder Überlaufstrecke in das Werkstück bzw. aus dem Werkstück handelt, ggf. »Aktiv« ist. Während des Positionierens sind die

Verfahrachsen zur Realisierung der Relativbewegung »Aktiv«. Die Kühlschmierstoffversorgung, sofern vorhanden, sollte zur Ressourcenreduktion abgeschaltet werden, wird jedoch für kurze Positionierstrecken üblicherweise »Aktiv« bleiben. Des Weiteren ist der Kühler sowie ggf. die Druckluftversorgung im Betriebsmodus »Aktiv«.

### *Rüsten*

Das Rüsten dient zur Vorbereitung der Systeme und Systemkomponenten für die Fertigung. Um die werkstückbezogene Zeit zu ermitteln, werden die Zeiten zum Einspannen des Werkstücks inkl. Ausrichten und Entnahme $t_{wst}$ sowie anteilig die Zeiten zum Werkzeugwechsel $t_{wkz}$ berücksichtigt. Das Wechselintervall des Werkzeugs ergibt sich aus der Schnittzeit $t_c$ je Werkstück und der Standzeit des Werkzeugs T, die sich z. B. empirisch oder mit der Taylor-Gleichung ermitteln lässt [Kloc08b], [Denk11] [Schl13], und bestimmt mit der Zeit für einen Werkzeugwechsel $t_{wkz,Wechsel}$ die werkstückbezogene Zeit [Schl13]. Die Werkstück- und Werkzeugwechsel sind je nach Ausführung – manuell oder automatisiert – bediener- und maschinenspezifisch und müssen dementsprechend ermittelt werden. Bei heutigen Werkzeugmaschinen wird zumindest der Werkzeugwechsel mittels eines automatischen Werkzeugmagazins durchgeführt. Die Bestückung des Werkzeugmagazins ist üblicherweise während des Betriebs möglich, sodass für die Rüstzeit die Zeit des maschineninternen Werkzeugwechsels berücksichtigt werden muss [Schl13].

Analog zum Rüsten beim Laserauftragschweißen werden weitere Zeiten, wie z. B. zum Ein- oder Abschalten, für Referenzfahrten sowie zum Schreiben oder Laden von NC-Programmen, auf die Losgröße $n_{Rüsten,i}$ bezogen je Vorgang i mit der Zeit $t_{Sonst,i}$ berücksichtigt. Damit ergibt sich die werkstückbezogene Rüstzeit $t_{Rüsten}$ als Summe der einzelnen Rüstvorgänge zu

$$t_{Rüsten} = t_{wst} + t_{wkz} + \sum_i \frac{t_{Sonst,i}}{n_{Rüsten,i}} = t_{wst} + \frac{t_c}{T} t_{wkz,Wechsel} + \sum_i \frac{t_{Sonst,i}}{n_{Rüsten,i}}. \quad 5.20$$

Während der einzelnen Rüstvorgänge sind die Spindel und die Kühlschmierstoffversorgung lediglich »Eingeschaltet«. Je nach Art des Rüstvorgangs sind die weiteren Systeme und Systemkomponenten im Betriebsmodus »Eingeschaltet« oder »Aktiv«. Die Verfahrachsen und die Druckluftversorgung dagegen sind ggf. »Aktiv«, wenn eine Referenzfahrt oder ein Werkzeugwechsel durchgeführt werden; anderenfalls befinden sie sich im Betriebsmodus »Eingeschaltet«. Der Kühler wird bedarfsgerecht manuell zugeschaltet.

### *Zusammenfassung*

Die folgende Tabelle 5.3 zeigt zusammenfassend die Betriebsmodi der Systeme und Systemkomponenten in Abhängigkeit von den einzelnen Ereignissen der spanenden Nachbearbeitung.

**Tabelle 5.3:** Betriebsmodi der Systeme und Systemkomponenten abhängig von den Ereignissen bei der spanenden Nachbearbeitung

*Operating modes of systems and system components depending on the incidents of material removal finishing*

| | Spindel | Verfahr-achsen | Kühl-schmierstoff | Druckluft | Kühler und Neben-aggregate |
|---|---|---|---|---|---|
| **Trennen** | Aktiv | Aktiv | Aktiv | Aktiv | Aktiv |
| **Positionieren** | Variabel | Aktiv | Variabel | Aktiv | Aktiv |
| **Rüsten** | Eingeschaltet | Variabel | Eingeschaltet | Variabel | Variabel |

## 5.2 Ressourcenbezogene Modelle der Prozesse

*Resource Related Models of the Processes*

In diesem Unterkapitel erfolgt die ressourcenbezogene Modellierung der drei betrachteten Fertigungsverfahren auf dem Abstraktionsgrad der Prozessebene. Zu den Prozessen zählen das additive Fertigungsverfahren des Laserauftragschweißens (Unterkapitel 5.2.1) und die anschließende Wärmebehandlung (Unterkapitel 5.2.2) sowie die trennende Nachbearbeitung (Unterkapitel 5.2.3), deren Notwendigkeit wesentlich durch das Prinzip des additiven Fertigungsverfahrens und die Bauteilanforderungen charakterisiert wird. Diese Prozessmodelle berücksichtigen die Ein- und Ausgangsgrößen hinsichtlich der Energie- und Stoffströme, die für die Durchführung der jeweiligen Prozesse notwendig sind, wobei das Ziel in erster Hinsicht die deskriptive Modellierung des Ressourcenbedarfs und -einsatzes der Prozesse zur Bauteilherstellung ist. Bei der Beschreibung der Energie- und Stoffströme sind Abstraktion und Modellierungen der physikalischen Wirkenergien der Prozesse notwendig, die jeweils bilanziert und im Detail erklärt werden. Neben den Wirkenergien werden hierbei besonders die bauteilbezogenen Stoffströme betrachtet, die sich durch eine Beschreibung und Bilanzierung des Werkstücks hinsichtlich des Volumens bzw. der Masse und Geometrie auszeichnen. Durch diese werden im Besonderen die gegenseitigen Wechselwirkungen der Prozesse und ihre offenen Beziehungen zur Umwelt identifiziert. Ergebnis ist die Beschreibung der signifikanten Einflussfaktoren der Prozesse und wie diese sich wechselseitig beeinflussen.

### 5.2.1 Laserauftragschweißen

*Laser Deposition Welding*

Die ressourcenbezogenen Modellierungen des Laserauftragschweißens erfolgen für den bauteilbezogenen Stoffstrom mit einem Stoffmodell und für die Prozessenergie mit einem Energiemodell. Bei dem Stoffmodell erfolgt eine Beschreibung der geometrischen Änderungen des bauteilbezogenen Stoffstroms durch eine mathematische Beschreibung bei einer schrittweisen Erweiterung des Betrachtungsrahmens, von einer einzelnen Auftragsraupe zu einer einzelnen Schicht und abschließend dem vollständigen Volumen. Anschließend werden bei dem Energiemodell alle unmittelbar in der Prozesszone vorhandenen Energieströme anhand einer Energiebilanz mit ihren jeweiligen physikalischen Gesetzmäßigkeiten beschrieben.

## *Stoffmodell*

Durch die Relativbewegung zwischen Werkstück und auftreffender elektromagnetischer Strahlung sowie Drahtzuführung entsteht ein lokal begrenztes Schmelzbad, in dem der zugeführte Draht stetig aufschmilzt und in einem kontinuierlichen Auftrag resultiert, der eine schmelzmetallurgische Verbindung mit dem Substrat aufweist [Clem04], [Popr03]. Dieser Auftrag ist Teil des additiv hergestellten Werkstücks mit den Abmessungen $h_g$, $b_g$ und $l_g$ und wird durch die maximale Höhe h und die effektive Höhe $h_{eff}$ sowie analog die maximale Breite b und die effektive Breite $b_{eff}$ beschrieben (vgl. Abbildung 5.6). Die Unterscheidung zwischen maximalen und effektiven Abmessungen erfolgt aus zwei unterschiedlichen Gründen. Zum einen muss Aufmaß vorgesehen werden, damit durch trennende Nachbearbeitung die gewünschte Endkontur hergestellt werden kann und zum anderen muss berücksichtigt werden, dass aufgrund von der Positionierung der aneinander grenzenden Auftragsraupen die Abmessungen nicht nur mit den maximalen Abmessungen einer einzelnen Auftragsraupe korrelieren (vgl. S. 77).

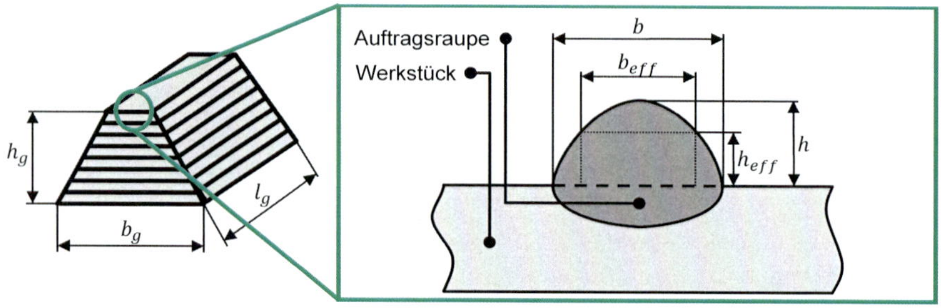


**Abbildung 5.6:** Detailansicht einer einzelnen Auftragsraupe
*Detail view of a single deposited run*

Die Querschnittsfläche der Auftragsraupe kann mit einer Massenbilanz bestimmt werden. Nach dieser entspricht der Massenstrom der Auftragsraupe $\dot{m}_{Auftrag}$ der zugeführten Drahtmasse $\dot{m}_{Draht}$ ohne den Massenverlust in Form von Schmelzbadauswürfen $\dot{m}_{Auswurf}$ und Dampfpartikeln $\dot{m}_{Dampf}$ und ergibt sich zu

$$\dot{m}_{Auftrag} = \dot{m}_{Draht} - \dot{m}_{Auswurf} - \dot{m}_{Dampf}. \qquad 5.21$$

Die Massenverluste resultieren aus Schmelzbadinstabilitäten und daraus folgenden Auswürfen, die primär abhängig von den Werkstoffen sowie deren Viskosität und Oberflächenspannung sind [Schi02], und Dämpfen, die aufgrund der hohen Intensitäten entstehen und Partikel mit einer Größe von weniger als 1 µm enthalten [Zimm01]. Die Massenverluste sind jedoch aufgrund ihrer Relation zu der zugeführten Masse im Rahmen dieser Arbeit vernachlässigbar. Bei kontinuierlicher Werkstückvorschubgeschwindigkeit $v_f$ und Drahtvorschubgeschwindigkeit $v_{Draht}$

ergibt sich daraus bei Berücksichtigung der Dichte des Drahts $\rho_{Draht}$, der Fläche des Querschnitts der Auftragsraupe $A_{Auftrag}$ sowie des Drahts $A_{Draht}$ die Massenstrombilanz zu

$$\rho_{Draht}\, A_{Auftrag}\, v_f = \rho_{Draht}\, A_{Draht}\, v_{Draht}. \tag{5.22}$$

Bei der Berücksichtigung des Drahtdurchmesser $d_{Draht}$ und Umstellung ergibt sich der Querschnitt der Auftragsraupe $A_{Auftrag}$ zu

$$A_{Auftrag} = A_{Draht}\,\frac{v_{Draht}}{v_f} = \pi\,\frac{d_{Draht}^2}{4}\,\frac{v_{Draht}}{v_f}. \tag{5.23}$$

Das Volumen einer einzelnen Auftragsraupe $V_{Auftrag}$ ergibt sich aus dem Produkt der Querschnittsfläche und der Länge der Auftragsraupe $l_{Auftrag}$:

$$V_{Auftrag} = A_{Auftrag}\, l_{Auftrag} = \pi\,\frac{d_{Draht}^2}{4}\,\frac{v_{Draht}}{v_f}\, l_{Auftrag} \tag{5.24}$$

Durch überlappende Auftragsraupen entstehen sukzessive Schichten, die aufgrund der Wölbung des sich kontinuierlich bewegenden Schmelzbads eine wellige Topographie aufweisen [Jamb12], [Frey07]. Durch Einstellung der Überlappung $\Delta x_{Es}$ – in der Praxis üblicherweise zwischen 40 % und 60 % der Auftragsraupenbreite b [Jamb12] – wird eine geringe Welligkeit eingestellt mit der ein wirtschaftlich sinnvoller Kompromiss zwischen Auftragsrate und welliger Topographie sowie Porenbildung in Folge eines zu großen Abstands zwischen den einzelnen Auftragsraupen erzielt wird [Clem04], [Frey07]. Neben den zuvor eingeführten Kenngrößen zur maximalen und effektiven Breite sowie Höhe werden zur Beschreibung der Schicht außerdem die Überlappung $\Delta x_{Es}$ und die effektive Schichtbreite $b_{Schicht}$, die mindestens der lokalen Breite $b_g$ des Werkstücks entsprechen muss, definiert (vgl. Abbildung 5.7).

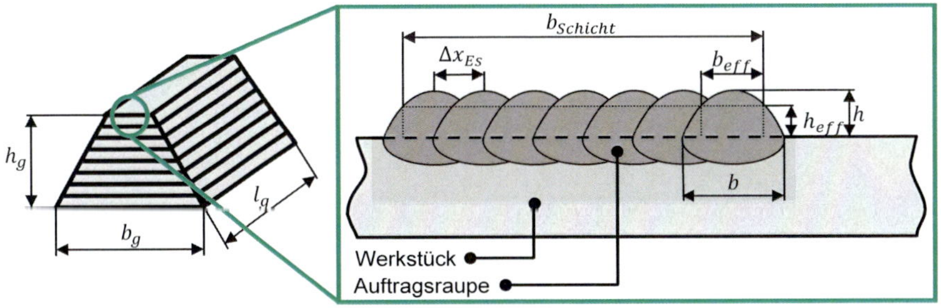


**Abbildung 5.7:** Detailansicht einer aufgetragenen Schicht
*Detail view of a deposited layer*

Die Querschnittsfläche der Schicht $A_{Schicht}$ ergibt sich analog zu einer einzelnen Auftragsraupe sowie der Anzahl der Auftragsraupen, die sich aus dem Quotienten der Differenz aus Schichtbreite $b_{Schicht}$ und Auftragsraupenbreite b und dem Überdeckungsgrad $\Delta x_{Es}$ berechnet, zu

$$A_{Schicht} = \frac{b_{Schicht} - b_{eff}}{\Delta x_{Es}} A_{Auftrag} = \frac{b_{Schicht} - b_{eff}}{\Delta x_{Es}} \frac{\pi}{4} d_{Draht}^2 \frac{v_{Draht}}{v_f}. \qquad 5.25$$

Das Volumen einer Schicht $V_{Schicht}$ ergibt sich aus der Summe der Querschnittsflächen i von 1 bis zu dem aufgerundeten Quotienten $\left\lceil \frac{b_g - b_{eff}}{\Delta x_{Es}} \right\rceil$ und der jeweiligen Länge der Auftragsraupe $l_{Auftrag,i}$ zu

$$V_{Schicht} = \sum_{i=1}^{\left\lceil \frac{b_g - b_{eff}}{\Delta x_{Es}} \right\rceil} A_{Auftrag}\, l_{Auftrag,i} = \sum_{i=1}^{\left\lceil \frac{b_g - b_{eff}}{\Delta x_{Es}} \right\rceil} \pi \frac{d_{Draht}^2}{4} \frac{v_{Draht}}{v_f} l_{Auftrag,i}. \qquad 5.26$$

Das Werkstückvolumen $V_{Werkstück}$ ergibt sich aus der schichtweisen Addition des Schichtvolumens. Die zwei Summenoperatoren mit zwei verschiedenen Zählvariablen i und j bestimmen sich einerseits aus der Anzahl der Schichten durch den aufgerundeten Quotienten $\left\lceil \frac{h_g}{h_{eff}} \right\rceil$ sowie andererseits wieder aus der Anzahl der Auftragsraupen je Schicht. Damit folgt die formelmäßige Beschreibung mit den Parametern aus Gleichung 5.26 zu

$$V_{Werkstück} = \sum_{j=1}^{\left\lceil \frac{h_g}{h_{eff}} \right\rceil} \sum_{i=1}^{\left\lceil \frac{b_g - b_{eff}}{\Delta x_{Es}} \right\rceil} \pi \frac{d_{Draht}^2}{4} \frac{v_{Draht}}{v_f} l_{i,j}\,. \qquad 5.27$$

Hinsichtlich der Ressourceneffizienz des Werkstoffs ist das Aufmaß von entscheidender Bedeutung, da zunächst aufgetragener Werkstoff zu einem späteren Zeitpunkt durch die trennende Nachbearbeitung wieder abgetragen werden muss. Änderungen des Querschnitts und/oder der Länge einer Schicht führen zu der charakteristischen Stufenstruktur der bauteilbegrenzenden Oberfläche mit einem lokalen Aufmaß $h_{Aufmaß}$ in Abhängigkeit von der Schichtdicke h und dem resultierendem lokalen Konturwinkel α (vgl. Abbildung 5.8).

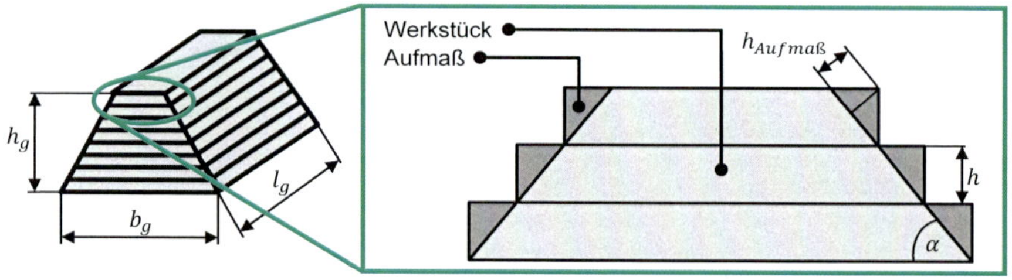


**Abbildung 5.8:** Querschnitt eines aus mehreren Schichten aufgebauten Werkstücks
*Cross section of several layers of a built-up work piece*

Bei Vernachlässigung der Bauteilkrümmung bzw. der Annahme, dass die Schichtdicke sehr viel kleiner als die Dimensionen des Bauteils sind, ergibt sich das Volumen einer einzelnen Stufe $V_{Aufmaß,Stufen,einzel}$ mit der Multiplikation der Länge der Auftragsraupe $l_{Auftrag,i}$ zu

$$V_{Aufmaß,Stufen,einzel} = \frac{1}{2}\frac{h^2}{tan\,\alpha} l_{Auftrag,i}. \qquad 5.28$$

In Abhängigkeit von der Lage der betrachteten Kontur in Relation zu der Auftragsstrategie muss ggf. anstatt der Auftragsraupenlänge die lokale Schichtbreite $b_i$ berücksichtigt werden. Das Volumen des Aufmaßes der Stufenstruktur $V_{Aufmaß,Stufen}$ eines Werkstücks ergibt sich aus der Summe der einzelnen Volumina der Stufen $V_{Aufmaß,Stufen,einzel}$ über alle Konturseiten $n_{Seite}$ zu

$$V_{Aufmaß,Stufen} = \sum_{j=1}^{n_{Seite}} \sum_{i=1}^{\left\lceil \frac{h_g}{h_{eff}} \right\rceil} \frac{1}{2}\frac{h^2}{tan\,\alpha} l_{Auftrag,i,j}. \qquad 5.29$$

Basierend auf Erfahrungswerten wird zusätzlich das allgemeine Aufmaß berücksichtigt, um ggf. einem unzureichenden Werkstoffauftrag durch den Laserauftragschweißprozess vorzubeugen [Frey07].

## *Energiemodell*

Unter der eingebrachten elektromagnetischen Strahlung sowie der Werkstückvorschubgeschwindigkeit und Zuführung des Drahts bildet sich die Auftragsraupe prozessspezifisch aus. Durch eine Analyse der Energieströme in der Prozesszone (vgl. Abbildung 5.9) und Beschreibung der physikalischen Gesetzmäßigkeiten werden die für das Laserauftragschweißen entscheidende Einflüsse bzw. die Wechselwirkung der wesentlichen Einflussfaktoren ermittelt. Vereinfachend kann ein stationärer Prozess angenommen werden, sodass Aufheiz- und Abkühlvorgänge nicht betrachtet werden [Frey07].

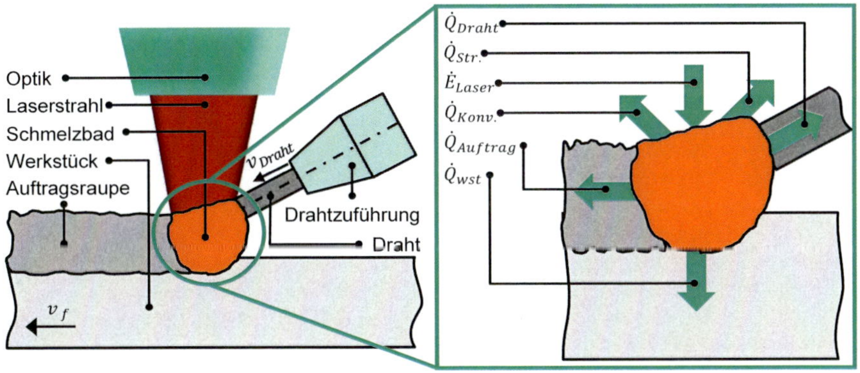


**Abbildung 5.9:** Energiebilanz des Laserauftragschweißprozesses nach FREYER [Frey07]

*Energy balancing of the laser deposition welding process according to FREYER*

Die Energiebilanz beinhaltet die Energieströme der absorbierten Laserstrahlleistung $\dot{E}_{Laser}$, den durch Konvektion abgeführten Wärmestrom $\dot{Q}_{Konv.}$, den durch elektromagnetische Strahlung abgeführten Wärmestrom $\dot{Q}_{Str.}$ sowie die konduktiven Wärmeströme in die Auftragsraupe $\dot{Q}_{Auftrag}$, das Werkstück $\dot{Q}_{wst}$ und den eingebrachten Draht $\dot{Q}_{Draht}$ und ergibt sich zu

$$0 = \dot{E}_{Laser} - \dot{Q}_{Konv.} - \dot{Q}_{Str.} - \dot{Q}_{Auftrag} - \dot{Q}_{wst} - \dot{Q}_{Draht}. \qquad 5.30$$

Die elektromagnetische Strahlung teilt sich beim Auftreffen auf der Werkstückoberfläche in die drei Komponenten Transmission T, Absorption A und Reflexion R auf [Beye95], [Popr03]:

$$1 = T + A + R \qquad 5.31$$

Mit dem lambert-beerschen Gesetz (vgl. S. 43) ergibt sich die optische Eindringtiefe $d_{opt}$ in Abhängigkeit von der Wellenlänge $\lambda$ und dem Extinktionskoeffizienten $k_e$, der die exponentielle Dämpfung des Strahlungsfelds im Werkstück berücksichtigt, zu

$$d_{opt} = \frac{\lambda}{4\,\pi\,k_e}. \qquad 5.32$$

Die durchschnittliche optische Eindringtiefe liegt bei den Wellenlänge von $\lambda_1 = 940$ nm $\lambda_2 = 980$ nm, $\lambda_3 = 1020$ nm und $\lambda_4 = 1064$ nm und dem jeweiligen Extinktionskoeffizienten für X37CrMoV5-1 (vgl. Tabelle 5.4) bei $d_{opt} = 19{,}29$ nm, sodass die Transmissionsrate der elektromagnetischen Strahlung im Rahmen dieser Arbeit aufgrund der hinreichenden Werkstückdicke vernachlässigt werden kann. Die Absorption kann nach dem Potentialtopf-Modell von Drude – auch für die flüssige Phase – beschrieben und in Abhängigkeit von der Wellenlänge mithilfe von den fresnelschen Formeln bei senkrechtem Einfall zu

$$A = 1 - \frac{(1-n)^2 + k_e^2}{(1+n)^2 + k_e^2}. \qquad 5.33$$

berechnet werden, wobei n den reellen Brechungsindex und $k_e$ den Extinktionskoeffizienten beschreiben [Beye95], [Popr03]. Diese werkstoffspezifischen Kennwerte sind abhängig von der Wellenlänge und lassen sich entweder rechnerisch bestimmen [Beye95], [Popr03] oder in Tabellenwerken ermitteln [Weav09]. Für die Bestandteile des Werkstoffs X37CrMoV5-1 ergibt sich beispielhaft mit den Wellenlängen 940 nm, 980 nm, 1020 nm und 1064 nm die folgende Tabelle 5.4. Die Gewichtung erfolgt dabei mithilfe von den Massenanteilen der Legierungskomponenten. Die detaillierten Werte sind ausführlich in Anhang A dargestellt. Bei paritätischer Gewichtung der Wellenlängen ergibt sich ein Absorptionsgrad von A = 0,367. Experimente haben einen Absorptionsgrad von A = 0,375 ergeben, sodass die Abweichung bei lediglich 2,18 % liegt. Diese Abweichung lässt sich aufgrund von der Oberflächenbeschaffenheit, der Temperatur, dem Einfallswinkel und der Polarisation der elektromagnetischen Strahlung erklären, die den Absorptionsgrad ebenfalls beeinflussen [Popr03].

**Tabelle 5.4:** Absorptionsgrad in Abhängigkeit von der Wellenlänge für X37CrMoV5-1
*Absorption coefficient as a function of the wavelength for X37CrMoV5-1*

| Wellenlänge [nm] | Brechungsindex n | Extinktionsindex $k_e$ | Absorptionsindex A |
|---|---|---|---|
| **940** | 3,21 | 3,98 | 0,378 |
| **980** | 3,24 | 4,08 | 0,370 |
| **1020** | 3,27 | 4,17 | 0,363 |
| **1064** | 3,31 | 4,28 | 0,355 |

Die zugeführte Laserleistung $\dot{E}_{Laser}$ ergibt sich damit aus dem Absorptionsgrad A und der Laserleistung $P_{Laser}$ zu

$$\dot{E}_{Laser} = A\, P_{Laser}. \tag{5.34}$$

Das stetig zugeführte Schutz- und Prozessgas wirkt beim Laserauftragschweißen als Transportmedium und verursacht damit die Konvektion. Die Fläche $A_{FE}$, die zu der Konvektion beiträgt (vgl. Gleichung 4.15), entspricht dem nicht abgeschirmten Teil des Schmelzbads und berechnet sich mit der Annahme eines kugelförmigen Schmelzbads und unter Berücksichtigung eines Abschirmungsfaktors $\gamma$ sowie dem Durchmesser der Schmelzbadkugel $d_{Schmelze}$ zu

$$A_{FE} = \gamma\, \pi\, d_{Schmelze}^2. \tag{5.35}$$

Zur Quantifizierung des Abschirmungsfaktors $\gamma$, mit dem die Abschirmung des Schmelzbads durch die vorhandenen Auftragsraupen und das Werkstück beschrieben sind, werden in Abbildung 5.10 die geometrischen Zusammenhänge skizziert. Ausgehend von dem halbkugelförmig angenäherten Schmelzbad lassen sich die einzelnen Bereiche in Summe zu einer Abschätzung von ca. 3/8 einer Kugel quantifizieren. Somit ergibt sich ein Abschirmungsfaktor von $\gamma = 0{,}375$.

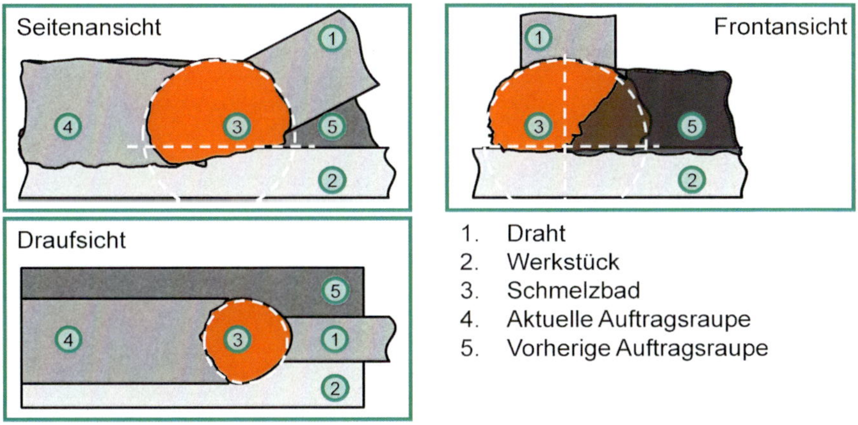


**Abbildung 5.10:** Abschirmung der konvektiv wirkenden Fläche
*Shielding of the convection relevant area*

Zur Berechnung des Wärmeübergangskoeffizienten $\alpha$ in der Grenzschicht müssen zunächst die Reynolds-Zahl und die Prandtl-Zahl bestimmt werden. Die Reynolds-Zahl Re ergibt sich aus der Strömungsgeschwindigkeit des umgebenden Gases $v_{Gas}$ und der vom Gas überströmte Strecke, die bei dem kugelförmigen Schmelzbad als Durchmesser der Schmelze $d_{Schmelze}$ angenommen werden kann [Rose12], und der kinematischen Viskosität $\nu$ zu

$$Re = \frac{v_{Gas}\, d_{Schmelze}}{\nu}. \qquad 5.36$$

Mit einer anwendungsbezogenen kritischen Reynolds-Zahl $Re_{krit}$ erfolgt eine Unterscheidung in laminare und turbulente Strömung. Für Reynolds-Zahlen $Re < Re_{krit}$ wird eine laminare und bei Reynolds-Zahlen $Re > Re_{krit}$ eine turbulente Strömung angenommen. Die Prandtl-Zahl ist ein in Tabellen nachschlagbarer Stoffwert, der von der Temperatur und dem Druck abhängig ist, und beschreibt den Quotienten der kinematischen Viskosität $\nu$ und der Temperaturleitfähigkeit $a_\vartheta$ (vgl. Gleichung 4.14) [Grot07], [Rose12], [Kram02]:

$$Pr = \frac{\nu}{a_\vartheta} \qquad 5.37$$

Der Wärmeübergangskoeffizient ergibt sich in Abhängigkeit von der Art der Strömung und der umströmten Geometrie. Der mittlere Wärmeübergangskoeffizient $\alpha_{Schmelze}$ für das ausströmende Schutz- und Prozessgas und einen kugelförmigen Körper wird für $0{,}7 < Pr < 380$ und $3{,}5 < Re < 80\,000$ mit der dynamischen Viskosität $\eta$ bei der Umgebungstemperatur $T_{Umgebung}$ und der Temperatur des Schmelzbads $T_{Schmelze}$ wie folgt beschrieben [Knee07]:

$$\alpha_{Schmelze} = \left( 2 + \left( 0{,}4\, Re^{\frac{1}{2}} + 0{,}06\, Re^{\frac{2}{3}} \right) Pr^{0{,}4} \left( \frac{\eta(T_{Umgebung})}{\eta(T_{Schmelze})} \right)^{\frac{1}{4}} \right) \frac{\lambda_{Gas}}{d_{Schmelze}} \qquad 5.38$$

Diese Gleichung ist durch die Wärmeleitfähigkeit des umströmenden Gases $\lambda_{Gas}$ und den Durchmessers des Schmelzbads $d_{Schmelze}$ an den Laserauftragschweißprozess angepasst. Zusammenfassend ergibt sich die mathematische Beschreibung des Wärmestroms durch Konvektion mit der Schmelzbadtemperatur $T_{Schmelze}$ und der Temperatur des Schutz- und Prozessgases $T_{Umgebung}$ zu

$$\dot{Q}_{Konv.} = \gamma\, \pi\, d_{Schmelze}^2\, \alpha_{Schmelze} \left( T_{Schmelze} - T_{Umgebung} \right). \qquad 5.39$$

Durch die erhöhte Temperatur des Schmelzbads wird durch dieses elektromagnetische Strahlung emittiert. Analog zur Bestimmung der Konvektion wird das Schmelzbad hierbei als kugelförmig angenähert und die Strahlung durch bereits vorhandene Auftragsraupen, das Werkstück und den Draht abgeschirmt, sodass zur Berechnung der Wärmestrahlung der bereits bestimmte Abschirmungsfaktor $\gamma$ genutzt werden kann. Mithilfe von dem Stefan-Boltzmann-Gesetz (Gleichung 4.10) und bei Vernachlässigung von Absorption und Reflexion durch das Schutz- und Prozessgas sowie der Annahme, dass die Schmelzbadoberfläche sehr viel kleiner als die reflektierenden Flächen der Umgebung ist, kann die Wärmestrahlung in Abhängigkeit von dem Durchmesser des Schmelzbads $d_{Schmelze}$, der Stefan-Boltzmann-Konstante $\sigma$, der Emissionsrate $\varepsilon_{Werkstoff}$, dem Abschirmungsfaktor $\gamma$ und der Temperatur der Schmelze $T_{Schmelze}$ und der Temperatur der Umgebung $T_{Umgebung}$ bestimmt werden [Nöke97]:

$$\dot{Q}_{Str.} = \gamma\ \pi\ d_{Schmelze}^2\ \varepsilon_{Werkstoff}\ \sigma\ \left(T_{Schmelze}^4 - T_{Umgebung}^4\right) \quad 5.40$$

Die weiteren Energieströme beruhen auf der Wärmeleitung in die Auftragsraupe, das Werkstück und den Draht. Der Energiestrom in die Auftragsraupe ergibt sich aus dem Zusammenhang der zugeführten Masse und der Enthalpie des aufgetragenen Werkstoffs. Da Schmelzbadauswürfe und Dampfpartikel vernachlässigt werden, entspricht die zugeführte Masse auch der Masse der Auftragsraupe (vgl. Gleichung 5.21), daher kann dieser Massenstrom als ein Wärmeübertrager betrachtet werden [Böck11]. Demnach wird dieselbe Menge Wärme, die zum Erwärmen und Aufschmelzen des Drahts benötigt wird, auch durch die Auftragsraupe wieder abgeführt. Der Wärmestrom ergibt sich damit aus dem Unterschied der inneren Energie bezogen auf den Draht bzw. die Auftragsraupe während des Prozesses [Böck11]. Der Wärmestrom der Auftragsraupe $\dot{Q}_{Auftrag}$ entspricht demnach dem Produkt des Massenstroms des Zusatzwerkstoffs $\dot{m}_{Draht}$ und der Differenz der Enthalpien der Liquidustemperatur $h_{Liquidus}$ und der Umgebungstemperatur $h_{Umgebung}$ bzw. dem Produkt der spezifischen Wärmekapazität $c_p$ mit den jeweiligen Temperaturen $T_{Solidus}$ und $T_{Umgebung}$ und der Schmelzenthalpie $\Delta h_{Schmelz}$:

$$\begin{aligned}\dot{Q}_{Auftrag} &= \dot{m}_{Draht}\left(h_{Liquidus} - h_{Umgebung}\right)\\ &= \dot{m}_{Draht}\left[c_p\ \left(T_{Solidus} - T_{Umgebung}\right) + \Delta h_{Schmelz}\right]\end{aligned} \quad 5.41$$

Aufgrund der stationären Betrachtung des Laserauftragschweißprozesses muss bei der Wärmeleitung in das Werkstück berücksichtigt werden, dass wegen der Relativbewegung eine asymmetrische Temperaturverteilung entsteht (vgl. Abbildung 5.11) [Popr03], [Beye95]. Ausgehend von der allgemeinen Wärmeleitungsgleichung in differentieller Form mit Berücksichtigung eines konvektiven Terms $\vec{\nabla}(\rho_{wst}\ c_p\ T\ \vec{v_f})$ mit konstanter Vorschubgeschwindigkeit $\vec{v_f}$, der Dichte des Werkstücks $\rho_{wst}$, der spezifischen Wärmekapazität $c_p$, der Temperatur T und der Temperaturleitfähigkeit $a_\vartheta$ gilt [Popr03], [Beye95], [Hoff98]:

$$\rho_{wst}\ c_P\ \frac{\partial T}{\partial t} = \vec{\nabla}\left(\rho_{wst}\ c_P\ a_\vartheta\ \vec{\nabla}\ T\right) + Q_W(x,y,z,t) + \vec{\nabla}\ \left(\rho_{wst}\ c_P\ T\ \vec{v_f}\right) \quad 5.42$$

Der Term $\rho_{wst}\ c_p\ (\partial T/\partial t)$ entspricht der zeitlichen Änderung der Energie, $\vec{\nabla}\ (\rho_{wst}\ c_p\ a\ \ \vec{\nabla}\ T)$ beschreibt die Differenz zwischen ein- und austretenden Wärmeströmen und $Q_W(x, y, z, t)$ den Wärmequellterm. Um eine analytische Lösung dieser dreidimensionalen parabolischen Differentialgleichung zu ermöglichen, wird vereinfachend angenommen, dass die temperaturabhängigen Größen Dichte und spezifische Wärmekapazität konstant sind und der Wärmequellterm als Punktquelle ohne flächenmäßige Ausdehnung mit $\delta_x$, $\delta_y$ und $\delta_z$ idealisiert. Mit dem zugeführten Wärmestrom $\dot{Q}_{wst}$ ergibt sich damit für den Wärmequellterm $Q_W(x, y, z, t)$ der folgende Zusammenhang [Popr03], [Beye95]:

$$Q_W(x,y,z,t) = \dot{Q}_{wst}\delta_x\ \delta_y\ \delta_z \quad 5.43$$

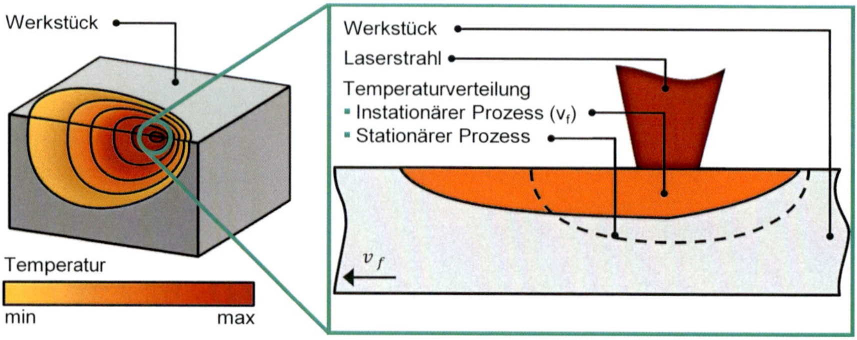


**Abbildung 5.11:** Temperaturverteilung durch Wärmeleitung in dem Werkstück nach BEYER [Beye95]

*Temperature distribution by heat conduction within the work piece according to BEYER*

Die Temperaturverteilung kann mit einer mathematischen Faltung, einer Produktbildung mit einer Integration, von einer greenschen Funktion und dem Quellterm erfolgen, sodass sich für den stationären Fall

$$T(x,y,z) - T_{Umgebung} = \frac{2\,\dot{Q}_{wst}}{\rho_{wst}\,c_p}\,\frac{1}{4\,\pi\,a_\vartheta\,r}\,e^{-\frac{|v_f|r - v_f x}{2\,a_\vartheta}} \qquad 5.44$$

mit dem Parameter $r=\sqrt{x^2+y^2+z^2}$ ergibt. Für eine detaillierte Herleitung sei an dieser Stelle auf POPRAWE [Popr03] sowie BEYER [Beye95] verwiesen. Nach Umformung und Einsetzen der bekannten Temperatur auf dem Radius des Schmelzbads ($T_{Solidus}$) für x = 0, y $=d_{Schmelze}/2$ und z = 0 ergibt sich der Wärmestrom in das Werkstück zu

$$\dot{Q}_{wst} = \left(T_{Solidus} - T_{Umgebung}\right)\rho_{wst}\,c_p\,\pi\,d_{Schmelze}\,a_\vartheta\,e^{\frac{v_f\,d_{Schmelze}}{4\,a_\vartheta}}. \qquad 5.45$$

Der Wärmestrom in den Draht erfolgt über dessen Querschnittsfläche und kann als stationär beschrieben werden, sodass bei konstanter Laserleistung die Temperatur am Übergang von dem Schmelzbad in den Draht konstant ist. Aufgrund des geringen Drahtdurchmessers wird die Wärmeleitung im Draht als eindimensional angenommen (vgl. Gleichung 4.12). Bei Berücksichtigung des Drahtdurchmessers $d_{Draht}$, der Wärmeleitfähigkeit λ und der Temperaturdifferenz ∂T/∂x gilt im Übergangspunkt des Schmelzbads in den Draht, der als Koordinatenursprung festgelegt wird [Böck11], [Knee07]:

$$\dot{Q}_{Draht} = \pi\,\frac{{d_{Draht}}^2}{4}\,\lambda\,\frac{\partial T}{\partial x}\bigg|_{x=0} \qquad 5.46$$

Zur Berechnung des Wärmestroms wird der Draht als zylindrischer Stab betrachtet und kann somit als sog. Rippe aufgefasst werden. Die zugeführte Wärme wird konvektiv über die Oberfläche des Drahts wieder an die Umgebung abgeführt, sodass für einen infinitesimalen Rippenausschnitt bei Vernachlässigung der Drahtvorschubgeschwindigkeit gilt [Böck11], [Knee07]:

$$0 = \lambda\,\pi\,\frac{{d_{Draht}}^2}{4}\,\frac{\partial^2 T(x)}{\partial x^2} - \pi\,d_{Draht}\,\alpha\,\big(T(x) - T_{Umgebung}\big) \tag{5.47}$$

Somit ergibt sich eine Differentialgleichung zweiter Ordnung mit der Wärmeleitfähigkeit $\lambda$, der Fläche des Drahtquerschnitts, der lokalen Drahttemperatur T(x), der Umgebungstemperatur $T_{Umgebung}$, dem Umfang des Drahts und dem Wärmeübergangskoeffizienten $\alpha$. Umformung und Substitution von $T(x)-T_{Umgebung}$ mit $\theta(x)$ führt zu folgender Gleichung:

$$0 = \frac{\partial^2 \theta(x)}{\partial x^2} - \frac{4\,\alpha}{\lambda\,d_{Draht}}\,\theta(x) \tag{5.48}$$

Mit dem allgemeinen Lösungsansatz einer Differentialgleichung zweiter Ordnung in Abhängigkeit von den Parametern $a_1$ und $a_0$

$$0 = \frac{\partial^2 y(x)}{\partial x^2} + a_1\,\frac{\partial y(x)}{\partial x} + a_0\,y(x) \tag{5.49}$$

ergibt sich die allgemeine Lösungsfunktion y(x) mit den Parametern $\mu_1$ und $\mu_2$

$$y(x) = C_1 e^{\mu_1 x} + C_2 e^{\mu_2 x}$$

mit

$$\mu_{1,2} = -\frac{a_1}{2} \pm \sqrt{\frac{{a_1}^2}{4} - a_0}, \tag{5.50}$$

wobei ein Koeffizientenvergleich zu $a_1 = 0$ und damit $\mu_1 = -\mu_2$ und $a_0 = -\frac{4\,\alpha}{\lambda\,d_{Draht}}$ führt. Mit den Randbedingungen x = 0 und $\theta = \theta_0$ sowie x = L und $\theta = 0$, wobei L die Auskragungslänge des Drahts ist, folgen mit der Lösungsfunktion

$$\theta(x) = C_1 e^{\mu_1 x} + C_2 e^{\mu_2 x} \tag{5.51}$$

die Parameter $C_1$ und $C_2$ zu

$$C_1 = -\frac{\theta_0\,e^{\mu_2 L}}{e^{\mu_1 L} - e^{\mu_2 L}} \text{ und } C_2 = \theta_0 + \frac{\theta_0\,e^{\mu_2 L}}{e^{\mu_1 L} - e^{\mu_2 L}}. \tag{5.52}$$

Die erste Ableitung zur Bestimmung der Wärmeleitung an der Stelle x = 0 berechnet sich zu

$$\left.\frac{\partial \theta(x)}{\partial x}\right|_{x=0} = C_1\,\mu_1 + C_2\,\mu_2 = (C_1 - C_2)\,\mu_1. \tag{5.53}$$

Der Wärmestrom in den Draht an der Stelle x = 0 entspricht demnach

$$\dot{Q}_{Draht} = \pi\,\frac{{d_{Draht}}^2}{4}\,\lambda\,(C_1 - C_2)\,\mu_1. \tag{5.54}$$

Die Drahtlänge L wird durch die Auskragung des Drahts aus der Drahtzuführungsdüse bestimmt, da einerseits die Drahtzuführungsdüse, die üblicherweise aus Kupfer gefertigt wird, als große Wärmesenke angenommen werden kann, sodass der Draht an dieser Stelle die Temperatur der Umgebung annimmt, und andererseits nur in diesem Bereich Konvektion vorliegen kann.

Basierend auf der Modellierung der Energieströme ist es möglich bei Kenntnis der Einflussfaktoren die Ergebnisgrößen vollständig mathematisch zu beschreiben. Unter Berücksichtigung einer Drahtvorschubgeschwindigkeit von $v_{Draht} = 600$ mm $min^{-1}$ und einer Werkstückvorschubgeschwindigkeit von $v_f = 400$ mm $min^{-1}$ sowie einer Schmelzbadtemperatur $T_{Schmelz} = 2750$ °C ergibt sich eine notwendige effektive Laserleistung von 255,4 W. Bei einem Absorptionsgrad von A = 0,367 für X37CrMoV5-1 beträgt die Laserleistung demnach 696 W und die Energieströme teilen sich wie folgt auf: Die Wärmeleitung in das Werkstück beträgt 68,40 % des gesamten Energiestroms, wohingegen die Wärmeleitung in die Auftragsraupe bei 30,53 % liegt. Die übrigen Energieströme betragen zusammen lediglich 1,07 % und teilen sich zu 0,25 % in die Wärmeleitung in den Draht, 0,76 % in die Strahlung des Schmelzbads und nur zu 0,06 % in Form von Konvektion auf. Die zur Berechnung verwendeten Stoffkennwerte sind vollständig im Anhang B dargestellt.

### 5.2.2 Wärmebehandlung

*Heat Treatment*

Die ressourcenbezogenen Modellierungen der Wärmebehandlung erfolgen ebenfalls für den bauteilbezogenen Stoffstrom mit einem Stoffmodell und für die Prozessenergie mit einem Energiemodell. Bei dem Stoffmodell erfolgt eine qualitative Beschreibung der Gefügeänderungen des bauteilbezogenen Stoffstroms. Eine mathematische Beschreibung der Gefügeänderungen ist vor dem Hintergrund einer Ressourcenbetrachtung nicht zweckmäßig. Anschließend werden bei dem Energiemodell alle unmittelbar in der Prozesszone vorhandenen Energieströme anhand einer Energiebilanz mit ihren jeweiligen physikalischen Gesetzmäßigkeiten beschrieben.

#### *Stoffmodell*

Durch einen definierten Zeit-Temperatur-Verlauf wird das Gefüge des Werkstücks gezielt verändert, um Eigenschaften wie Härte und Festigkeit einzustellen. Das Ziel ist hierbei nicht die Änderung der geometrischen Eigenschaften und Merkmale des Werkstücks. Aufgrund der hohen Abkühlrate bei dem vorgelagerten Laserauftragschweißen (vgl. S. 20) liegt ein feinkörniges martensitisches Gefüge mit großen Eigenspannungen vor. Um das Ergebnis im Anschluss an die trennende Nachbearbeitung zu verbessern, werden die Eigenspannungen vor diesem Prozess mit dem Spannungsarmglühen reduziert. Der hierzu definierte Zeit-Temperatur-Verlauf sieht eine definierte Aufheizrate, das Halten auf einer definierten Temperatur und eine definierte Abkühlrate vor. Die definierte Aufheizrate reduziert die Gefahr von Rissen, die durch eine ungleichmäßige Ausdehnung beim Erwärmen entstehen können. Beim Halten der Temperatur in einem Bereich unterhalb von Ac1, der Umwandlungstemperatur, die bei Stahl bei 723 °C liegt, kommt es zum plastischen Fließen, ohne dass es zu Änderungen des Gefüges, z. B. durch Austenitbildung, kommt. Daher liegt nach dem Halten in diesem Temperaturbereich weiterhin martensitisches Gefüge vor, das aufgrund des plastischen Fließens aber geringere Eigenspannungen aufweist [Frey07], [Zoch15]. Die definierte Abkühlrate wiederum verhindert die Entstehung von thermisch induzierten Eigenspannungen.

## *Energiemodell*

Die Prozessenergie des Spannungsarmglühens wird in Form von Wärme zugeführt, wobei für die Wärmeübertragung die Konvektion, Wärmestrahlung und Wärmeleitung in das Werkstück relevant sind (vgl. Abbildung 5.12). Die Wärme wird über die Wände oder freiliegende Heizelemente des Ofens mittels Konvektion und Strahlung abgegeben, von der Werkstückoberfläche absorbiert und durch Wärmeleitung in das Innere des Werkstücks geleitet. Die Energiebilanz für einen infinitesimalen Oberflächenausschnitt mit den Abmessungen dl und db ergibt sich mit dem konvektiven Wärmestrom $\dot{Q}_{Konv.}$, der Wärmestrahlung $\dot{Q}_{Str.}$ und der Wärmeleitung in das Werkstück $\dot{Q}_{wst}$ [Kram02], [Böck11], [Mare15]:

$$0 = \dot{Q}_{Konv.} \pm \dot{Q}_{Str.} - \dot{Q}_{wst} \qquad 5.55$$

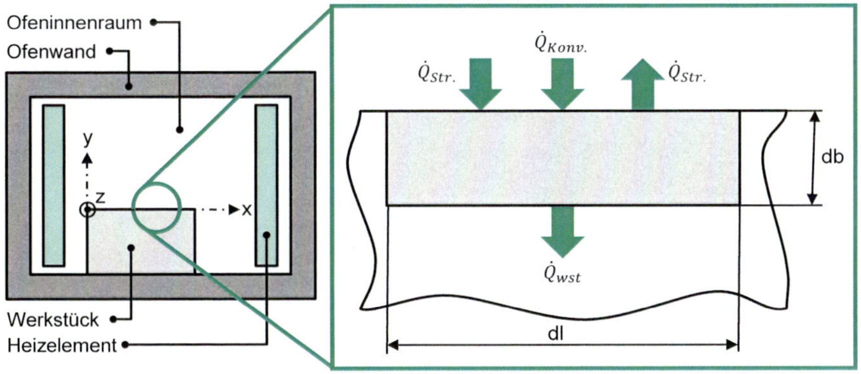


**Abbildung 5.12:** Elemente eines Ofens und Energiebilanz an einem infinitesimalen Oberflächenausschnitt

*Elements of a furnace and energy balance of an infinitesimal segment of the surface*

Die Konvektion berechnet sich basierend auf der Gleichung 4.15, wobei bei einem Ofen grundsätzlich zwischen freier und erzwungener Konvektion sowie zwischen laminarer und turbulenter Strömung unterschieden werden muss. Diese Eigenschaften beeinflussen jeweils die Wärmeübergangszahl $\alpha$ [Kram02]. Eine erzwungene Konvektion entsteht, wenn die Strömung durch äußere Kräfte, wie z. B. in diesem Fall durch einen Lüfter, hervorgerufen wird. Eine Unterscheidung hinsichtlich der laminaren oder turbulenten Strömung erfolgt anhand der bereits vorgestellten kritischen Reynolds-Zahl in Abhängigkeit von der Geometrie des Werkstücks. Die Wärmeübergangszahl für eine erzwungene laminare Strömung $\alpha_{e,lam.}$ berechnet sich mit der Reynolds-Zahl Re, der Prandtl-Zahl Pr, und der Wärmeleitfähigkeit $\lambda$ des Gases bei einer überströmten Länge l mit [Grot07]:

$$\alpha_{e,lam.} = 0{,}664\ Re^{0{,}5} Pr^{\frac{1}{3}} \frac{\lambda}{l} \tag{5.56}$$

Für abweichende Geometrien liegen umfangreiche Tabellenwerke vor [VDI06]. Bei freier Konvektion, z. B. bei abgeschaltetem Lüfter, entsteht die Strömung durch den temperaturbedingten Dichtegradienten des Gases. Der Wärmeübergangskoeffizient ist dabei ebenfalls von der Geometrie des Werkstücks abhängig und kann numerisch oder mithilfe von Berechnungsformeln und Tabellenwerken bestimmt werden [Grot07], [VDI06]. In dem betrachteten Fall des Ofens kann von einer erzwungenen Konvektion ausgegangen werden, sofern kein technisches Vakuum vorherrscht, bei dem die Wärmeübertragung durch Konvektion vernachlässigbar ist.

Bei der Betrachtung der Wärmestrahlung muss berücksichtigt werden, dass sich das Werkstück im Ofen befindet und Reflexionen zwischen der Fläche des Ofeninnenraums und dem Werkstück stattfinden. Die Werkstückoberfläche und die Fläche des Ofeninnenraums sind von ähnlicher Größenordnung, sodass die Reflexionen im Gegensatz zum Laserauftragschweißen, bei dem die Fläche des Schmelzbads deutlich kleiner als die umgebenden Oberflächen ist, nicht vernachlässigbar sind. Damit resultiert die vom Werkstück ausgehende Wärmestrahlung $\dot{Q}_{Str.,wst}$ aus der temperaturbedingten Wärmestrahlung $\dot{Q}_{wst,Emission}$ und der reflektierten Wärmestrahlung des Ofeninnenraums $\dot{Q}_{Ofen,Reflexion}$ zu

$$\dot{Q}_{Str.,wst} = \dot{Q}_{wst,Emission} + \dot{Q}_{Ofen,Reflexion}. \tag{5.57}$$

Die Wärmestrahlung des Ofeninnenraums $\dot{Q}_{Str.,Ofen}$ berechnet sich zusätzlich zu der emittierten Wärmestrahlung $\dot{Q}_{Ofen,Emission}$ der Wände bzw. Heizelemente und der von dem Werkstück reflektierten Wärmestrahlung $\dot{Q}_{wst,Reflexion}$ mit der vom Werkstück nicht absorbierten und an den Wänden wieder reflektierten Wärmestrahlung $\dot{Q}_{Ofen,Reflexion}$ zu

$$\dot{Q}_{Str.,Ofen} = \dot{Q}_{Ofen,Emission} + \dot{Q}_{wst,Reflexion} + \dot{Q}_{Ofen,Reflexion}. \tag{5.58}$$

Mit dem kirchhoffschen Gesetz (Gleichung 4.9) und dem Stefan-Boltzmann-Gesetz (Gleichung 4.10) ergibt sich für die Wärmeübertragung durch Strahlung $\dot{Q}_{Str.}$ mit den werkstoffspezifischen Emissionskoeffizienten $\varepsilon_{Werkstoff}$ und $\varepsilon_{Ofen}$ sowie den Oberflächen des Werkstücks $A_{wst}$ und des Ofeninnenraums $A_{Ofen}$ und der Stefan-Boltzmann-Konstanten $\sigma$ mit $5{,}67 \cdot 10^{-8}\ J\ s^{-1}\ m^{-2}\ K^{-4}$ und den Temperaturen des Werkstücks $T_{Werkstück}$ und der Wände $T_{Ofen}$ zu

$$\dot{Q}_{Str.} = \frac{1}{\frac{1}{\varepsilon_{Werkstoff}} + \frac{A_{wst}}{A_{Ofen}}\left(\frac{1}{\varepsilon_{Ofen}} - 1\right)}\ \sigma\ A_{wst}\left(T_{Werkstück}^4 - T_{Ofen}^4\right). \tag{5.59}$$

Der mathematische Zusammenhang wird in der Literatur ausführlich hergeleitet [Knee07], [Böck11], [Kram02].

Die Wärmeleitung in das Werkstück kann an einem infinitesimalen Oberflächenausschnitt mit den Längen dl und db mit dem fourierschen Gesetz (vgl. Gleichung 4.12) anhand der richtungsabhängigen Ableitung des dreidimensionalen Temperaturfelds beschrieben werden, wobei der Temperaturgradient jeweils in Richtung des Normalenvektors der Oberfläche gebildet wird

[Mare15], [Böck11], [Knee07]. Die Wärmeleitung in das Werkstück $\dot{Q}_{wst}$ ergibt sich mit der Wärmeleitfähigkeit λ, der betrachteten Fläche $A_i$ sowie mit dem richtungsabhängigen Temperaturgradienten ∂T/∂i zu

$$\dot{Q}_{wst} = -\lambda\, A_i\, \frac{\partial T}{\partial i}. \tag{5.60}$$

Aufgrund der Aufheiz- und Abkühlvorgänge der Wärmebehandlung ist die Wärmeleitung instationär und aufgrund der charakteristischen Stufenstruktur der bauteilbegrenzenden Oberfläche analytisch nur mit erheblichem Aufwand realisierbar. Alternative Ansätze sind numerische Verfahren, deren Grundlage die allgemeine Wärmeleitungsgleichung (Gleichung 5.42) ist. Das Prinzip der numerischen Berechnung wird im Folgenden an dem Beispiel des expliziten Differenzenverfahrens verdeutlicht. Hierzu erfolgt zunächst eine Beschränkung auf die eindimensionale Wärmeleitung; durch Addition können zusätzliche Dimensionen ergänzt werden. Aus der allgemeinen Wärmeleitungsgleichung resultiert mit der Temperatur T, der Zeit t, der als konstant angenommenen Temperaturleitfähigkeit $a_\vartheta$ und der Richtungskoordinate x folgende Gleichung [Böck11], [VDI06], [Zoch15]:

$$\frac{\partial T}{\partial t} = a_\vartheta \frac{\partial^2 T}{\partial x^2} \tag{5.61}$$

Durch Diskretisierung und Anwendung der Taylor-Reihe entsteht beim Differenzenverfahren ein nummerisch lösbares Gleichungssystem. In Abhängigkeit von der jeweils betrachteten Ableitung wird die Taylor-Reihe nach dem zweiten oder dritten Glied abgebrochen, wobei die zeitliche Ableitung durch eine Vorwärts-Differenz und die räumliche Ableitung durch eine Zentral-Differenz ersetzt werden, um die Temperatur an einem Punkt zu einem neuen Zeitpunkt von den Temperaturen der benachbarten Punkte des alten Zeitpunkts abhängig zu machen. Für die eindimensionale Wärmeleitungsgleichung gilt mit den Parametern i für den jeweiligen Ort und l für den jeweiligen Zeitpunkt [Böck11], [VDI06]:

$$\frac{T_{i,l+1} - T_{i,l}}{\Delta t} = a_\vartheta \frac{T_{i+1,l} - 2\,T_{i,l} + T_{i-1,l}}{(\Delta x)^2} \tag{5.62}$$

Mit der Umstellung nach der Temperatur des neuen Zeitpunkts l+1 lässt sich so der Temperaturverlauf basierend auf dem alten Zeitpunkts l schrittweise berechnen:

$$T_{i,l+1} = a_\vartheta \Delta t\, \frac{T_{i+1,l} - 2\,T_{i,l} + T_{i-1,l}}{(\Delta x)^2} + T_{i,l} \tag{5.63}$$

Unter Berücksichtigung der Wärmeleitung in die Richtungen der weiteren Dimensionen ergibt sich mit der Indizierung j und k für die weiteren Richtungen y und z [Böck11], [VDI06]:

$$\begin{aligned} T_{i,j,k,l+1} = a_\vartheta \Delta t \Bigg( &\frac{T_{i+1,j,k,l} - 2\,T_{i,j,k,l} + T_{i-1,j,k,l}}{(\Delta x)^2} + \frac{T_{i,j+1,k,l} - 2\,T_{i,j,k,l} + T_{i,j-1,k,l}}{(\Delta y)^2} \\ &+ \frac{T_{i,j,k+1,l} - 2\,T_{i,j,k,l} + T_{i,j,k-1,l}}{(\Delta z)^2} \Bigg) + T_{i,j,k,l} \end{aligned} \tag{5.64}$$

Durch Reduzierung des Abstands der diskreten Punkte kann der entstehende Diskretisierungsfehler minimiert werden, jedoch müssen Stabilitätsbedingungen eingehalten werden [Böck11]:

$$\Delta t \leq \frac{(\Delta x)^2}{2\,a_\vartheta},\ \Delta t \leq \frac{(\Delta y)^2}{2\,a_\vartheta} \text{ und } \Delta t \leq \frac{(\Delta z)^2}{2\,a_\vartheta} \tag{5.65}$$

Mit den spezifischen Randbedingungen eines Werkstücks sowie der jeweiligen Wärmebehandlung kann mit diesem expliziten Differenzenverfahren ein mehrdimensionaler Temperaturverlauf in einem Werkstück durch die Berechnung der Temperatur in einer Vielzahl von Punkten im Raum in Abhängigkeit von der Zeit bestimmt werden.

Falls Vereinfachungen hinsichtlich der Werkstückgeometrie oder Randbedingungen möglich sind, kann die Lösungsfunktion mit einer Fourierreihe und dimensionslosen Größen für eine konstante Ofenraumtemperatur analytisch gelöst werden. Für ein quaderförmiges Werkstück (vgl. Abbildung 5.12) ist die Wärmeleitung symmetrisch und das Temperaturfeld ergibt sich aus dem Produkt der Lösungen der jeweiligen eindimensionalen Differentialgleichungen [VDI06], [Mare15]. Für den Quader bedeutet dies, dass ein unendlich langer Balken mit einem zweidimensionalen Temperaturfeld betrachtet wird, der sich in einem Schnitt mit einer endlich ausgedehnten Platte befindet. Dadurch ist es möglich, die dimensionsbehaftete Wärmeleitungsgleichung mit dimensionslosen Kennzahlen zu lösen. Mithilfe von dimensionslosen Kennzahlen, wie z. B. der Fourier-Zahl oder der Biot-Zahl, können für einige Geometrien in Diagrammen Temperaturen abgelesen und daraus die übertragene Wärme berechnet werden [Mare15]. Aufgrund der Zeitabhängigkeit der Fourier-Zahl ist diese nur für längere Zeiten gültig ist, sodass für ein Werkstück aus X37CrMoV5-1 mit Abmessungen von 100 mm die Fourier-Bedingung erst ab einer Zeit von 379 s erfüllt ist. Für eine detaillierte Beschreibung dieses Vorgehens sei auf entsprechende Literatur verwiesen [Mare15], [Knee07], [VDI06].

Eine Betrachtung der übertragenen Wärme in das Werkstück durch Konvektion und Wärmestrahlung in Abhängigkeit von der Aufheiztemperatur zeigt den jeweils dominierenden Wärmestrom in das Werkstück. Aufgrund des langsamen Aufheizvorgangs von lediglich 100 $K\ h^{-1}$ wird eine konstante Temperaturdifferenz von 5 °C zwischen dem Ofeninnenraum bzw. den Wänden und dem Werkstück angenommen. In Abhängigkeit von dem Wärmeübergangskoeffizienten $\alpha$ stellt sich eine konstante Wärmeübertragung durch Konvektion ein. Bei einer angenommenen Strömungsgeschwindigkeit von 1 $m\ s^{-1}$ und Abmessungen von 100 mm ergibt sich ein Wärmeübergangskoeffizient von 16,76 $W\ m^{-2}\ K^{-1}$, sodass 83,82 $W\ m^{-2}$ übertragen werden. Ab einer Temperatur von ca. 322,14 °C übertrifft die Höhe der Wärmestrahlung die der Konvektion, wenn für die Werkstückoberfläche $A_{Wst}$ = 0,05 $m^2$ und die Fläche des Ofeninnenraums $A_{Ofen}$ = 0,3162 $m^2$ sowie für die Emissionskoeffizienten $\varepsilon_{Werkstoff}$ = 0,3508 und $\varepsilon_{Ofen}$ = 0,8 gelten. Bei der maximalen Temperatur von 600 °C erreicht die Wärmestrahlung 209,10 $W\ m^{-2}$.

### 5.2.3 Trennende Nachbearbeitung

*Material Removal Finishing*

Die ressourcenbezogenen Modellierungen der trennenden Nachbearbeitung erfolgen ebenfalls für den bauteilbezogenen Stoffstrom mit einem Stoffmodell und für die Prozessenergie mit einem Energiemodell. Bei dem Stoffmodell erfolgt eine Beschreibung der geometrischen Änderungen des bauteilbezogenen Stoffstroms durch eine mathematische Beschreibung bei einer schrittweisen Erweiterung des Betrachtungsrahmens, von einem einzelnen Span zu einer einzelnen Bahn und darauf basierend von einer einzelnen Fläche zu dem vollständigen Spanungsvolumen. Anschließend wird mit dem Energiemodell die mechanische Arbeit zur Spanabnahme in der Prozesszone beschrieben.

## *Stoffmodell*

Um die Herstellung von Fertigteilen mit komplexen Geometrien mit Freiformflächen betrachten zu können, wird im Rahmen dieser Arbeit für die trennende Nachbearbeitung mit dem Kugelkopffräser eine Werkzeuggeometrie gewählt, die eine hohe Geometriefreiheit ermöglicht. Hierzu wird der Eingriff eines Kugelkopffräsers in ein additiv gefertigtes Werkstück mit seiner charakteristischen Stufenstruktur und den Abmessungen $h_g$, $b_g$, und $l_g$ sowie dem Konturwinkel $\alpha$ betrachtet und geläufige Prozesskennwerte von Zerspanprozessen definiert (vgl. Abbildung 5.13). Die Zustellung $a_p$ bestimmt die Schnitttiefe des Werkzeugs, der Zahnvorschub $f_z$ ergibt sich aus der Schneidenanzahl z und Drehzahl n der Spindel sowie der Werkstückvorschubgeschwindigkeit $v_f$ und die seitliche Zustellung $a_e$ gibt die zerspante Zeilenbreite an [Kloc08b].

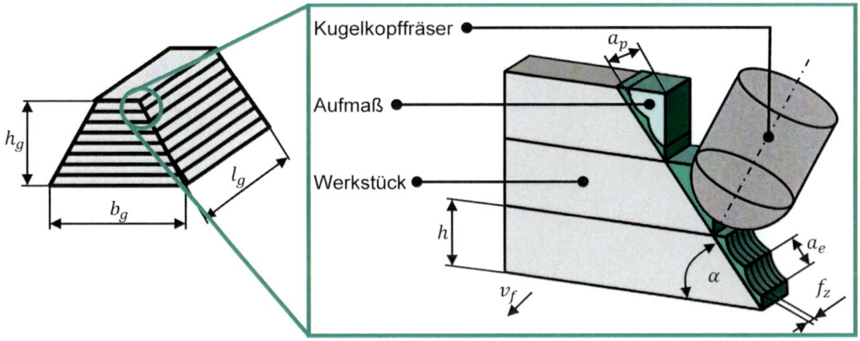


**Abbildung 5.13:** Prozessstellgrößen bei der trennenden Nachbearbeitung eines additiv gefertigten Werkstücks durch Fräsen

*Process variables for material removal finishing of an additively manufactured work piece by milling*

Zur geometrischen Beschreibung des Spanungsvolumens auf Basis eines einzelnen Spans erfolgt zunächst eine allgemeine mathematische Werkzeugbeschreibung des Kugelkopffräsers und dessen Eingriffsbedingungen, die maßgeblich von der Werkzeuggeometrie und der Werkzeugorientierung im Raum abhängig sind. Mit einem in den Mittelpunkt der namensgebenden Kugel des Werkzeugs gelegten Koordinatensystem kann die Werkzeuggeometrie mit einer parametrisierten Vektorschreibweise mit dem Radius $r_k$, dem Einstellwinkel $\kappa$, dem Eingriffswinkel $\varphi$ und dem Hilfsparameter u beschrieben werden. Die Parameterdarstellung der Kugelkoordinaten ergibt sich zu

$$\vec{K}(\varphi,\kappa,u) = \begin{pmatrix} u\, r_k \,\sin\kappa \,\sin\varphi \\ u\, r_k \sin\kappa \cos\varphi \\ -u\, r_k \,\cos\kappa \end{pmatrix} \tag{5.66}$$

mit den Bedingungen $0 \leq \kappa \leq \pi/2$, $0 \leq \varphi \leq 2\pi$ und $0 \leq u \leq 1$ [Hock96], [Mark05], [Hieu07]. Abbildung 5.14 zeigt das verwendete Koordinatensystem mit den eingeführten Parametern. Mit dem Radius $r_k$, dem Einstellwinkel $\kappa$ und dem Eingriffswinkel $\varphi$ kann jeder Punkt auf der Kugeloberfläche definiert beschrieben werden. Zur Beschreibung der innenhalb der Kugel liegenden Punkte wird der Hilfsparameter u verwendet.

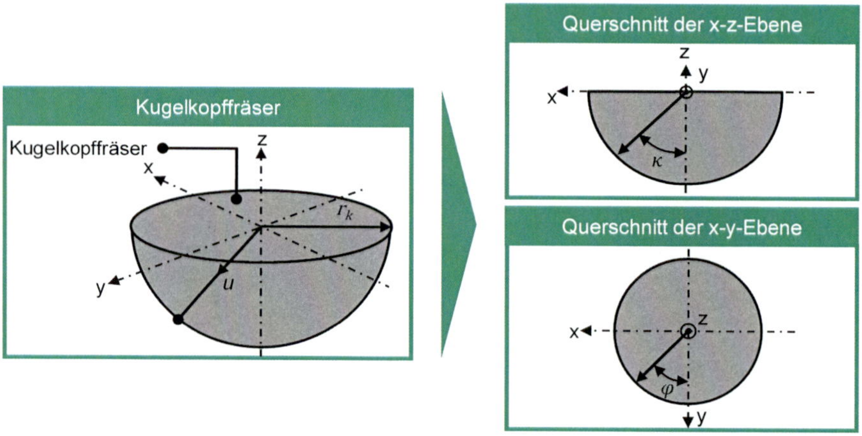


**Abbildung 5.14:** Parametrisierung des Kugelkopffräsers
*Parameterization of the ball end milling cutter*

Die Werkzeugorientierung beim 5-achsigen Fräsen wird durch zwei Anstellwinkel – einen Anstellwinkel $\beta_f$ in Vorschubrichtung und einen Anstellwinkel $\beta_{fn}$ normal zur Vorschubrichtung – beschrieben. Die mathematische Formulierung erfolgt mithilfe von einer Drehmatrix, die sich aus der Multiplikation von zwei Drehmatrizen mit den Anstellwinkeln, wie sie in Abbildung 5.15 dargestellt sind, und ergibt sich zu

$$D = \begin{pmatrix} \cos\beta_f & 0 & \sin\beta_f \\ \sin\beta_{fn}\sin\beta_f & \cos\beta_{fn} & -\sin\beta_{fn}\cos\beta_f \\ -\cos\beta_{fn}\sin\beta_f & \sin\beta_f & \cos\beta_f\,\cos\beta_{fn} \end{pmatrix}. \tag{5.67}$$

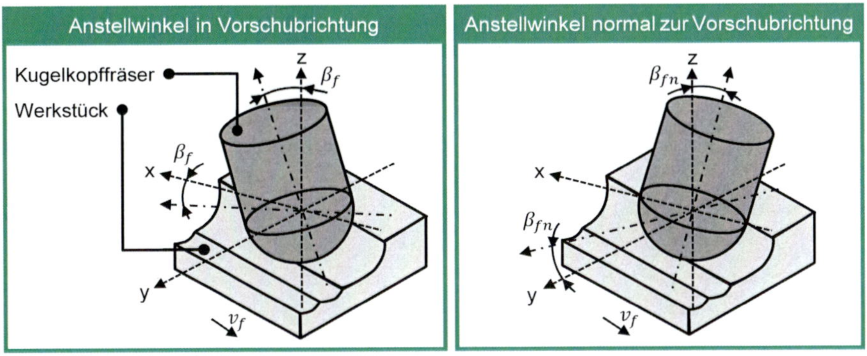


**Abbildung 5.15:** Anstellwinkel des Kugelkopffräsers

*Tilting angle of the ball end milling cutter*

Die Matrizenmultiplikation ist allerdings nicht kommutativ, sodass sich bei einer Vertauschung der Matrizen eine andere Drehmatrix entsteht; die Reihenfolge für die Multiplikation ist nicht einheitlich geregelt, sodass unterschiedliche allgemeine Drehmatrizen existieren [Arnt13]. Die Multiplikation der allgemeinen Drehmatrix mit dem Vektor des Kugelkopfwerkzeugs ergibt die Beschreibung der Orientierung des Kugelkopffräsers $\overrightarrow{K_a}$ im Raum zu

$$\overrightarrow{K_a}(\varphi,\kappa,u) = D\,\vec{K}(\varphi,\kappa,u) = \begin{pmatrix} u\,r_k(\cos\beta_f \sin\kappa\sin\varphi + \sin\beta_f\cos\kappa) \\ u\,r_k(\sin\beta_{fn}\sin\beta_f\sin\kappa\sin\varphi + \cos\beta_{fn}\sin\kappa\cos\varphi - \sin\beta_{fn}\cos\beta_f\cos\kappa) \\ u\,r_k(-\cos\beta_{fn}\sin\beta_f\sin\kappa\sin\varphi + \sin\beta_f\sin\kappa\cos\varphi + \cos\beta_f\cos\beta_{fn}\cos\kappa) \end{pmatrix} \quad 5.68$$

mit den Bedingungen $0 \leq \kappa \leq \pi/2$, $0 \leq \varphi \leq 2\pi$ und $0 \leq u \leq 1$.

Um das Zerspanvolumen zu beschreiben, müssen die Eingriffsbedingungen des Werkzeugs betrachtet werden. Für diese werden allgemein gültige Kenngrößen von Zerspanprozessen wie die Spanungsdicke, Spanungsbreite, Zustellung, Zahnvorschub, Eingriffswinkel oder Radius des Kugelkopffräsers verwendet [Kloc08b]. Die veränderlichen geometrischen Kenngrößen lassen sich in Abhängigkeit von den Winkelbeziehungen über die Schneidkante beschreiben [Hock96], [Urba09], [Hieu07], [Arnt13].

Bei der Zerspanung bildet sich ein doppelkommaförmiger Span (vgl. Abbildung 5.16), der durch eine Krümmung in Umfangsrichtung zum Werkstück und in Richtung der Werkzeugschneidkante gekennzeichnet ist, sodass der Span durch vier Eckpunkte und sechs Grenzkurven definiert ist. Die Anstellwinkel sind aus Gründen der Übersichtlichkeit mit dem Winkel $\beta$ zusammengefasst; die Anstellung kann trotzdem in und quer zur Vorschubrichtung vorliegen. In Abhängigkeit von dem Einstellwinkel $\kappa$ und dem Eingriffswinkel $\varphi$ können die Kenngrößen beschrieben werden, wobei sich der Einstellwinkel in Abhängigkeit von dem Eingriffswinkel ändert. Hieraus ergeben sich der Schneideneintritt $\kappa_e(\varphi,\beta)$ und -austritt $\kappa_a(\varphi,\beta)$ und somit die Schnittlänge $\kappa_c(\varphi,\beta)$. Des Weiteren ist der Schnittwinkel $\varphi_c(\kappa,\beta)$ und die daraus resultierende Schnittbogenlänge für einzelne Schneidenpunkte unterschiedlich, sodass die Spanungsdicke h(φ,κ,β) neben dem Eingriffs- und Einstellwinkel auch vom Schnittwinkel $\varphi_c$ abhängig ist. Die seitliche Zustellung $a_e$, die Schnitttiefe $a_p$ sowie die Vorschubgeschwindigkeit $v_f$ beschreiben die weiteren Einflussfaktoren [Hock96], [Urba09].

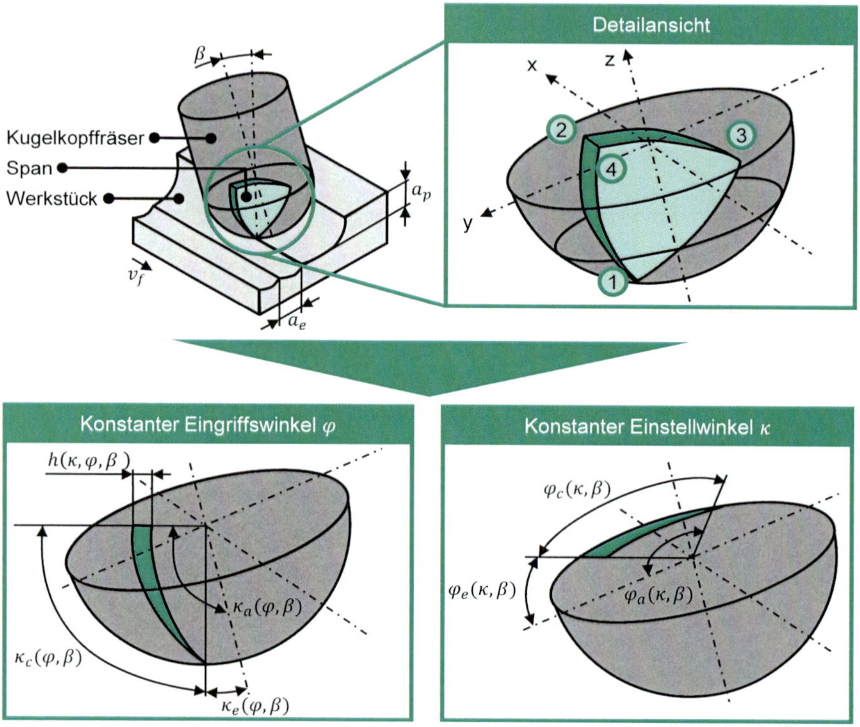


**Abbildung 5.16:** Eingriffsbedingungen eines angestellten Kugelkopffräsers [Hock96]
*Contact conditions of a tilted ball end milling cutter*

Bei der Bestimmung der geometrischen Kenngrößen wird die translatorische Vorschubbewegung während des Schneideneingriffs vernachlässigt, sodass die Schneide lediglich einer rotatorischen und keiner zykloidischen Bahn folgt. Für Eingriffswinkel κ > 1° – also außerhalb des Zentrums des Fräswerkzeugs – ist diese Vereinfachung hinreichend genau, wobei ein Eingriff in diesem Bereich wegen des hohen Verschleißes durch geringe lokale Schnittgeschwindigkeiten und Spanungsdicken üblicherweise ohnehin vermieden wird [Urba09], [Biek91], [Arnt13]. Daneben wird ein eventueller Drallwinkel des Werkzeugs üblicherweise vernachlässigt [Urba09].

Zur Bestimmung der jeweiligen Eingriffs- und Einstellwinkel wird neben dem Werkzeug auch die entstehende Oberfläche in Form einer Fräsrille und des Werkstücks betrachtet. Im Folgenden wird die parametrisierte Beschreibung und das Gleichungssystem zur Berechnung der Eingriffs- und Einstellwinkel umrissen. Für die vollständige Herleitung und Vertiefung sei auf entsprechende Literatur verwiesen [Hock96].

Die Grundlage für die parametrisierte Beschreibung der Fräsrille ist die Enveloppenbedingung, nach der die Oberflächennormale senkrecht zur Vorschubrichtung stehen muss und damit die Beschreibung der Oberfläche in Bezug auf das Werkzeug ermöglicht. Demnach muss das Skalarprodukt aus dem Normalenvektor und dem Vorschubvektor null ergeben [Hock96], [Mark05]:

$$\left(\frac{\partial \overrightarrow{K_a}}{\partial \varphi} \times \frac{\partial \overrightarrow{K_a}}{\partial \kappa}\right) \vec{f} = 0, \qquad 5.69$$

wobei $\left(\frac{\partial \overrightarrow{K_a}}{\partial \varphi} \times \frac{\partial \overrightarrow{K_a}}{\partial \kappa}\right)$ den Normalenvektor des Werkzeugs und $\vec{f}$ den Vorschubvektor, der bei einem Vorschub in positiver x-Richtung $\vec{f} = \begin{pmatrix} 1 \\ 0 \\ 0 \end{pmatrix}$ entspricht, beschreiben. Daraus resultiert für einen beliebig angestellten Kugelkopffräser für den Vektor der Fräsrille $\overrightarrow{F_{K,a}}$

$$\overrightarrow{F_{K,a}}(\varphi, v) = \begin{pmatrix} v \\ r_k(\sin\beta_{fn}\sin\beta_f\sin\kappa\sin\varphi + \cos\beta_{fn}\sin\kappa\cos\varphi - \sin\beta_{fn}\cos\beta_f\cos\kappa) \\ r_k(-\cos\beta_{fn}\sin\beta_f\sin\kappa\sin\varphi + \sin\beta_f\sin\kappa\cos\varphi + \cos\beta_f\cos\beta_{fn}\cos\kappa) \end{pmatrix} \qquad 5.70$$

mit $0 \leq \kappa \leq \pi/2$ und $0 \leq \varphi \leq 2\pi$, wobei v die Ausdehnung der Fräsrille in x-Koordinate, $\beta_f$ die Anstellung in Vorschubrichtung, $\beta_{fn}$ die Anstellung quer zur Vorschubrichtung, $\varphi$ den Eingriffswinkel und $r_k$ den Radius des Kugelkopffräsers beschreiben [Hock96]. Basierend auf der Enveloppenbedingung (vgl. Gleichung 5.69) kann der Einstellwinkel $\kappa$ in Abhängigkeit von dem Anstellwinkel in Vorschubrichtung $\beta_f$ und quer zur Vorschubrichtung $\beta_{fn}$ sowie dem Eingriffswinkel $\varphi$ wie folgt beschrieben werden [Hock96]:

$$\kappa = \tan^{-1}\left(\frac{\sin\beta_f\ \cos\beta_{fn}}{\sin\varphi\cos\beta_f + \cos\varphi\ \sin\beta_f\ \sin\beta_{fn}}\right) \qquad 5.71$$

Da die Spanabnahme nicht nur in Bezug auf die Fräsrille, sondern auch das noch unbearbeitete Material erfolgt, ist eine Beschreibung der Werkstückoberfläche $\overrightarrow{W_K}$ erforderlich. Diese kann mit der Ausdehnung der Fräsrille v in x-Richtung, der Höhe der Werkstückkante w und in z-Richtung mit der Differenz der Zustellung $a_p$ und dem Werkzeugradius $r_k$ beschrieben werden [Hock96]:

$$\overrightarrow{W_K}(v, w) = \begin{pmatrix} v \\ w \\ a_p - r_k \end{pmatrix} \qquad 5.72$$

Da sich die Eingriffs- und Einstellwinkel auf die Grenzkurven zwischen den Punkten 1-2, 2-3 und 1-3 beziehen (vgl. Abbildung 5.16), lässt sich für jede Grenzkurve ein spezifischer Einstellwinkel $\kappa_{1,2}$, $\kappa_{2,3}$ und $\kappa_{1,3}$ berechnen. In Abhängigkeit von der Werkzeuganstellung beschreibt jeweils einer der drei berechneten Einstellwinkel den Schneideneintritt $\kappa_e$ bzw. -austritt $\kappa_a$. Die Grenzkurve 1-2 berechnet sich aufgrund der Lage im Raum aus den y- und z-Koordinaten der Parameterdarstellung des Werkzeugs $\overrightarrow{K_a}$ sowie der Parameterdarstellung der vorherigen Fräsrille $\overrightarrow{F_{K,a}}$. Die Paramater in x-Richtung sind bekannt, sodass eine Betrachtung nicht notwendig ist und das folgende nichtlineare Gleichungssystem mit dem Einstellwinkel $\kappa_{1,2}$ und dem oberflächenerzeugenden Eingriffswinkel der Grenzkurve $\varphi_{r,a}$ sowie der Zeilenbreite $a_e$ gebildet werden kann, das nach Umstellung die Parameter $\kappa_{1,2}$ und $\varphi_{r,a}$ liefert [Hock96]:

$$\begin{aligned} y\left(\overrightarrow{K_a}(\kappa_{1,2})\right) &= y\left(\overrightarrow{F_{K,a}}(\varphi_{r,a})\right) + a_e \\ z\left(\overrightarrow{K_a}(\kappa_{1,2})\right) &= z\left(\overrightarrow{F_{K,a}}(\varphi_{r,a})\right) \end{aligned} \qquad 5.73$$

Die Grenzkurve 2-3 berechnet sich aufgrund der Lage im Raum aus den z-Koordinaten der Parameterdarstellung des Werkzeugs $\overrightarrow{K_a}$ sowie der Parameterdarstellung der Werkstückoberfläche $\overrightarrow{W_K}$. Die folgende nichtlineare Gleichung mit dem Einstellwinkel $\kappa_{2,3}$, der Zustellung $a_p$ und dem Radius des Kugelkopffräsers $r_k$ liefert nach Umstellung den Parameter $\kappa_{2,3}$ [Hock96]:

$$z\left(\overrightarrow{K_a}(\kappa_{2,3})\right) = z(\overrightarrow{W_K}) = a_p - r_k \qquad 5.74$$

Die Grenzkurve 1-3 berechnet sich mit den Parameterdarstellungen des Werkzeugs des aktuellen und des vorherigen Schnitts. Aus den Parametern ergibt sich ein nichtlineares Gleichungssystem mit dem Einstellwinkel $\kappa_{1,3}$ des aktuellen Schnitts und den Eingriffs- und Einstellwinkeln $\varphi_{vo}$ und $\kappa_{vo}$ des vorherigen Schnitts sowie dem Zahnvorschub $f_z$, das nach den unbekannten Parametern $\kappa_{1,3}$, $\varphi_{vo}$ und $\kappa_{vo}$, z. B. mit dem Newton-Verfahren, aufgelöst werden kann [Hock96]:

$$\begin{aligned} x\left(\overrightarrow{K_a}(\kappa_{1,3})\right) &= x\left(\overrightarrow{K_a}(\varphi_{vo},\kappa_{vo})\right) - f_z \\ y\left(\overrightarrow{K_a}(\kappa_{1,3})\right) &= y\left(\overrightarrow{K_a}(\varphi_{vo},\kappa_{vo})\right) \\ z\left(\overrightarrow{K_a}(\kappa_{1,3})\right) &= z\left(\overrightarrow{K_a}(\varphi_{vo},\kappa_{vo})\right) \end{aligned} \qquad 5.75$$

Die Grenzwinkel des Eingriffswinkels $\varphi$ können ebenfalls mit den Gleichungssystemen bestimmt werden, wenn anstatt des Eingriffswinkels $\varphi$ der Einstellwinkel $\kappa$ bekannt ist [Hock96].

Die Spanungsdicke h ist durch zwei Zahneingriffe mit einer Verschiebung um den Zahnvorschub $f_z$ sowie dem Eingriffswinkel $\varphi$ und Einstellwinkel $\kappa$ bestimmt. Der erste Zahneingriff beschreibt die vom Werkstück abgewandte Grenzfläche des Spans mit dem Werkzeugvektor $\overrightarrow{K_a}(\varphi_{vo},\kappa_{vo})$ und der darauffolgende zweite Zahneingriff die Grenzfläche zum Werkstück mit dem Werkzeugvektor $\overrightarrow{K_a}(u)$ (vgl. Abbildung 5.17). Mittels einer Parameterdarstellung folgt ein Gleichungssystem mit den jeweiligen Werkzeugvektoren [Hock96], [Mark05], [Hieu07]:

$$\begin{aligned} x\left(\overrightarrow{K_a}(u)\right) &= x\left(\overrightarrow{K_a}(\varphi_{vo},\kappa_{vo})\right) \pm f_z \\ y\left(\overrightarrow{K_a}(u)\right) &= y\left(\overrightarrow{K_a}(\varphi_{vo},\kappa_{vo})\right) \end{aligned} \qquad 5.76$$

$$z\left(\overrightarrow{K_a}(u)\right) = z\left(\overrightarrow{K_a}(\varphi_{vo}, \kappa_{vo})\right)$$

Mit dem Eingriffswinkel φ und dem Einstellwinkel κ können die Winkel $\varphi_{vo}$ und $\kappa_{vo}$ sowie der Hilfsparameter u berechnet werden, mit denen anschließend die Spanungsdicke h(φ,κ) berechnet werden kann, wobei die Berechnung der Spanungsdicke h(φ,κ) aufgrund der allgemeinen Beschreibung der Eingriffs- und Einstellwinkel auch für schräge Konturen möglich ist:

$$h(\varphi, \kappa) = r_k\,(1 - u) \qquad 5.77$$

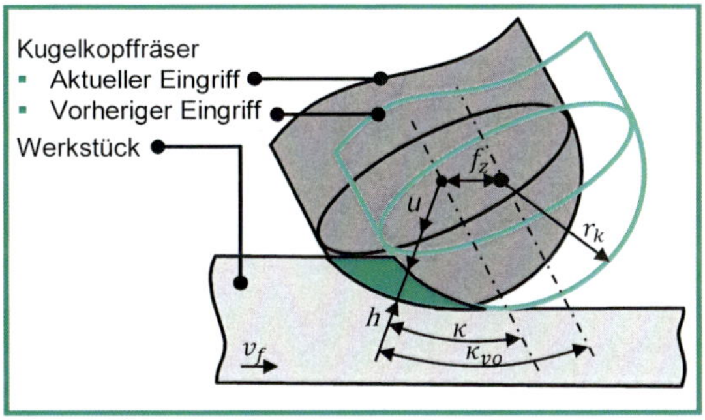


**Abbildung 5.17:** Berechnung der Spanungsdicke in Anlehnung an HOCK [Hock96]
*Calculation of the undeformed chip thickness according to HOCK*

Die Spanquerschnittsfläche $A_{Span}$ ergibt sich aus dem nur numerisch lösbaren Integral der Spanungsdicke h vom Schneideneintritt $\kappa_e$ bis zum Schneidenaustritt $\kappa_a$ mit dem Produkt des Werkzeugradius $r_k$ [Hock96], [Mark05], [Arnt13]:

$$A_{Span}(\varphi) = r_k \int_{\kappa_e(\varphi)}^{\kappa_a(\varphi)} h(\varphi, \kappa)\, d\kappa \qquad 5.78$$

Die Spanungslänge $l_{Span}$ ergibt sich aufgrund der Geometrie des Kugelkopffräsers zu [Hock96], [Arnt13]

$$l_{Span}(\kappa) = r_k \int_{\varphi_e(\kappa)}^{\varphi_a(\kappa)} \sin\kappa\, d\varphi. \qquad 5.79$$

Durch die Multiplikation von Spanquerschnittsfläche und Spanungslänge wird das Volumen eines Einzelspans $V_{Span,einzel}$ berechnet [Arnt13]:

$$V_{Span,einzel} = {r_k}^2 \int_{\kappa_e}^{\kappa_a} \int_{\varphi_e}^{\varphi_a} h(\varphi, \kappa)\, \sin\kappa\, d\varphi d\kappa \qquad 5.80$$

Ausgehend von dem Volumen eines Einzelspans wird zunächst das Spanungsvolumen $V_{Span,Bahn}$ einer einzelnen Bahn betrachtet, gefolgt von der Betrachtung einer Schicht $V_{Span,Schicht}$, einer Seite $V_{Span,Seite}$ und anschließend dem Spanungsvolumen des Werkstücks $V_{Span,Werkstück}$. Das Spanungsvolumen einer einzelnen Bahn (vgl. Abbildung 5.18) ergibt sich aus der Anzahl der Schnitte, die sich aus der Bahnlänge $l_{Bahn}$ und Zahnvorschub $f_z$ berechnet, und dem konstant angenommenen Spanungsvolumen eines einzelnen Spans $V_{Span,einzel}$ zu

$$V_{Span,Bahn} = \frac{l_{Bahn}}{f_z} V_{Span,einzel}. \quad 5.81$$

Das Spanungsvolumen einer Schicht $V_{Span,Schicht}$ (vgl. Abbildung 5.18) ergibt sich aus der Summe des Spanungsvolumens aller Bahnen pro Fläche $n_{Bahn}$ mit ihrer jeweiligen Länge $l_{Bahn,j}$, dem Zahnvorschub $f_z$ und dem Spanungsvolumen eines Spans $V_{Span,einzel}$ wie folgt [Urba09], [Biek91]:

$$V_{Span,Schicht} = \sum_{j=1}^{n_{Bahn}} \frac{l_{Bahn,j}}{f_z} V_{Span,einzel} \quad 5.82$$

In Abhängigkeit von der Anzahl der Schichten berechnet sich das Volumen $V_{Span,Seite}$, das je Seite des Werkstücks zerspant werden muss (vgl. Abbildung 5.18). Die Anzahl der Schichten ergibt sich aus dem Quotienten des Aufmaßes $h_{Aufmaß}$ und der Zustellung $a_p$ [Biek91]:

$$V_{Span,Seite} = \frac{h_{Aufmaß}}{a_p} V_{Span,Schicht} = \frac{h_{Aufmaß}}{a_p} \sum_{j=1}^{n_{Bahn}} \frac{l_{Bahn,j}}{f_z} V_{Span,einzel} \quad 5.83$$

Das Spanungsvolumen des Werkstücks $V_{Span,Werkstück}$ ergibt sich aus der Summe der Spanvolumina aller Seiten $n_{Seite}$ mit einem seitenspezifischen Aufmaß $h_{Aufmaß,i}$ zu

$$V_{Span,Werkstück} = \sum_{i=1}^{n_{Seite}} V_{Span,Seite,i} = \sum_{i=1}^{n_{Seite}} \left( \frac{h_{Aufmaß,i}}{a_p} \sum_{j=1}^{n_{Bahn}} \frac{l_{Bahn,i,j}}{f_z} V_{Span,einzel} \right). \quad 5.84$$

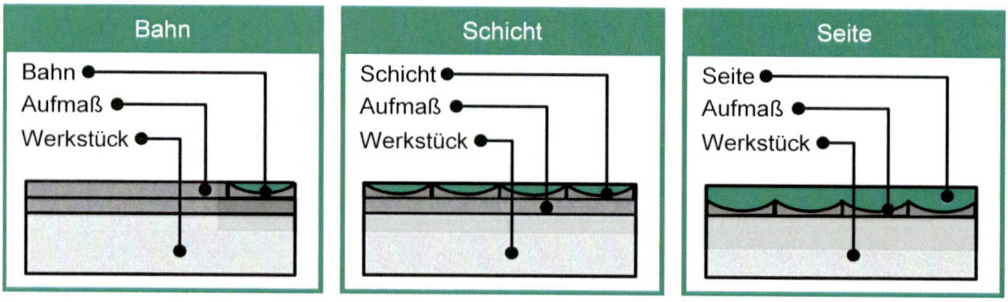


**Abbildung 5.18:** Darstellung der zu fräsenden Bahn, Schicht und Seite
*Visualization of the milling path, layer and side*

Aufgrund der Geometrie des Kugelkopffräsers und des zeilenweisen Vorschubs entsteht eine charakteristische, rillenbehaftete Oberfläche – die kinematische Rautiefe. Diese wird durch die

Überlagerung der theoretischen Rautiefe in Vorschubrichtung und quer zu dieser bestimmt und berechnet sich mit dem Radius des Kugelkopffräsers $r_k$, der Zeilenbreite $a_e$ sowie dem Zahnvorschub $f_z$ zu [Urba09]

$$R_{kin} = r_k - \sqrt{r_k{}^2 - \left(\frac{a_e}{2}\right)^2 - \left(\frac{f_z}{2}\right)^2}. \qquad 5.85$$

Wenn das Werkstück eine Krümmung aufweist, kann die Oberflächengüte, sofern die Prozessparameter nicht angepasst werden, dadurch beeinträchtigt werden. Eine Krümmung in Vorschubrichtung verschlechtert die Oberflächengüte in Abhängigkeit von dem Krümmungsradius. Quer zur Vorschubrichtung verschlechtert lediglich eine konvexe Krümmung die Oberflächengüte, während eine konkave Krümmung keinen negativen Einfluss hat. Die Beeinträchtigung der Oberflächengüte ist ursächlich auf die veränderten Einstell- und Eingriffswinkel zurückzuführen. Durch eine angepasste Schnitttiefe können Krümmungen aber berücksichtigt werden [Mark05], [Urba09].

Die charakteristische Stufenstruktur der bauteilbegrenzenden Oberfläche eines additiv gefertigten Werkstücks mit einem lokalen Aufmaß $h_{Aufmaß}$ in Abhängigkeit von der Schichtdicke h und dem resultierenden Konturwinkel $\alpha$ (vgl. Abbildung 5.8) verursacht lokal variierende Eingriffsverhältnisse. Das Aufmaß $h_{Aufmaß}$ kann anhand der Stufenstruktur normal zur Sollgeometrie und den trigonometrischen Beziehungen in Abhängigkeit von dem Konturwinkel $\alpha$ sowie der Schichthöhe h wie folgt beschrieben werden:

$$h_{Aufmaß} = \frac{h \ sin\,\alpha}{tan\,\alpha} = h \ cos\,\alpha \qquad 5.86$$

Bei gleichzeitiger Berücksichtigung der Orientierung des Werkzeugs können damit die lokalen Eingriffsbedingungen mathematisch beschrieben werden.

Basierend auf diesen Betrachtungen ergibt sich das Werkstückvolumen des Fertigteils $V_{Fertigteil}$ aus der Differenz des Werkstückvolumens $V_{Werkstück}$, das durch Laserauftragschweißen aufgebaut wurde, und dem Spanungsvolumen des Werkstücks $V_{Span,Werkstück}$, das aus dem stufenspezifischen Aufmaß $V_{Aufmaß,Stufen}$ und dem allgemeinen Aufmaß $V_{Aufmaß,allgemein}$ resultiert. Aus dem Quotienten des Werkstückvolumens des Fertigteils $V_{Fertigteil}$ und dem aufgebauten Werkstückvolumen $V_{Werkstück}$ ergibt sich die Werkstoffeffizienz $\eta_{Werkstoff}$ zu

$$\eta_{Werkstoff} = \frac{V_{Fertigteil}}{V_{Werkstück}} = \frac{V_{Werkstück} - V_{Span,Werkstück}}{V_{Werkstück}} = \frac{V_{Werkstück} - \left(V_{Aufmaß,Stufen} + V_{Aufmaß,allgemein}\right)}{V_{Werkstück}}. \qquad 5.87$$

## *Energiemodell*

Durch mechanische Energie entsteht eine Relativbewegung zwischen Werkzeug und Werkstück, die zum Trennen bzw. zur Spanabnahme genutzt wird. Die zum Trennen erforderliche Leistung entspricht dabei dem Produkt der Wirkkraft $F_e$ und der Effektivgeschwindigkeit $v_e$ des Prozesses (vgl. Gleichung 4.26). Die Zerspankraft ist die Kraft, die benötigt wird, damit die Schneide in den Werkstoff eindringt und diesen elastisch und plastisch verformt, indem die maximal zulässige werkstoff- und temperaturabhängige Schubspannung überschritten wird. Entsprechend der Kienzle-Gleichung (Gleichung 4.31) mit ihren geometriespezifischen Einflussfaktoren Spanungsbreite b und Spanungsdicke h sowie den werkstoffspezifischen Einflussfaktoren $k_{i1,1}$ und $m_i$ bestimmt sich die Wirkkraft $F_e$ bzw. ihre Komponenten Schnittkraft $F_c$ und Vorschubkraft $F_f$. Um die Kienzle-Gleichung auf den Fräsprozess mit einem Kugelkopffräser anzuwenden, muss der variable Spanungsquerschnitt berücksichtigt werden. Einerseits wird dabei die von den Eingriffsbedingungen abhängige Spanungsdicke mithilfe von infinitesimalen Abschnitten beschrieben (vgl. Abbildung 5.19). Andererseits kann keine konstante Spanungsbreite b angenommen werden kann, da die Kienzle-Gleichung aufgrund der Spangeometrie nur eingeschränkt gültig ist. Daher wird die Spanungsbreite b mittels der Schnittlänge $\kappa_c$ modelliert. Diese Modellierung erhöht die Genauigkeit gegenüber der Modellierung mit der üblichen Spanungsbreite und liefert auch im Vergleich zu weiteren Modellierungen, wie z. B. der maximalen Spanungsbreite, die genauesten Ergebnisse hinsichtlich der Schnittkraft, der dominierenden Zerspankraftkomponente [Dege15]. Die Komponenten der Zerspankraft werden daher mit Integralen, die die einzelnen Kräfte der infinitesimalen Abschnitte addieren, bestimmt. Hierzu ergeben sich nur numerisch lösbare Gleichungen, die mit den werkstoffspezifischen Kennwerten $k_{i1,1}$ und $m_i$ für die Berechnung der Zerspankraftkomponenten $F_i$ verwendet werden können [Hieu07], [Hock96]:

$$F_i(\varphi) = \int_{\kappa_e(\varphi)}^{\kappa_a(\varphi)} k_{i1,1}\, r_k\, h(\varphi,\kappa)^{1-m_i}\, d\kappa \qquad 5.88$$

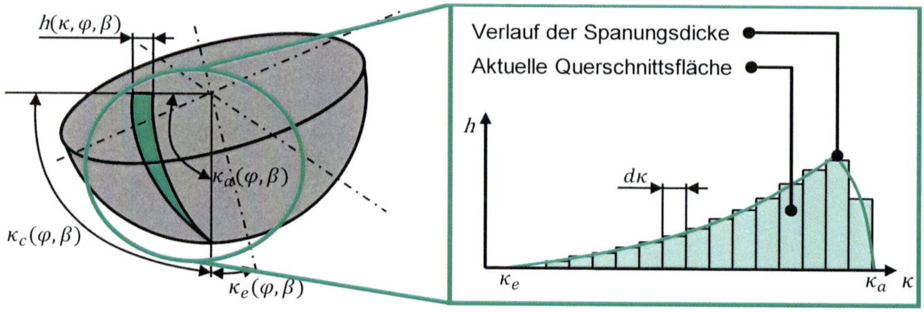


**Abbildung 5.19:** Diskretisierung der Spanungsdicke in Anlehnung an HIEU bei einem konstanten Eingriffswinkel φ [Hieu07]

*Discretization of the undeformed chip thickness according to HIEU at a constant engagement angle φ*

Diese Beschreibung für die Zerspankraft ist für die trennende Nachbearbeitung von additiv hergestellten Werkstücken nur unzureichend genau, da aufgrund der Eingriffsbedingungen die Mindestspanungsdicke unterschritten wird. Bei einem kleinen Verhältnis der Spanungsdicke h zu der Schneidkantenverrundung $r_\beta$ verhält sich die Zerspankraft nicht mehr linear zu der

Spanungsdicke, sodass ein erweitertes Modell zur Bestimmung der spezifischen Zerspankraft genutzt werden muss, das dieses Verhalten berücksichtigt [Cabr16]. CABRAL hat hierfür empirisch Formeln entwickelt, die in Gleichung 5.88 eingesetzt, die Bestimmung der Zerspankraftkomponenten auch bei Unterschreitung der Mindestspanungsdicke ermöglichen. Diese entsprechen folgender Form:

$$k_{i1,1} = \zeta_{i,1} \left( \frac{h}{r_\beta} \right)^{\zeta_{i,2}}, \tag{5.89}$$

wobei $\zeta_{i,1}$ und $\zeta_{i,2}$ empirisch zu ermittelnden werkstoffspezifischen Konstanten sind.

Des Weiteren wird die lokale Schnittgeschwindigkeit $v_c(\kappa)$ in Abhängigkeit von der Geometrie des Werkzeugs berücksichtigt. Die Berechnung erfolgt durch die Multiplikation der Winkelgeschwindigkeit, die mittels der Drehzahl n der Spindel dargestellt wird, mit dem radialen Abstand vom Mittelpunkt des Werkzeugs, der sich aus dem Radius des Werkzeugs $r_k$ und dem Einstellwinkel $\kappa$ bestimmt [Hieu07] [Biek91]:

$$v_c(\kappa) = 2\,\pi\,n\,r_k \, sin\,\kappa \tag{5.90}$$

Die durchschnittliche Schnittgeschwindigkeit $\overline{v_c}$ ergibt sich für den Bereich des Schneideneintritts $\kappa_e$ und -austritts $\kappa_a$ zu

$$\overline{v_c} = \frac{2\,\pi\,n\,r_k}{\kappa_a(\varphi) - \kappa_e(\varphi)} \int_{\kappa_e(\varphi)}^{\kappa_a(\varphi)} sin\,\kappa \; d\kappa. \tag{5.91}$$

Basierend darauf ergibt sich die Zerspanleistung $P_e$ mit ihren Komponenten der Schnittleistung und der Vorschubleistung zu

$$\begin{aligned} P_e = F_f v_f + F_c \overline{v_c} = r_k\, v_f & \int_{\kappa_e(\varphi)}^{\kappa_a(\varphi)} \zeta_{f,1} \left( \frac{h(\varphi,\kappa)}{r_\beta} \right)^{\zeta_{f,2}} h(\varphi,\kappa)^{1-m_f} \, d\kappa \\ + r_k^2 \, \frac{2\,\pi\,n}{\kappa_a(\varphi) - \kappa_e(\varphi)} & \int_{\kappa_e(\varphi)}^{\kappa_a(\varphi)} \zeta_{c,1} \left( \frac{h(\varphi,\kappa)}{r_\beta} \right)^{\zeta_{c,2}} h(\varphi,\kappa)^{1-m_c} \, d\kappa \int_{\kappa_e(\varphi)}^{\kappa_a(\varphi)} sin\,\kappa \, d\kappa, \end{aligned} \tag{5.92}$$

wobei $v_f$ die Vorschubgeschwindigkeit und $m_c$ sowie $m_f$ die werkstoffspezifischen Einflussfaktoren der Schnittkraft bzw. Vorschubkraft sind.

## 5.3 Synthese zu einem übertragbaren, handhabbaren Modell

*Synthesis to a Transferable, Manageable Model*

Basierend auf den zuvor entwickelten Zeiten- und Ereignismodellen sowie dem mit den Prozessmodellen erarbeiteten Prozessverständnis erfolgt eine Synthese zu einem übertragbaren, handhabbaren Modell. Ziel ist es, die Modelle zusammenzuführen, sodass in Abhängigkeit von der Geometrie des Werkstücks der Ressourcenbedarf und -einsatz ermittelt werden kann. Den

Ereignissen lassen sich mithilfe von den Betriebsmodi der einzelnen Systeme und Systemkomponenten elektrische Leistung und Stoffstrom zuordnen, sodass bei gleichzeitiger Betrachtung der jeweiligen Zeit, der Ressourcenbedarf und -einsatz für ein Werkstück angeben werden kann. Zur Berücksichtigung eines realen Fertigungsprozesses wird die OEE-Kennzahl mit ihren drei Verlustparametern Verfügbarkeit, Leistung und Qualität hinzugezogen, wobei die Verwendung der Parameter abhängig von dem jeweiligen Ereignis und der betrachteten Ressource ist. Des Weiteren können neben den zeit- und ereignisspezifischen Energien Zentralanlagen, wie z. B. Klimatisierung, Hallenbelüftung oder -beleuchtung, berücksichtigt werden. Ihr Ressourceneinsatz ist im Allgemeinen von äußeren Rahmenbedingungen, wie z. B. Außentemperatur, Tageslichtstärke etc., abhängig und kann über die jeweils genutzte Fläche maschinenspezifisch und über die Fertigungszeit auch werkstückspezifisch angeben werden [Schl13], [Schi00].

### 5.3.1 Laserauftragschweißen

*Laser Deposition Welding*

Beim Laserauftragschweißen werden einerseits Stoffströme in Form von Schutzgas, Druckluft und Zusatzwerkstoff und andererseits Energie in Form von elektrischer Energie benötigt. Deren Verbrauch wird im Folgenden zeit- und ereignisspezifisch analysiert.

#### *Stoffverbrauch*

Der Schutzgasverbrauch $V_{Gas}$ ist neben dem zeit- und ereignisspezifischen Einsatz von der manuell festgelegten Stellgröße des Volumenstroms abhängig. Daher muss zur Bestimmung des Schutzgasverbrauchs der Schutzgasstrom $\dot{V}_{Gas}$ mit der Summe der jeweiligen Ereigniszeiten $t_i$ multipliziert werden, in denen die Schutzgaszuführung gemäß der Tabelle 5.1 »Aktiv« ist:

$$V_{Gas} = \dot{V}_{Gas}\left(\frac{t_{Auftrag} + t_{Auf} + t_{Ab} + t_{Pos} + t_{Warte}}{k_{Leistung}\, k_{Qualität}}\right) \qquad 5.93$$

Die OEE-Parameter $k_{Leistung}$ und $k_{Qualität}$ berücksichtigen die Leistungs- und Qualitätsverluste, die während der Fertigung auftreten. Der Leistungsfaktor ist zu berücksichtigen, da der Schutzgasstrom bei kleineren Störungen nicht zwangsläufig ausgeschaltet wird.

Der Druckluftverbrauch $V_{DL}$ ist von dem zeit- und ereignisspezifischen Einsatz abhängig. Hierbei muss zur Bestimmung des Druckluftverbrauchs zwischen einem Druckluftstrom für die Sperrluft $\dot{V}_{DL,Sperrluft}$, die Werkzeugmaschine $\dot{V}_{DL,WZM}$, den Crossjet $\dot{V}_{DL,Crossjet}$ und sonstige Ereignisse $\dot{V}_{DL,i}$, wie z. B. dem Spannen, mit einer Zeit $t_{DL,i}$ unterschieden werden. Entsprechend der Ereigniszeiten und des jeweiligen Verbrauchs ergibt sich

$$\begin{aligned} V_{DL} = {} & \left(\dot{V}_{DL,Speerluft} + \dot{V}_{DL,WZM}\right)\left(\frac{t_{Auftrag} + t_{Auf} + t_{Ab} + t_{Pos} + t_{Warte} + t_{Rüsten}}{k_{Leistung}\, k_{Qualität}}\right) \\ & + \dot{V}_{DL,Crossjet}\left(\frac{t_{Auftrag} + t_{Auf} + t_{Ab}}{k_{Leistung}\, k_{Qualität}}\right) + \sum_i \dot{V}_{DL,i}\frac{t_{DL,i}}{k_{Qualität}}. \end{aligned} \qquad 5.94$$

Die OEE-Parameter $k_{Leistung}$ und $k_{Qualität}$ berücksichtigen wieder die Leistungs- und Qualitätsverluste in Form von Abweichungen der geplanten Zykluszeit und fehlerhaften Produkten. Die Speerluft und der Crossjet werden während der Fertigung des Werkstücks benötigt, wobei bei kleineren Störungen keine Abschaltung erfolgt und daher sowohl der Leistungsfaktor als auch der Qualitätsfaktor berücksichtigt werden; bei den weiteren Ereignissen ist dagegen nur der Qualitätsfaktor zu berücksichtigen.

Der Zusatzwerkstoffverbrauch, spezifischer das verbrauchte Drahtvolumen $V_{Draht}$, entspricht dem spezifischen Werkstückvolumen $V_{Werkstück}$, das in Gleichung 5.27 definiert ist, und dem Produkt des Drahtquerschnitts mit dem Drahtdurchmesser $d_{Draht}$ und der ereignisspezifischen Drahtvorschubgeschwindigkeit $v_i$ und der jeweiligen Zeit $t_i$ entspricht. Mit dem OEE-Parameter $k_{Qualität}$ wird zusätzlich der Ausschuss berücksichtigt:

$$V_{Draht} = \frac{V_{Werkstück}}{k_{Qualität}} = \frac{\pi\, d_{Draht}^2}{4} \frac{t_{Auftrag} v_{Auftrag} + t_{Auf} v_{Auf} + t_{Ab} v_{Ab}}{k_{Qualität}} \quad 5.95$$

## Energieverbrauch

Der Energieverbrauch des Laserauftragschweißprozesses $E_{Gesamt}$ ergibt sich aus der Summe der einzelnen Energieverbräuche $E_i$ mit folgender Gleichung:

$$E_{Gesamt} = \frac{E_{Auftrag} + E_{Auf} + E_{Ab} + E_{Pos} + E_{Warte}}{k_{Leistung}\, k_{Qualität}} + \frac{E_{WZM} + E_{Peri} + E_{Rüsten}}{k_{Verfügbarkeit}\, k_{Leistung}\, k_{Qualität}} \quad 5.96$$

Analog zu der Bestimmung der Stoffverbräuche werden mit den OEE-Parametern $k_{Leistung}$ und $k_{Qualität}$ die Leistungs- und Qualitätsverluste berücksichtigt. Für den Energieverbrauch des Rüstens werden zusätzlich Verfügbarkeitsverluste $k_{Verfügbarkeit}$ berücksichtigt, da die Systeme und Systemkomponenten bei Fertigungsstillstand üblicherweise in den gleichen Betriebsmodi sind.

Der Energieverbrauch beim Laserauftragschweißen $E_{Auftrag}$ ergibt sich gemäß der Leistung der Systeme und Systemkomponente $P_i$ in den jeweiligen Betriebsmodi, wie in Tabelle 5.1 dargestellt, multipliziert mit der benötigten Zeit $t_{Auftrag}$ (vgl. Gleichung 5.7) zu

$$\begin{aligned} E_{Auftrag} = t_{Auftrag} \big(&P_{Laser,aktiv} + P_{Kühler,aktiv} + P_{Gas,aktiv} + P_{Draht,aktiv} \\ &+ P_{Absaugung,aktiv} + P_{Verfahrachsen,aktiv} + P_{DL,aktiv}\big). \end{aligned} \quad 5.97$$

Der Energieverbrauch des Aufschmelzens des Drahts $E_{Auf}$ bestimmt sich analog durch das Produkt der Zeit $t_{Auf}$ und den Leistungen der Systeme und Systemkomponenten $P_i$ in den jeweiligen Betriebsmodi (vgl. Tabelle 5.1):

$$\begin{aligned} E_{Auf} = t_{Auf} \big(&P_{Laser,aktiv} + P_{Kühler,aktiv} + P_{Gas,aktiv} + P_{Draht,aktiv} \\ &+ P_{Absaugung,aktiv} + P_{Verfahrachsen,bereit} + P_{DL,aktiv}\big) \end{aligned} \quad 5.98$$

Der Energieverbrauch zum Abschmelzen des Drahts $E_{Ab}$ ergibt sich aus dem Produkt der Zeit $t_{Ab}$ und den Leistungen der Systeme und Systemkomponenten $P_i$ in ihrem jeweiligen Betriebsmodus (vgl. Tabelle 5.1). Je nach gewählter Drahtrückzugsstrategie (vgl. S. 67) müssen zusätzlich die Parameter $\tau_{Draht}$ und $\tau_{Verfahrachsen}$ gewählt werden, die die Werte 0 und 1 annehmen können und die möglichen Betriebsmodi des Drahtförderers und der Verfahrachsen in Abhängigkeit von der Strategie berücksichtigen:

$$\begin{aligned} E_{Ab} = t_{Ab}\big(&P_{Laser,aktiv} + P_{Kühler,aktiv} + P_{Gas,aktiv} + P_{Absaugung,aktiv} \\ &+ \tau_{Draht}(P_{Draht,aktiv} + P_{Verfahrachsen,bereit}) \\ &+ \tau_{Verfahrachsen}(P_{Draht,bereit} + P_{Verfahrachsen,aktiv}) + P_{DL,aktiv}\big) \end{aligned} \tag{5.99}$$

Der Energieverbrauch des Positionierens $E_{Pos}$ bestimmt sich aus dem Produkt der Positionierzeit $t_{Pos}$ und der Leistung der Systeme und Systemkomponenten $P_i$ in den jeweiligen Betriebsmodi (vgl. Tabelle 5.1):

$$\begin{aligned} E_{Pos} = t_{Pos}\,\big(&P_{Laser,bereit} + P_{Kühler,aktiv} + P_{Gas,aktiv} + P_{Draht,bereit} \\ &+ P_{Absaugung,aktiv} + P_{Verfahrachsen,aktiv} + P_{DL,aktiv}\big) \end{aligned} \tag{5.100}$$

Der Energieverbrauch während der Wartezeit $E_{Warte}$ ergibt sich aus dem Produkt der Zeit $t_{Warte}$ und den Leistungen der Systeme und Systemkomponenten $P_i$ in ihren jeweiligen Betriebsmodi (vgl. Tabelle 5.1). In Abhängigkeit von der Wartezeit werden die Betriebsmodi der Schutzgaszuführung und der Absaugung geändert (vgl. S. 68). Die jeweiligen Betriebsmodi werden durch separate Zustandszeiten $t_{Warte,Gas}$ und $t_{Warte,Absaugung}$ anteilig berücksichtigt:

$$\begin{aligned} E_{Warte} = t_{Warte}\Bigg[&P_{Laser,bereit} + P_{Kühler,aktiv} + \frac{t_{Warte,Gas}}{t_{Warte}}\,P_{Gas,aktiv} \\ &+ \left(1 - \frac{t_{Warte,Gas}}{t_{Warte}}\right) P_{Gas,bereit} + P_{Draht,bereit} + P_{DL,aktiv} \\ &+ \frac{t_{Warte,Absaugung}}{t_{Warte}}\,P_{Absaugung,aktiv} \\ &+ \left(1 - \frac{t_{Warte,Absaugung}}{t_{Warte}}\right) P_{Absaugung,bereit} + P_{Verfahrachsen,bereit}\Bigg] \end{aligned} \tag{5.101}$$

Der Energieverbrauch während des Rüstens $E_{Rüsten}$ bestimmt sich aus dem Produkt der Rüstzeit $t_{Rüsten}$ und den Leistungen der Systeme und Systemkomponenten $P_i$ in ihren jeweiligen Betriebsmodi. In Abhängigkeit von dem jeweiligen Rüstvorgang werden die Betriebsmodi des Lasers, Kühlers und der Verfahrachsen während des Rüstens geändert (vgl. S. 68). Die jeweiligen Betriebsmodi werden durch separate Zustandszeiten $t_{Laser}$, $t_{Draht}$, $t_{Verfahrachsen}$ und $t_{DL}$ anteilig berücksichtigt:

$$\begin{aligned} E_{Rüsten} = t_{Rüsten}\Bigg[&\sum_i \frac{t_{Laser,i}}{t_{Rüsten}}\,\big(P_{Laser,i} + P_{Kühler,i}\big) + P_{Gas,bereit} \\ &+ \sum_i \frac{t_{Draht,i}}{t_{Rüsten}}\,P_{Draht,i} + P_{Absaugung,bereit} \\ &+ \sum_i \frac{t_{Verfahrachsen,i}}{t_{Rüsten}}\,P_{Verfahrachsen,i} + \sum_i \frac{t_{DL,i}}{t_{Rüsten}}\,P_{DL,i}\Bigg] \end{aligned} \tag{5.102}$$

Die Energieverbräuche der Werkzeugmaschine $E_{WZM}$ und der Peripherie $E_{Peri}$ ergeben sich mit den jeweiligen Leistungen $P_{WZM}$ und $P_{Peri}$ zu

$$E_{WZM} + E_{Peri} = (P_{WZM} + P_{Peri})(t_{Auftrag} + t_{Auf} + t_{Ab} + t_{Pos} + t_{Warte} + t_{Rüsten}). \quad 5.103$$

## 5.3.2 Wärmebehandlung

*Heat Treatment*

Bei der Wärmebehandlung werden einerseits Stoffströme in Form von dem bauteilbezogenen Stoffstrom sowie von Schutzgas und andererseits Energie in Form von elektrischer Energie benötigt. Deren Verbrauch wird im Folgenden zeit- und ereignisspezifisch analysiert.

### *Stoffverbrauch*

Die Menge des bauteilbezogenen Stoffstroms, die Anzahl der Halbfertigteile $n_{Halbfertigteil}$, ergibt sich aus der Anzahl der Werkstücke $n_{Werkstück}$ und den Qualitätsverlusten und bestimmt sich zu

$$n_{Halbfertigteil} = \frac{n_{Werkstück}}{k_{Qualität}}. \quad 5.104$$

Bei Verwendung einer Schutzgasatmosphäre in einem geschlossen Ofen ist eine einmalige Flutung des Ofens mit Schutzgas notwendig und berechnet sich nach Gleichung 4.44; ein kontinuierlicher Volumenstrom ist lediglich bei anderen Bauformen zu berücksichtigen.

### *Energieverbrauch*

Der Energieverbrauch der Wärmebehandlung $E_{Gesamt}$ ergibt sich aus der Summe der einzelnen Energieverbräuche $E_i$ mit der folgenden Gleichung:

$$E_{Gesamt} = \frac{E_{Heizen} + E_{Halten} + E_{Kontrolliert} + E_{Unkontrolliert}}{k_{Qualität}\, k_{Leistung}} + \frac{E_{Rüsten}}{k_{Qualität}\, k_{Leistung}\, k_{Verfügbarkeit}} \quad 5.105$$

Mit den OEE-Parametern $k_{Leistung}$ und $k_{Qualität}$ werden die Leistungs- und Qualitätsverluste und mit $k_{Verfügbarkeit}$ zusätzlich die Verfügbarkeitsverluste beim Rüsten berücksichtigt.

Der Energieverbrauch des Aufheizens $E_{Heizen}$ ergibt sich aus dem Produkt der benötigten Zeit $t_{Heizen}$ und den Leistungen der Systeme und Systemkomponenten $P_i$ in ihren jeweiligen Betriebsmodi (vgl. Tabelle 5.2). In Abhängigkeit von der Temperatur und dem Temperaturgradienten des Heizens werden die Betriebsmodi der Heizelemente geändert (vgl. S. 70). Die jeweiligen Betriebsmodi werden durch die Zeit der Anschaltdauer der Heizelemente $t_{Heizelemente}$ berücksichtigt:

$$E_{Heizen} = t_{Heizen} \left[ \frac{t_{Heizelemente}}{t_{Heizen}} P_{Heizelemente,aktiv} + P_{Lüfter,aktiv} + \left(1 - \frac{t_{Heizelemente}}{t_{Heizen}}\right) P_{Heizelemente,bereit} + P_{Steuerung,aktiv} \right] \quad 5.106$$

Der Energieverbrauch des Haltens der Temperatur $E_{Halten}$ ist das Produkt der Haltezeit $t_{Halten}$ mit den Leistungen der Systeme und Systemkomponenten $P_i$ in ihren jeweiligen Betriebsmodi, die durch die Anschaltdauer der Heizelemente $t_{Heizelemente}$ berücksichtigt werden (vgl. Tabelle 5.2):

$$E_{Halten} = t_{Halten}\left[\frac{t_{Heizelemente}}{t_{Halten}} P_{Heizelemente,aktiv} + P_{Steuerung,aktiv} + P_{Lüfter,aktiv} + \left(1 - \frac{t_{Heizelemente}}{t_{Halten}}\right) P_{Heizelemente,eingeschaltet}\right] \quad 5.107$$

Der Energieverbrauch des kontrollierten Abkühlens $E_{Kontrolliert}$ ergibt sich aus dem Produkt der benötigten Zeit $t_{Kontrolliert}$ und den Leistungen der Systeme und Systemkomponenten $P_i$ in ihren jeweiligen Betriebsmodi (vgl. Tabelle 5.2). In Abhängigkeit von der Temperatur und zur Einhaltung des Temperaturgradienten während des Abkühlens muss der Betriebsmodus der Heizelemente ggf. geändert werden (vgl. S. 71). Die jeweiligen Betriebsmodi werden durch die Zeit der Anschaltdauer $t_{Heizelemente}$ berücksichtigt:

$$E_{Kontrolliert} = t_{Kontrolliert}\left[\frac{t_{Heizelemente}}{t_{Kontrolliert}} P_{Heizelemente,aktiv} + P_{Lüfter,aktiv} + \left(1 - \frac{t_{Heizelemente}}{t_{Kontrolliert}}\right) P_{Heizelemente,bereit} + P_{Steuerung,aktiv}\right] \quad 5.108$$

Der Energieverbrauch des unkontrollierten Abkühlens $E_{Unkontrolliert}$ bestimmt sich aus dem Produkt der Abkühlzeit $t_{Unkontrolliert}$ und den Leistungen der Systeme und Systemkomponenten $P_i$ in ihren jeweiligen Betriebsmodi (vgl. Tabelle 5.2). In Abhängigkeit von der Temperatur ist der Lüfter temporär für die Dauer $t_{Lüfter}$ »Aktiv«. Dies wird anteilig berücksichtigt:

$$E_{Unkontrolliert} = t_{Unkontrolliert}\left[P_{Steuerung,aktiv} + \frac{t_{Lüfter}}{t_{Unkontrolliert}} P_{Lüfter,aktiv} + \left(1 - \frac{t_{Lüfter}}{t_{Unkontrolliert}}\right) P_{Lüfter,bereit}\right] \quad 5.109$$

Der Energieverbrauch während des Rüstens $E_{Rüsten}$ ergibt sich aus dem Produkt der Rüstzeit $t_{Rüsten}$ und den Leistungen der Systeme und Systemkomponenten. Je nach Rüstvorgang (vgl. S. 71) werden zusätzlich unterschiedliche Parameter $\tau_{Steuerung}$, $\tau_{Lüfter}$ und $\tau_{Gas}$ berücksichtigt, die Werte zwischen 0 und 1 annehmen können und die möglichen Betriebsmodi der Steuerung, des Lüfters und des Gasförderer in Abhängigkeit von dem Rüstvorgang berücksichtigen:

$$E_{Rüsten} = t_{Rüsten}\left(\tau_{Steuerung} P_{Steuerung,eingeschaltet} + \tau_{Lüfter} P_{Lüfter,eingeschaltet} + \tau_{Gas} P_{Gas,eingeschaltet}\right) \quad 5.110$$

### 5.3.3 Trennende Nachbearbeitung

*Material Removal Finishing*

Bei der trennenden Nachbearbeitung werden Stoffströme in Form von Kühlschmierstoff, Druckluft sowie dem bauteilbezogenen Stoffstrom und Energie in Form von elektrischer Energie benötigt. Deren Verbrauch wird im Folgenden zeit- und ereignisspezifisch analysiert.

#### *Stoffverbrauch*

Der Kühlschmierstoffverbrauch $V_{KSS}$ berechnet sich aus dem Produkt des konstanten Fördervolumenstroms $\dot{V}_{KSS}$ und der Zeit, zu der der Kühlschmierstoff gefördert wird. Diese setzt sich aus der Schnittzeit $t_c$ und ggf. aus der Zeit zum Positionieren $t_{KSS,Pos}$, sofern die Kühlschmierstoffzufuhr nicht unterbrochen wird, zusammen. Leistungs- und Qualitätsverluste werden durch die OEE-Parameter $k_{Leistung}$ und $k_{Qualität}$ berücksichtigt:

$$V_{KSS} = \dot{V}_{KSS}\left(\frac{t_c + t_{KSS,Pos}}{k_{Qualität}\, k_{Leistung}}\right) \quad 5.111$$

Der Druckluftverbrauch $V_{DL}$ ergibt sich aus dem Produkt des Druckluftvolumenstroms und der Zeit, zu der die Druckluftversorgung »Aktiv« ist (vgl. Tabelle 5.3). Hierbei muss zur Bestimmung des Druckluftverbrauchs zwischen einem konstanten Druckluftstrom für die Werkzeugmaschine $\dot{V}_{DL,WZM}$ und einem für sonstige Ereignisse $\dot{V}_{DL,i}$, wie z. B. dem Werkzeugwechsel, mit einer Zeit $t_{DL,i}$ unterschieden werden, sodass gilt:

$$V_{DL} = \dot{V}_{DL,WZM}\frac{t_c + t_{Pos} + t_{Rüsten}}{k_{Qualität}\, k_{Leistung}} + \sum_i \dot{V}_{DL,i}\frac{t_{DL,i}}{k_{Qualität}} \quad 5.112$$

Die OEE-Parameter $k_{Leistung}$ und $k_{Qualität}$ berücksichtigen die Leistungs- und Qualitätsverluste.

Hinsichtlich des bauteilbezogenen Stoffstroms ist das Spanungsvolumen $V_{Span}$ entsprechend dem Stoffmodell der trennenden Nachbearbeitung mit dem Spanungsvolumen je Werkstück $V_{Span,Werkstück}$ und dem OEE-Parameter $k_{Qualität}$ für Qualitätsverluste zu berücksichtigen:

$$V_{Span} = \frac{V_{Span,Werkstück}}{k_{Qualität}} \quad 5.113$$

## *Energieverbrauch*

Der Energieverbrauch der trennenden Nachbearbeitung $E_{Gesamt}$ ergibt sich aus der Summe der einzelnen Energieverbräuche $E_i$ mit folgender Gleichung:

$$E_{Gesamt} = \frac{E_c + E_{Pos}}{k_{Qualität}\, k_{Leistung}} + \frac{E_{WZM} + E_{Peri} + E_{Rüsten}}{k_{Qualität}\, k_{Leistung}\, k_{Verfügbarkeit}} \quad 5.114$$

Mit den OEE-Parametern $k_{Leistung}$ und $k_{Qualität}$ werden die Leistungs- und Qualitätsverluste und mit $k_{Verfügbarkeit}$ zusätzlich die Verfügbarkeitsverluste berücksichtigt.

Bei der Zerspanenergie $E_c$ wird zwischen der konstanten Energie $E_{konstant}$, die in kinetische Energie der Spindel und der Verfahrachsen umgewandelt sowie für den Kühlschmierstoff und die Druckluft sowie den Kühler benötigt wird, und der Energie für die Spanabnahme $E_{Span}$, die aus der Zerspanleistung $P_e$ (vgl. Gleichung 5.92) resultiert, unterschieden. Die Zerspanenergie $E_c$ ergibt sich somit zu

$$E_c = E_{konstant} + E_{Span}. \quad 5.115$$

Der konstante Energieverbrauch $E_{konstant}$ der trennenden Nachbearbeitung ergibt sich gemäß der Leistung der Systeme und Systemkomponenten $P_i$ in den jeweiligen Betriebsmodi, wie in Tabelle

5.3 dargestellt, multipliziert mit der Schnittzeit $t_c$. Für eine energetische Betrachtung der Spanabnahme ist die Beschreibung der Schnittzeit $t_{c,Eingriff}$, bei der eine Schneide im Eingriff ist, notwendig. Diese bestimmt sich in Abhängigkeit von den Eingriffswinkeln $\varphi_e$ und $\varphi_a$ sowie der Bahnlänge $l_{Bahn}$ und den Prozessparametern Spindeldrehzahl n und Zahnvorschub $f_z$ sowie der Anzahl der Schneiden des Werkzeugs z zu

$$t_{c,Eingriff} = \frac{\varphi_e - \varphi_a}{2\,\pi\,n} \frac{l_{Bahn}}{z\,f_z}. \tag{5.116}$$

Damit resultiert der Energieverbrauch $E_c$ der trennenden Nachbearbeitung zu

$$\begin{aligned} E_c = t_c \Big( & P_{Spindel,aktiv} + P_{Verfahrachsen,aktiv} + P_{KSS,aktiv} + P_{DL,aktiv} \\ & + P_{Kühler,aktiv} + \frac{t_{c,Eingriff}}{t_c} P_e \Big). \end{aligned} \tag{5.117}$$

Der Energieverbrauch zum Positionieren $E_{Pos}$ bestimmt sich aus dem Produkt der Positionierzeit $t_{Pos}$ und den Leistungen der Systeme und Systemkomponenten $P_i$ in ihren jeweiligen Betriebsmodi (vgl. Tabelle 5.3). Je nach Dauer der Positionierzeit wird die Spindel und Kühlschmierstoffförderung abgeschaltet. Dies wird durch die Zeiten $t_{Spindel,Pos}$ und $t_{KSS,Pos}$ berücksichtigt:

$$\begin{aligned} E_{Pos} = t_{Pos} \Big[ & \frac{t_{Spindel,Pos}}{t_{Pos}} P_{Spindel,aktiv} + \Big(1 - \frac{t_{Spindel,Pos}}{t_{Pos}}\Big) P_{Spindel,bereit} \\ & + P_{Verfachachsen,aktiv} + \frac{t_{KSS,Pos}}{t_{Pos}} P_{KSS,aktiv} \\ & + \Big(1 - \frac{t_{KSS,Pos}}{t_{Pos}}\Big) P_{KSS,bereit} + P_{DL,aktiv} + P_{Kühler,aktiv} \Big] \end{aligned} \tag{5.118}$$

Der Energieverbrauch während des Rüstens der trennenden Nachbearbeitung $E_{Rüsten}$ ergibt sich mit dem Produkt aus der Rüstzeit $t_{Rüsten}$ und den Leistungen der Systeme und Systemkomponenten $P_i$ in ihren jeweiligen Betriebsmodi gemäß der Tabelle 5.3. Die Verfahrachsen und die Druckluftversorgung werden in Abhängigkeit von dem Rüstvorgang aktiviert oder befinden sich lediglich im Betriebsmodus »Bereit«, sodass eine anteilige Berücksichtigung der Betriebsmodi durch die tatsächlichen Zeiten $t_{Verfahrachsen}$ und $t_{DL,Rüsten}$ erfolgt:

$$\begin{aligned} E_{Rüsten} = t_{Rüsten} \Big[ & P_{Spindel,bereit} + \frac{t_{Verfahrachsen}}{t_{Rüsten}} P_{Verfachachsen,aktiv} \\ & + \Big(1 - \frac{t_{Verfahrachsen}}{t_{Rüsten}}\Big) P_{Verfachachsen,bereit} + P_{KSS,bereit} \\ & + \frac{t_{DL,Rüsten}}{t_{Rüsten}} P_{DL,aktiv} + \Big(1 - \frac{t_{DL,Rüsten}}{t_{Rüsten}}\Big) P_{DL,bereit} \Big] \end{aligned} \tag{5.119}$$

Die Energieverbräuche der Werkzeugmaschine $E_{WZM}$ und der Peripherie $E_{Peri}$ berechnen sich analog zu der Gleichung 5.103 mit

$$E_{WZM} + E_{Peri} = (P_{WZM} + P_{Peri})(t_c + t_{Pos} + t_{Rüsten}). \tag{5.120}$$

# 6 Experimentelle Untersuchungen

*Experimental Investigations*

Die Systemanalyse der Prozesskette mit additiven Fertigungsverfahren, die Diskussion der Ressourcen und die darauf aufbauende Abstraktion und Modellierung der Systemelemente der Prozesskette bilden gemeinsam die Grundlage für die experimentellen Untersuchungen auf denen die anschließende Ableitung einer Methode zur Anwendung in der Praxis und Diskussion der Ergebnisse basiert. Eine Herausforderung dieses Ansatzes liegt in der engen Verzahnung von prozess- und maschinentechnischen Disziplinen. Ziel der experimentellen Untersuchungen waren daher die Erweiterung der Erkenntnisse um maschinenseitige Einflüsse der Ressourcenströme und die Bestätigung der theoretischen Erkenntnisse. Zunächst wurden die Ressourcenströme der Systemelemente der Prozesskette analysiert. Hierzu wurden für die identifizierten Ressourcenbedarfe die betrachteten Energie- und Stoffströme messtechnisch aufgezeichnet und interpretiert, um diese Energie- und Stoffströme nach Möglichkeit einzelnen Ressourcenverbrauchern zuzuordnen. Grundlage für diese Zuordnung bildete die Reduzierung der Komplexität durch eine Abstrahierung der Maschinenzustände sowie Ableitung und Untersuchung der drei Leistungsbereiche Grundlast, Leerlauf- sowie Prozessleistung. Ausgehend von der Analyse der möglichen Leistungsbereiche wurde die Komplexität durch den Betrieb von Aggregaten und Peripherie sowie im abschließenden Schritt durch die Durchführung der Prozesse sukzessive erhöht. Diese sukzessive Vorgehensweise mit ihren betrachteten Ressourcen und den jeweils betrachteten Systemen bzw. Systemkomponenten ist in der folgenden Tabelle 6.1 gezeigt.

**Tabelle 6.1:** Betrachtete Ressourcen und Systeme bzw. Systemkomponenten zur Analyse der Leistungsbereiche

*Examined resources and systems or system components for the analysis of the type of performance*

| Leistungsbereich | Ressourcen | Betrachtungsrahmen |
|---|---|---|
| **Grundlast** | Elektrische Energie, Druckluft, technische Kälte | Laserquelle, Werkzeugmaschine, Drahtvorschubantrieb, Peripherie, Absaugung, Kühler, Ofen |
| **Leerlaufleistung** | Elektrische Energie, Druckluft, technische Kälte, Hilfsstoffe | Laserquelle, Werkzeugmaschine, Verfahrachsen, Drahtvorschubantrieb, Schutzgas, Crossjet, Absaugung, Kühler, Ofen, Spindel |
| **Prozessleistung** | Elektromagnetische Strahlleistung, elektrische Energie, Zusatzwerkstoffe, Druckluft, Hilfsstoffe, Wärme, mechanische Arbeit | Laserquelle, Drahtvorschubantrieb, Schutzgas, Absaugung, Kühler, Ofen, Verfahrachsen und Spindel |

Der Ressourcenbedarf und -einsatz hängt in hohem Maß von den verwendeten Systemen und Systemkomponenten, wie z. B. von den Antrieben und ihrer Dimensionierung, ab, von denen wiederum maßgeblich der Wirkungsgrad und damit die Ressourceneffizienz abhängen. Dadurch sind keine pauschalen, sondern lediglich maschinenspezifische Aussagen zu den Energie- und Stoffströmen von Werkzeugmaschinen möglich, sodass die Ergebnisse der Messungen auch nur für die untersuchten Systeme und Systemkomponenten gültig sind [Byrn08].

Des Weiteren bestimmen die jeweilige Belastung und Betriebsmodi der Systeme und Systemkomponenten den Ressourcenbedarf und -einsatz. Die Unterteilung zur Ressourcenaufnahme erfolgte, wie oben erwähnt, zweckmäßig in die Leistungsbereiche Grundlast, Leerlauf- und Prozessleistung und entspricht damit der aktuell üblichen Unterteilung in der Forschung [Schl13]. Die Grundlast von Werkzeugmaschinen kann zumeist als konstant angenommen werden, jedoch weisen Messungen der Leistungsaufnahme der Grundlast häufig zyklische Spitzenleistungen auf, die durch geregelte Aggregate, wie z. B. durch die Hydraulikversorgung, verursacht werden [Schl13]. Die Messungen der Leerlaufleistung wurden bei variierenden Parametern der Systeme bzw. Systemkomponenten durchgeführt. Auf Basis der Grundlast kam hier zumeist eine von diesen Parametern abhängige – häufig lineare – Leistungsaufnahme hinzu. Daher wurden die Parameter der in Unterkapitel 4.1 analysierten Systeme und Systemkomponenten soweit wie möglich variiert, sodass deren Einfluss auf die Ressourcenaufnahme und messtechnisch erfasst werden konnte. Hierbei erfolgten jeweils nur einmalige Messungen, die jedoch zeitlich gemittelt wurden, sodass statistische Abweichungen nicht über die Anzahl der Messungen, sondern aufgrund der zeitlichen Betrachtung kompensiert wurden. Zur Bestimmung der Prozessleistung wurden mit unterschiedlichen Prozessparametern experimentelle Untersuchungen durchgeführt. Basierend auf diesen und den Informationen zu Grundlast und Leerlaufleistung ließen sich die Ressourcenbedarfe der Prozesse ermitteln. Neben den Informationen der Ressourcenaufnahme waren hierbei gefertigte Prüfkörper Ergebnis der experimentellen Untersuchungen zu der Prozessleistung. Durch die Verwendung verschiedener Prozessparameter wurden einerseits die Prozessleistungen bestimmt und andererseits entstanden durch diese abweichenden Geometrien und Oberflächengüten des bauteilbezogenen Stoffstroms, die zu Wechselwirkungen mit den übrigen Prozessen der Prozesskette führten. Daher wurden für diese experimentellen Untersuchungen aussagekräftige Prozessparameter und Prüfkörper gewählt, bei denen u. a. die verfahrensspezifische Stufenstruktur der bauteilbegrenzenden Oberfläche in besonderem Maße zum Tragen kam und so die Wechselwirkungen eindeutig bestimmt werden konnten. Hierzu wurden durch die Wahl der Prozessparameter die Schichtdicke und durch Variation der generierten Querschnittsebenen der Bauteilgeometrie charakteristische Stufenstrukturen erzeugt. Basierend auf diesen Anforderungen eignete sich die Herstellung von Prüfkörpern mit unterschiedlichen Winkeln auf einer Bauplattform zur Bestimmung der Wechselwirkungen innerhalb der Prozesskette mit additiven Fertigungsverfahren.

Die Vorgehensweise zur Ressourcenaufnahme für die einzelnen Prozesse folgt dabei in den folgenden Unterkapiteln einem identischen Schema. Zuerst werden die jeweils verwendeten Werkzeugmaschinen und Anlagen mit ihren Systemen und Systemkomponenten sowie das verwendete Messequipment beschrieben. Anschließend werden die messtechnisch erfassten

Ressourcen dargestellt und im Fall, dass eine gesonderte Messung der betrachteten Ressourcen nicht möglich oder zielführend war, der jeweilige Ressourcenverbrauch folgerichtig interpretiert, sodass eine weitestgehend unabhängige Betrachtung der Ressourcenbedarfe der Systeme und Systemkomponenten möglich war. Abschließend wurde der bauteilbezogene Stoffstrom hinsichtlich der Eigenschaften, die durch die eingesetzten Fertigungsverfahren eingestellt wurden, untersucht.

## 6.1 Laserauftragschweißen

*Laser Deposition Welding*

Basierend auf den zuvor abgeleiteten Ressourcen der Prozesskette mit additiven Fertigungsverfahren wurde zunächst der Ressourcenbedarf und -einsatz für das Laserauftragschweißen experimentell untersucht. Da der Ressourceneinsatz in Abhängigkeit von den Prozessstellgrößen signifikanten Einfluss auf das Prozessergebnis und damit den bauteilbezogenen Stoffstrom hat, wurde dieser Zusammenhang ebenfalls im Rahmen der Experimente untersucht. Hierzu wurde die oben beschriebene Vorgehensweise, Beschreibung der Werkzeugmaschine und Anlagen mit ihren Systemen und Systemkomponenten sowie des verwendeten Messequipments, Messung der Energie- und Stoffströme sowie experimentelle Untersuchungen zu dem bauteilbezogenen Stoffstrom, verfolgt.

### 6.1.1 System und Messequipment für experimentelle Untersuchungen

*System and Measurement Equipment for Experimental Investigations*

Die im Rahmen dieser Arbeit durchgeführten experimentellen Untersuchungen zum Laserauftragschweißen erfolgten auf einer umgebauten Hochgeschwindigkeitsfräsmaschine des Modells TEC RFM 600 der Fa. Röders GmbH, die über drei simultane Verfahrachsen verfügt. Neben einer Werkstückpositionierung in x- und y-Richtung mittels Servoantrieben verfügt die Werkzeugmaschine über eine z-Achse mit Servoantrieb, an der eine zusätzliche Stellachse mit pneumatischem Antrieb in z-Richtung angebracht ist und mit der das optische System in Arbeitsposition verfahren wird. Des Weiteren verfügt das System über eine Stellachse (A-Achse), die eine Rotation um die z-Achse ermöglicht.

Die Prozessenergie in Form von elektromagnetischer Strahlung wird mit vier verschiedenen Wellenlängen ($\lambda_1$ = 940 nm; $\lambda_2$ = 980 nm; $\lambda_3$ = 1020 nm; $\lambda_4$ = 1064 nm) durch einen Diodenlaser der Fa. Laserline vom Typ LDF 4500-30 VGP zur Verfügung gestellt. Dieser emittiert eine maximale Ausgangsleistung von 4800 W und verfügt über ein Strahlparameterprodukt von 33 mm mrad. Des Weiteren besteht durch einen Pilotlaser mit einer Wellenlänge von 650 nm die Möglichkeit zur Ausrichtung und Justierung in x- und y-Richtung. Zur Kühlung der Laserquelle wird ein Luft-Wasser-Kühler vom Typ RK/W 10 000 L der Fa. Remko eingesetzt. Die elektromagnetische Strahlung wird mittels eines Lichtleitkabels mit einer numerischen Apertur von 0,26 zu dem optischen System übertragen. Der leistungsführende Durchmesser des Lichtleitkabels beträgt 600 µm. Das Lichtleitkabel bzw. dessen Spleißverbindungen und der Faserstecker vom Typ LLK-D sowie das optische System zur Strahlformung werden mit einem Kühler vom Typ LWH 3 S der Fa. Schwämmle GmbH & Co. KG gekühlt. Die Strahlformung erfolgt mit einer standardmäßigen transmissiven optischen Bearbeitungsoptik der Baureihe OTS-5 der Fa. Laserline mit einer Kollimationslinse mit einer Brennweite von 81 mm und einer Fokussierlinse mit einer Brennweite von 250 mm. Hieraus ergibt sich ein Arbeitsabstand von 228 mm sowie das in Abbildung 6.1 dargestellte Strahlprofil mit einem Radius an der Position der Strahltaille $w_0$ = 913 µm, einer Rayleighlänge $z_R$ = 20,934 mm und einer Beugungsmaßzahl $M^2$ = 118,0. Die Strahltaille entsprach bei den experimentellen Untersuchungen auch der Arbeitsebene.

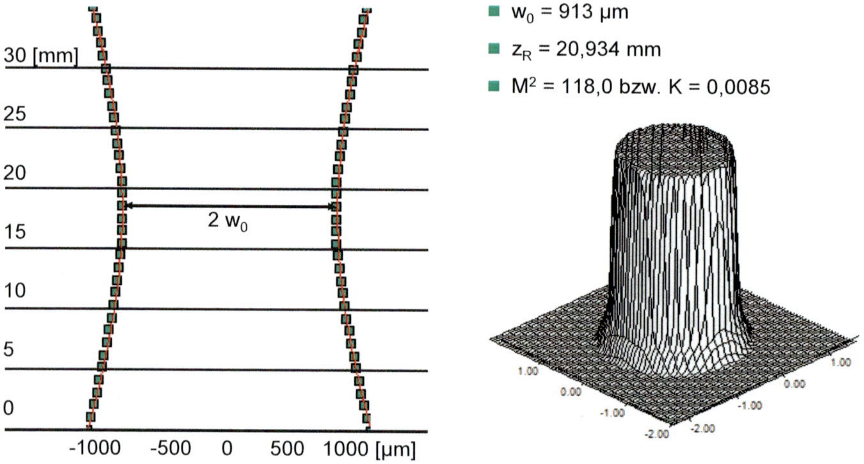


**Abbildung 6.1:** Strahlprofil des verwendeten Systems bei einer Laserleistung von 1000 W
*Beam profile of the used system at a laser power output of 1000 W*

Zum Schutz vor prozessbedingtem Funkenflug ist an dem optischen System ein Crossjet angebracht, der durch Druckluft sich auf das optische System zubewegende Funken ablenkt. Die Druckluft wird über eine zentrale Druckluftversorgung zur Verfügung gestellt, durch Ventile der Werkzeugmaschine geschaltet und durch eine Lavaldüse zugeführt. Zur Prozesseinstellung und -überwachung sind des Weiteren ein Fadenkreuzgenerator, eine S/W-CCD-Kamera, ein Seam Geometry Monitor SGM mit einer Kamera vom Typ SD CAM 1500-15 der Fa. Precitec zur Messung der Auftragsraupengeometrie sowie ein Pyrometer zur Temperaturmessung und Leistungsregelung an dem optischen System vorgesehen. Bei dem Pyrometer handelt es sich um ein Quotientenpyrometer der Fa. Mergenthaler mit einer Messzeit ab 0,1 ms. Durch den Aufbau des Systems mit einem dichroitischen Spiegel ist eine koaxiale Betrachtung der Prozesszone möglich. Zur Absaugung von entstehendem Schweißrauch wird ein Absaug- und Filtersystem vom Typ IS 2000 der Fa. ifs Industriefilter-Service GmbH verwendet.

Wie zuvor in der Systemanalyse (Kapitel 4) beschrieben und in dem ressourcenbezogenen Modell des Laserauftragschweißens (Unterkapitel 5.2.1) detailliert analysiert, wurde im Rahmen dieser Arbeit die Zuführung des Zusatzwerkstoffs drahtförmig durch einen Drahtvorschubantrieb der Fa. Dinse GmbH realisiert. Die Drahtvorschubgeschwindigkeit wird bei diesem stufenlos bis zu seiner maximalen Drahtvorschubgeschwindigkeit mittels einer angelegten Spannung von 0-10 V eingestellt. Die folgende Abbildung 6.2 zeigt schematisch den Arbeitsraum der für das Laserauftragschweißen umgebauten TEC RFM 600 der Fa. Röders GmbH mit dem installierten optischen System und seiner Peripherie.

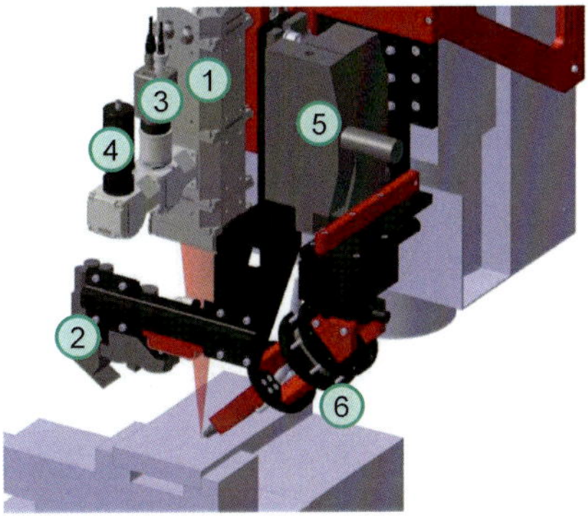


1. Laserline OTS-5
2. Precitec Seam Geometry Monitor SGM mit SD CAM 1500-15
3. S/W-CCD-Kamera
4. Quotientenpyrometer der Fa. Mergenthaler
5. Drahtvorschubantrieb der Fa. Dinse GmbH
6. Drahtzuführung

**Abbildung 6.2:** Aufbau für die experimentellen Untersuchungen
*Setup for experimental investigations*

Zur Ressourcenaufnahme der elektrischen Energie wurden tragbare Leistungs- und Energierekorder der Fa. Chauvin Arnoux vom Typ PEL103 eingesetzt. Diese ermöglichen dreikanalige Messungn der Spannung im Bereich von 0-1000 V und je nach eingestelltem Messbereich eine Stromstärke von minimal 50 mA bis maximal 10 000 A. Bei einer Netzfrequenz von 50 Hz entspricht die Abtastrate 6,4 kHz, sodass 128 Datenwerte je Periodendauer erfasst und aufgezeichnet werden. Diese Daten wurden mit der Software PEL Transfer Version 1.2.27 ausgewertet. Zur Messung des Volumenstroms der Druckluft wurde ein Druckluftzähler der Fa. efector300 vom Typ SD5000 verwendet. Dieser basiert auf dem kalorimetrischen Messprinzip mit einem Messbereich in Bezug auf das Normvolumen nach DIN 1343 von 0,04 $Nm^3\,h^{-1}$ bis zu 15 $Nm^3\,h^{-1}$ und ermöglicht die Ausgabe eines volumenstromproportionalen Analogsignals mit einer Amplitude von 4-20 mA. Das ausgegebene Analogsignal folgt einer Ausgangskennlinie nach der Norm IEC 60 947-5-7 und wurde mit der Software Linerecorder Sensor Version 3.2.5 ausgewertet. Der Schutzgasvolumenstrom wurde mit einem Masse-Durchflussmesser/-Regler vom Typ DMS der Fa. Kobold Messring GmbH bestimmt. Die technische Kälte wurde an der Steuerung der Laserquelle, die sowohl den Volumenstrom als auch die Vorlauf- und Rücklauftemperatur des Kühlmediums – in diesem Fall deionisiertes Wasser – anzeigt, abgelesen und auf den angezeigten Messwerten basierend berechnet.

### 6.1.2 Messung der Energie- und Stoffströme

*Measurement of Energy and Material Flows*

Der Kategorisierung der Tabelle 6.1 folgend wurde in einem ersten Schritt der Ressourcenbedarf der Grundlast der Systeme bzw. der Systemkomponenten bestimmt. Basierend darauf wurden anschließend die Leerlaufleistung und die Prozessleistung ermittelt.

#### *Grundlast*

Zur Ermittlung der Grundlast der Laserquelle wurden die elektrische Energie, die verbrauchte Druckluft sowie die zugeführte technische Kälte bestimmt. Die elektrische Energie wurde mittels des zuvor vorgestellten Leistungs- und Energierekorders vom Typ PEL103 der Fa. Chauvin Arnoux und die Druckluft mit dem SD5000 der Fa. efector300 gemessen sowie die technische Kälte auf Basis des Volumenstroms des Kühlwassers sowie dessen Vorlauf- und Rücklauftemperatur berechnet. Exemplarisch ist in Abbildung 6.3 der zeitliche Verlauf der elektrischen Leistungsaufnahme der Laserquelle im Betriebsmodus »Eingeschaltet« gezeigt. Über den Messzeitraum von ca. 8 min erreichte die elektrische Leistungsaufnahme einen minimalen Wert von 85,0 W und einen maximalen Wert von 137,0 W. Die arithmetisch gemittelte elektrische Leistungsaufnahme über den Messzeitraum entspricht ca. 112,7 W.

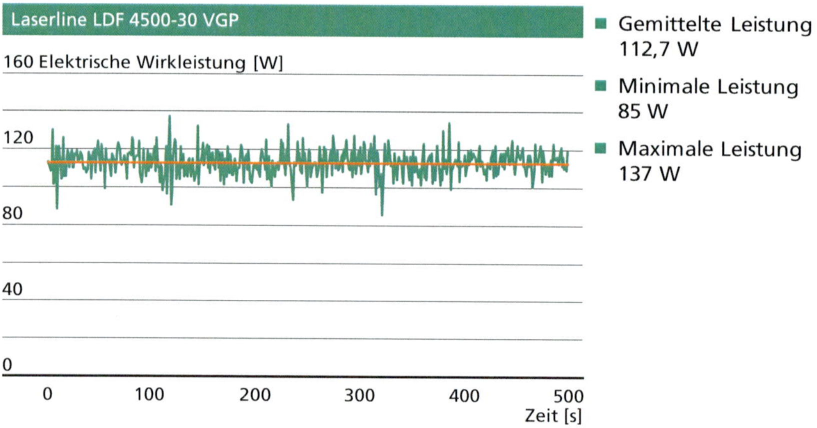


**Abbildung 6.3:** Elektrische Wirkleistung der Laserquelle im Betriebsmodus »Eingeschaltet«
*Active power of the laser source in operating mode »ON«*

Der Volumenstrom des Kühlwassers sowie dessen Vorlauf- und Rücklauftemperatur wurde an der Anzeige der Steuerung der Laserquelle abgelesen, um daraus die Kühlleistung $\dot{Q}_K$ zu bestimmen. Der Volumenstrom des Kühlwassers $\dot{V}_{Wasser}$ betrug in dem Betriebsmodus zur Bestimmung der Grundlast jedoch 0 l min$^{-1}$, sodass durch den Kühler keine Kühlleistung zur Verfügung gestellt werden musste. Des Weiteren verbraucht die Laserquelle Druckluft, die als Speerluft eingesetzt wird. Der Normvolumenstrom $\dot{V}_{DL}$ nach DIN ISO 2533 betrug hierfür 0,661 Nm$^3$ h$^{-1}$

bei 1013 hPa, 15 °C und 0 % relativer Luftfeuchtigkeit. Der Ressourceneinsatz der Werkzeugmaschine, des Drahtvorschubantriebs zur Zuführung des Zusatzwerkstoffs, der Absaugung, der beiden Kühler sowie der Peripherie wurde ebenfalls gemessen. Zur Peripherie zählen hierbei der Fadenkreuzgenerator zur Prozesseinstellung, die Prozessüberwachung mit ihrer S/W-CCD-Kamera zur visuellen Prozessbeobachtung, der Seam Geometry Monitor SGM mit der Kamera vom Typ SD CAM 1500-15 zur Aufzeichnung der Auftragsraupengeometrie und das Pyrometer zur Bestimmung der Temperatur in der Prozesszone sowie die Steuerung der Ventile und der Laserquelle (Notaus- und Sicherheitskreis). Tabelle 6.2 zeigt zusammenfassend die Grundlast der relevanten Systeme und Systemkomponenten. Die detaillierten Messergebnisse hierzu sind soweit notwendig in Anhang C dargestellt.

**Tabelle 6.2:** Grundlast der untersuchten Systeme und Systemkomponenten
*Basic load of the investigated systems and system components*

| System(-komponente) | Elektrische Wirkleistung | Technische Kälte | Druckluft |
|---|---|---|---|
| **Laserquelle** | 112,7 W | 0 W | 0,661 $Nm^3\ h^{-1}$ |
| **Werkzeugmaschine mit ausgeschalteten Umrichtern (Laserauftragschweißen und Fräsen)** | 450,7 W | - | 14,744 $Nm^3\ h^{-1}$ |
| **Zusatzwerkstoffzuführung** | 12,7 W | - | - |
| **Peripherie – Prozessüberwachung** | 298,3 W | - | - |
| **Ventilsteuerung** | 3,0 W | - | - |
| **Absaugung** | 0 W | - | - |
| **Kühler – Optisches System** | 887,7 W | - | - |
| **Kühler – Laserquelle** | 1284,0 W | - | - |
| **Gesamt** | **3049,1 W** | **-** | **15,405 $Nm^3\ h^{-1}$** |

## *Leerlaufleistung*

Aufbauend auf den Messungen zu den Grundlasten der Systeme und Systemkomponenten wurden anschließend die Leerlaufleistungen dieser gemessen bzw. rechnerisch ermittelt. Im Unterschied zu dem Betriebsmodus zur Bestimmung der Grundlast wurde die Laserquelle in den Bereitschaftsmodus versetzt, sodass sie bei einem entsprechenden Signal elektromagnetische Strahlung emittieren hätte können. In diesem Betriebsmodus werden die Kühlung sowie üblicherweise die Netzteile der Laserdioden eingeschaltet. Dadurch bedingt wird das Kühlmedium gepumpt. Hieraus resultiert eine Änderung des Ressourcenverbrauchs hinsichtlich der elektrischen Energie und der technischen Kälte. Der zeitliche Verlauf der elektrischen Leistungsaufnahme der Laserquelle im Betriebsmodus »Bereit« wies über einen Messzeitraum von ca. 8 min einen minimalen Wert von 494 W und einen maximalen Wert von 524 W auf. Die arithmetisch gemittelte elektrische Leistungsaufnahme über den Messzeitraum entsprach ca. 508,2 W. Der Volumenstrom des Kühlwassers $\dot{V}_{Wasser}$ betrug in dem Betriebsmodus zur Bestimmung der Leerlaufleistung ca. 29 l $min^{-1}$ bei einer Vorlauftemperatur des Kühlwassers $T_V$ von 21,4 °C und einer Rücklauftemperatur $T_R$ von 22,7 °C, sodass sich bei Berücksichtigung der Wärmekapazität des deionisierten Kühlwassers $c_{p,Wasser}$ von 4,184 kJ $kg^{-1}$ $K^{-1}$ und einer Dichte $\rho_{Wasser}$ von 998 kg $m^{-3}$ nach Gleichung 4.7 und 4.13 bzw. deren zeitlicher Ableitung eine Kühlleistung $\dot{Q}_K$ von 2624 W ergibt. Der Bedarf an Druckluft änderte sich im Vergleich zur Grundlast nicht.

Zur Bestimmung des Ressourceneinsatzes der Werkstückpositionierung wurden die Servomotoren der eingesetzten Werkzeugmaschine hinsichtlich der geschwindigkeitsabhängigen Leistungsaufnahme untersucht. Hierzu wurde die Leistung vor dem Einspeise-/Bremsmodul gemessen. Dies ermöglicht eine höhere Genauigkeit der Messung, da es zu keiner Umkehrung der Stromrichtung vor dem Einspeise-/Bremsmodul aufgrund von Bremsvorgängen kommt und die vorherrschenden Frequenzen geringer sind. Allerdings können die Leistungen der einzelnen Servomotoren für die x-, y- und z-Achse sowie die A-Achse und die Spindel (vgl. Unterkapitel 6.3.2) so nicht separat gemessen werden, sodass die ermittelten Leistungsverläufe folgerichtig interpretiert werden mussten. Die folgende Abbildung 6.4 zeigt den elektrischen Aufbau des Einspeise-/Bremsmoduls der Servoantriebe und der Spindel und enthält eine Kennzeichnung der Messposition.

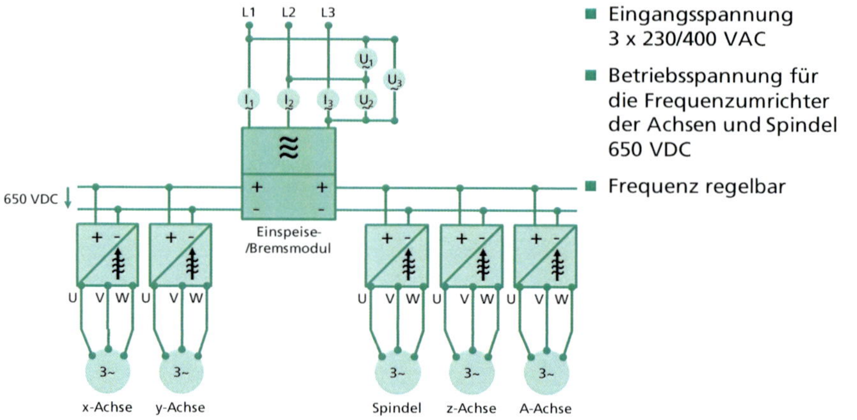


**Abbildung 6.4:** Elektrischer Aufbau des Einspeise-/Bremsmoduls der Servoantriebe und der Spindel

*Electrical setup of the power supply and brake module of the servo drives and the spindle*

Nach dem Anschalten der Werkzeugmaschine wurden die Umrichter der Achsen durch das erstmalige Ansteuern eines der Servoantriebe oder der Spindel eingeschaltet, sodass die Achsen von dem Betriebsmodus »Eingeschaltet« in den Betriebsmodus »Bereit« wechselten. Zur Bestimmung der Leerlaufleistung der Werkzeugmaschine wurden anschließend die Achsen einzeln bewegt, sodass die jeweilige elektrische Wirkleistung in Abhängigkeit von der Vorschubgeschwindigkeit bestimmt werden konnte. Abbildung 6.5 zeigt die Auswertung der elektrischen Wirkleistung der Servoantriebe in Abhängigkeit von den Werkstückvorschubgeschwindigkeiten der x- und y-Achse. Es wird deutlich, dass sich die elektrische Wirkleistung jeweils linear zu den Vorschubgeschwindigkeiten verhält. Die Ausgleichsgeraden weisen beide jeweils ein Bestimmtheitsmaß $R^2$ größer als 0,99 auf. Der Ordinatenabschnitt liegt je nach betrachtetem Servoantrieb bei 467,5 W oder 476,5 W. Dies entspricht annähernd der Leerlaufleistung der eingeschalteten Umrichter, die zuvor zu 471,6 W bestimmt wurde (vgl. Anhang C).

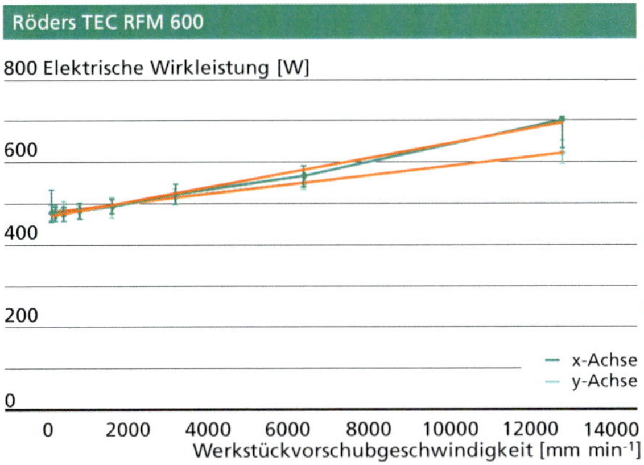


**x-Achse**

- $P(\dot{x}) = 0{,}0175\ \mathrm{W\ mm^{-1}\ min}\ \dot{x} + 467{,}45\ \mathrm{W}$
- Bestimmtheitsmaß $R^2 = 0{,}9915$

**y-Achse**

- $P(\dot{y}) = 0{,}0112\ \mathrm{W\ mm^{-1}\ min}\ \dot{y} + 476{,}53\ \mathrm{W}$
- Bestimmtheitsmaß $R^2 = 0{,}9958$

**Abbildung 6.5:** Elektrische Wirkleistung der x- und y-Achse in Abhängigkeit von der Werkstückvorschubgeschwindigkeit
*Active power of the x- and y-axis as a function of the work piece feed rate*

Abbildung 6.6 zeigt die Auswertung der elektrischen Wirkleistung des Servoantriebs in Abhängigkeit von der Vorschubgeschwindigkeit der z-Achse. Im Gegensatz zu den experimentellen Untersuchungen zu den elektrischen Wirkleistungen der x- und y- Achse zeigte sich bei Betrachtung der z-Achse neben der Geschwindigkeitsabhängigkeit eine Richtungsabhängigkeit der Leistungsaufnahme. Daher sind in Abbildung 6.6 jeweils die Messwerte aufgetragen, die mit (negative z-Richtung) und gegen (positive z-Richtung) die Richtung der Schwerkraft ermittelt wurden. Erwartungsgemäß ist eine höhere elektrische Wirkleistung notwendig, wenn der Servoantrieb gegen die Schwerkraft wirken muss. In entgegengesetzter Vorschubrichtung unterstützt die Schwerkraft den Servoantrieb, sodass die Leistungsaufnahme bei steigender Vorschubgeschwindigkeit sogar geringer wird. Daraus resultiert eine negative Steigung für den mathematischen Zusammenhang von elektrischer Wirkleistung und Vorschubgeschwindigkeit. Die Ausgleichsgeraden für die elektrischen Wirkleistungen in Abhängigkeit von den Vorschubgeschwindigkeiten in z-Richtung weisen Bestimmtheitsmaße $R^2$ von größer als 0,987 auf. Diese sind zwar geringfügig niedriger als die Bestimmtheitsmaße der x- und y-Achse, zeigen aber dennoch eine hohe Linearität der elektrischen Wirkleistung in Abhängigkeit von der Vorschubgeschwindigkeit. Die Ordinatenabschnitte liegen bei 482,3 W bzw. 439,0 W. Auch hier weisen die Ausgleichsgeraden geringfügig höhere Abweichungen von der zuvor bestimmten Leerlaufleistung der eingeschalteten Umrichter auf.

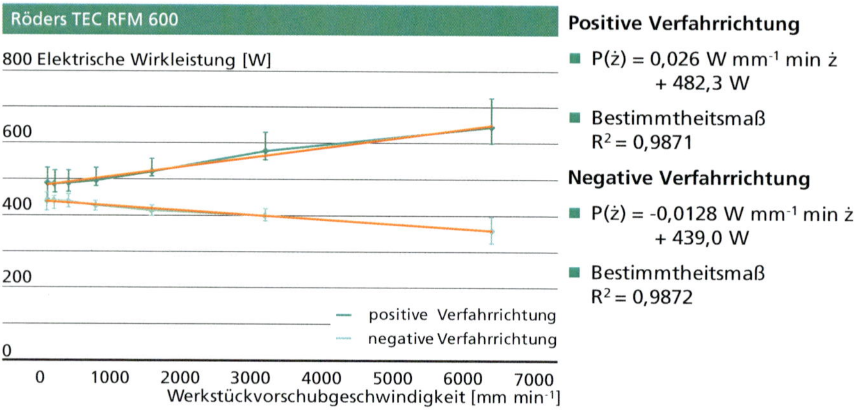


**Abbildung 6.6:** Elektrische Wirkleistung der z-Achse in Abhängigkeit von der Werkstückvorschubgeschwindigkeit und deren Richtung

*Active power of the z-axis as a function of the feed rate and its direction*

Für die im Rahmen der experimentellen Untersuchungen betrachteten Vorschubgeschwindigkeiten von bis zu 6400 mm $min^{-1}$ kann der Zusammenhang der elektrischen Wirkleistung und der Vorschubgeschwindigkeit als linear angenommen werden. In Richtung der Schwerkraft wird jedoch ab einer bestimmten Vorschubgeschwindigkeit die elektrische Wirkleistung wieder ansteigen, da die notwendige Beschleunigung nicht ausschließlich durch die Schwerkraft realisiert werden kann und der Servoantrieb ebenfalls in Richtung der Vorschubgeschwindigkeit wirken muss. Dieser Effekt ist allerdings in dem untersuchten Geschwindigkeitsbereich noch nicht erkennbar.

Der zusätzliche pneumatische Antrieb der z-Achse verfährt prinzipbedingt jeweils von einer Extremposition zu der anderen. Eine Steuerung der Geschwindigkeit ist nicht möglich, sodass jeweils nur der Verbrauch der Druckluft bestimmt werden konnte. Der gemittelte Druckluftvolumenstrom für das Verfahren in positive z-Richtung betrug 2,908 $Nm^3$ $h^{-1}$ während einer Verfahrzeit von 3,46 s, sodass 0,00279 $Nm^3$ Druckluft verbraucht wurden. In negative z-Richtung betrug der Normvolumenstrom 1,447 $Nm^3$ $h^{-1}$ während einer Verfahrzeit von 5,708 s, sodass der Druckluftverbrauch bei 0,00229 $Nm^3$ lag.

Des Weiteren wurde analog zu den elektrischen Wirkleistungen der x-, y- und z-Achse die elektrische Wirkleistung der A-Achse $P_{A\text{-}Achse}$ bestimmt. Der mathematische Zusammenhang lässt sich mit

$$P_{A-Achse} = 12{,}339\ W\ min\ n + 469{,}72\ W \qquad 6.1$$

beschreiben (vgl. Anhang C), wobei n die Drehzahl der A-Achse ist. Anschließend wurde die elektrische Wirkleistung des Drahtvorschubantriebs in Abhängigkeit von der Drahtvorschubgeschwindigkeit ebenfalls gemessen. Hierbei wurde die elektrische Wirkleistung des Drahtvorschubantriebs ohne Last – also ohne Draht – untersucht. In diesem Fall ist das Drehmoment zur Überwindung des Reibungswiderstands der Drahtführungsrollen sehr gering, sodass keine Änderung der elektrischen Wirkleistung im Gegensatz zu der Grundlast ermittelt wurden konnte.

Abschließend wurde der Druckluft- und Schutzgasvolumenstrom gemessen. Bei der Änderung des Betriebsmodus werden Ventile geschaltet, sodass der Crossjet und die Prozessüberwachung mit Druckluft und die Prozesszone mit Schutzgas versorgt werden. Für den Druckluftverbrauch wurde messtechnisch ein Normvolumenstrom $\dot{V}_{DL}$ von 29,016 $Nm^3\ h^{-1}$ und für den Schutz- und Prozessgasverbrauch ein Volumenstrom $\dot{V}_{Gas}$ von 10,0 $l\ min^{-1}$ des Gases Argon bestimmt.

## *Prozessleistung*

Aufbauend auf den Messungen zu den Grundlasten und den Leerlaufleistungen der Systeme und Systemkomponenten wurde die Prozessleistung dieser gemessen bzw. rechnerisch ermittelt. Im Unterschied zu den Betriebsmodi zur Bestimmung der Grundlast und Leerlaufleistung wurde elektromagnetische Strahlung von der Laserquelle emittiert, um die Prozessleistung zu bestimmen. Erwartungsgemäß änderte sich der Verbrauch der Druckluft im Vergleich zu der Grundlast und Leerlaufleistung nicht. Die weiteren Ressourcen elektrische Energie und technische Kälte wurden in Abhängigkeit von der elektromagnetischen Strahlleistung gemessen bzw. bestimmt. Abbildung 6.7 zeigt die Auswertung der elektrischen Wirkleistung der Laserquelle in Abhängigkeit von der elektromagnetischen Strahlleistung. Es wird deutlich, dass sich die elektrische Wirkleistung linear zu der elektromagnetischen Strahlleistung verhält. Die Ausgleichsgerade hat ihren Ordinatenabschnitt bei 1869,3 W; dieser liegt geringfügig unterhalb der elektrischen Wirkleistung der Laserstrahlquelle im Bereitschaftsmodus bei der ein Simmerstrom fließt, die zuvor zu 2206 W bestimmt wurde (vgl. Anhang C). Dieser Simmerstrom liegt oberhalb des Schwellstroms der Laserdioden und führt dazu, dass eine geringe elektromagnetische Strahlleistung emittiert wird, die aber in einen Absorber geführt wird, damit sie nicht aus der Laserquelle austritt. Das Bestimmtheitsmaß $R^2$ liegt bei 0,9991, was wiederum eine sehr hohe Linearität zwischen der elektrischen Wirkleistung und der elektromagnetischen Strahlleistung zeigt.

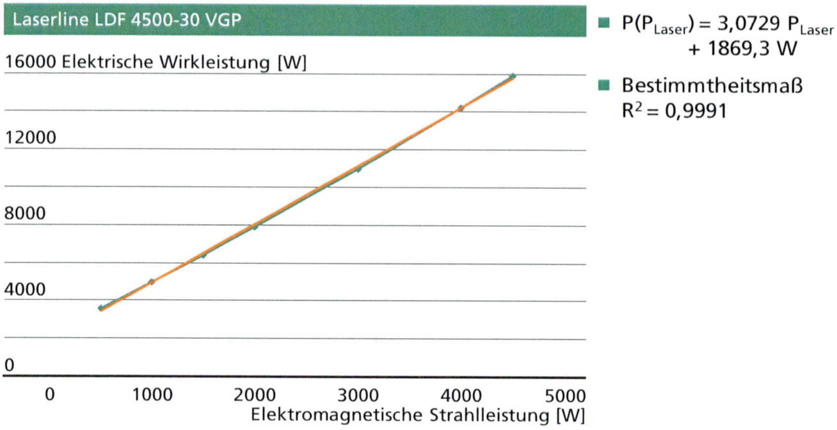


**Abbildung 6.7:** Elektrische Wirkleistung der Laserquelle in Abhängigkeit von der elektromagnetischen Strahlleistung
*Active power of the laser source as a function of the electromagnetic beam power*

Die erhöhte Aufnahme der elektrischen Wirkleistung der Laserstrahlquelle führt unweigerlich zu einer veränderten, typischerweise höheren Verlustleistung, sodass die technische Kälte zur Kühlung dieser in Abhängigkeit von der Ausgangsleistung ebenfalls untersucht wurde. Der Volumenstrom des Kühlwassers sowie dessen Eintritts- und Austrittstemperatur wurde an der Steuerung der Laserquelle abgelesen, um daraus die Kühlleistung $\dot{Q}_K$ zu bestimmen. Der Volumenstrom $\dot{V}_{Wasser}$ betrug in dem bei einer emittierten elektromagnetischen Strahlleistung $P_{Laser}$ von beispielsweise 1000 W ca. 29,8 l min$^{-1}$, die Vorlauftemperatur des Kühlwassers $T_V$ 21,3 °C und die Rücklauftemperatur $T_R$ 22,9 °C, sodass sich mit dem bereits vorgestellten Vorgehen zur Bestimmung der Kühlleistung und unter Berücksichtigung der vorgestellten Konstanten (vgl. S. 116) eine Kühlleistung $\dot{Q}_K$ von 3318,24 W ergab. Abbildung 6.8 zeigt die Auswertung der experimentellen Untersuchungen bei variierenden Laserleistungen. Diese zeigt ebenfalls eine hohe Linearität des Zusammenhangs von Kühlleistung und Laserleistung mit einem Bestimmtheitsmaß $R^2$ von 0,9938. Der identische Zusammenhang bzw. eine hohe Linearität ergibt sich auch bei der Betrachtung der elektrischen Wirkleistung des zum Laser gehörenden Kühlers (siehe Anhang C).

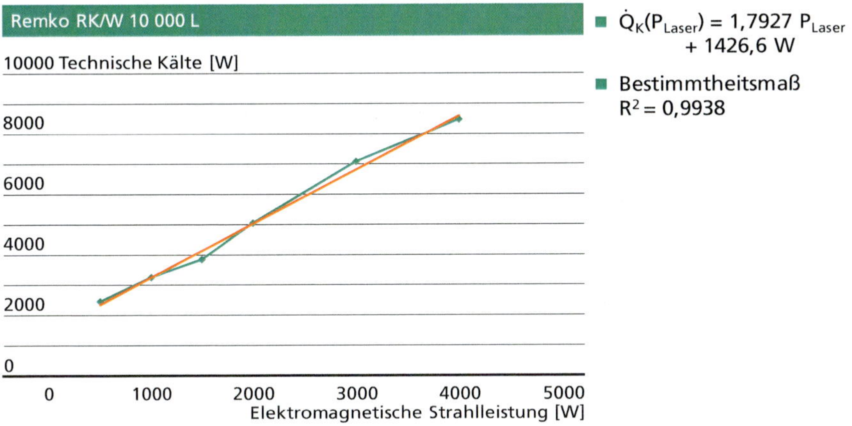


**Abbildung 6.8:** Technische Kälte der Laserquelle in Abhängigkeit von der elektromagnetischen Strahlleistung

*Technical cooling of the laser source as a function of the electromagnetic beam power*

Abschließend wurde die elektrische Wirkleistung des Drahtvorschubantriebs in Abhängigkeit von der Drahtvorschubgeschwindigkeit während des Prozesses – also mit Draht – gemessen. Die Abhängigkeit von der Drahtvorschubgeschwindigkeit folgt einem linearen Zusammenhang und lässt sich mit

$$P_{Draht} = 0{,}0054\ W\ \frac{min}{mm}\ v_{Draht} + 15{,}226\ W \qquad 6.2$$

beschreiben, wobei $P_{Draht}$ die elektrische Wirkleistung des Drahtvorschubantriebs und $v_{Draht}$ die Vorschubgeschwindigkeit des Drahts sind (vgl. Anhang C). Auffällig ist hierbei, dass in Relation zu den übrigen Messungen das Bestimmtheitsmaß $R^2$ mit 0,9043 verhältnismäßig gering ist. Dies liegt ursächlich in dem ungleichmäßigen Widerstand beim Abwickeln des Drahts von der Drahtrolle, der wiederum durch Unregelmäßigkeiten der Wicklungen entsteht, begründet.

Ebenfalls wurde stichprobenartig die elektrische Wirkleistung der x- und A-Achse der Werkzeugmaschine während des Prozesses – also mit einem eingespannten Werkstück – gemessen. Die Ergebnisse bestätigten ebenfalls den linearen Zusammenhang und stimmen in guter Näherung mit den im Leerlauf gemessenen Ergebnissen überein (vgl. S. 117, 119). Das Gewicht des Werkstücks beeinflusst bauartbedingt die elektrische Wirkleistung der y- und z-Achse nicht, sodass diese im Rahmen der Messungen zur Prozessleistung nicht betrachtet werden mussten.

### 6.1.3 Experimentelle Untersuchungen zu dem bauteilbezogenen Stoffstrom

*Experimental Investigations toward the Part Related Material Flow*

Ausgehend von den zuvor ermittelten Energie- und Stoffströmen für das Laserauftragschweißen wurde anschließend der Einfluss der signifikanten Einflussfaktoren auf die Auftragsraupen, den Aufbau von Einzelschichten sowie den additiven Aufbau untersucht. Hierbei war jeweils die Geometrie hinsichtlich der Breite, Höhe und ggf. Oberfläche sowie die mechanischen Eigenschaften der Auftragsraupen bzw. Einzelschichten oder additiven Aufbauten Ergebnis der Untersuchungen. Die Änderung dieses bauteilbezogenen Stoffstroms ist das Ziel des Laserauftragschweißens. Neben dem Schaffen einer Form beeinflusst der Prozess dabei aber auch die Stoffeigenschaften des Werkstoffs.

## *Auftragsraupen*

Die Geometrie einer einzelnen Auftragsraupe wird maßgeblich durch die Laserleistung bzw. Intensitätsverteilung der elektromagnetischen Strahlung, Drahtvorschubgeschwindigkeit und Werkstückvorschubgeschwindigkeit bestimmt, da diese gemeinsam mit dem Durchmesser des verwendeten Drahts $d_{Draht}$ die spezifische elektromagnetische Energie (vgl. S. 58) sowie den bauteilbezogenen Stoffstrom bestimmen. Die weiteren Ressourcen bzw. dessen Verbrauch sind überwiegend zeitlich bestimmt und haben keinen signifikanten Einfluss auf die Auftragsraupengeometrie. Daher wurden die experimentellen Untersuchungen auf den Einfluss der Laserleistung, der Drahtvorschubgeschwindigkeit und der Werkstückvorschubgeschwindigkeit beschränkt. Um die Einflussfaktoren singulär zu betrachten und deren Einfluss auf die Auftragsraupengeometrie zu bestimmen, wurden einzelne Auftragsraupen aufgebaut und deren Geometrie anschließend mit dem Seam Geometry Monitor SGM und der Kamera vom Typ SD CAM 1500-15 gemessen. In Anlehnung an den Entwurf der DIN EN ISO 15 614-7 zur Schweißverfahrensprüfung wurden zur Untersuchung der einzelnen Auftragsraupen ein An- und Auslauf von ≥ 25 mm sowie eine Dicke der Bauteilplattform von mindestens 12 mm berücksichtigt [DIN15]. Hierzu wurden die experimentellen Untersuchungen an Auftragsraupen mit einer Länge von 75 mm auf einer ebenen Bauteilplattform mit einer Dicke von 20,5 mm durchgeführt. Die Oberfläche der Bauteilplattform war geschliffen und wies eine gemittelte Rauheit Ra von 0,12 µm und gemittelte Rautiefe Rz von 0,85 µm in Richtung der Werkstückvorschubbewegung sowie eine gemittelte Rauheit Ra von 0,73 µm und gemittelte Rautiefe Rz von 5,46 µm quer zu dieser auf. Als Werkstoff wurde sowohl für die Bauteilplattform bzw. das Substrat als auch für den drahtförmigen Zusatzwerkstoff X37CrMoV5-1 verwendet. Dies ist ein Warmarbeitsstahl, der eine Vielzahl an Einsatzmöglichkeiten bietet und damit über eine entsprechende wirtschaftliche Relevanz verfügt. Der Zusatzwerkstoff wurde mit einem Durchmesser $d_{Draht}$ von Ø1,2 mm mittels des Drahtvorschubantriebs dem Prozess zugeführt. Werkstoff- und fertigungsbedingt wies der Draht ein weichgeglühtes, ferritisches Gefüge mit Karbidausscheidungen auf. Die Prozesszone, in der die Werkstoffe in schmelzflüssiger Phase vorlagen, wurde durch einen inerten Schutzgasstrom aus Argon, der durch die Drahtdüse geführt wurde, von der Umgebungsatmosphäre abgeschirmt. Zur wissenschaftlichen und statistischen Absicherung wurden die experimentellen Untersuchungen jeweils dreimal durchgeführt und die Ergebnisgrößen arithmetisch gemittelt.

Zur Quantifizierung der oben genannten Einflussfaktoren wurden jeweils die Höhe und Breite der Auftragsraupen gemessen. Die folgende Abbildung 6.9 zeigt die Auswertung der Auftragsraupengeometrie hinsichtlich der Auftragsraupenhöhe und -breite in Abhängigkeit von der Laserleistung bzw. von der spezifischen elektromagnetischen Energie. Es wird deutlich, dass die Auftragsraupenbreite bei steigender Laserleistung bzw. bei höherer spezifischer elektromagnetischer Energie annähernd linear ansteigt. Dies entspricht den theoretischen Grundlagen nach denen sich die Oberflächenspannung und Viskosität der Schmelze über einen weiten Bereich umgekehrt proportional zur Temperatur verhalten und sich das Schmelzbad entsprechend ausbreitet. Gleichzeitig ist die Laserleistung von untergeordnetem Einfluss auf die Höhe der Auftragsraupen. Bei unveränderter Drahtvorschubgeschwindigkeit und damit einem konstanten bauteilbezogenen Stoffstrom bzw. einer Massenkonstanz folgt daraus eine Änderung der Geometrie der Auftragsraupen hinsichtlich der Krümmung der Auftragsraupe. Je höher die Laserleistung ist, desto größer ist der Krümmungsradius der Auftragsraupe aufgrund eines geringeren Benetzungswinkels, der aus der geringeren Viskosität folgt. Die minimale Laserleistung, die die Entstehung einer Auftragsraupe ermöglicht – sprich den bauteilbezogenen Stoffstrom vollständig aufschmilzt, liegt bei 900 W bei einer Drahtvorschubgeschwindigkeit von 800 mm min$^{-1}$ und entspricht einer spezifischen elektromagnetischen Energie von 7,65 MJ kg$^{-1}$.

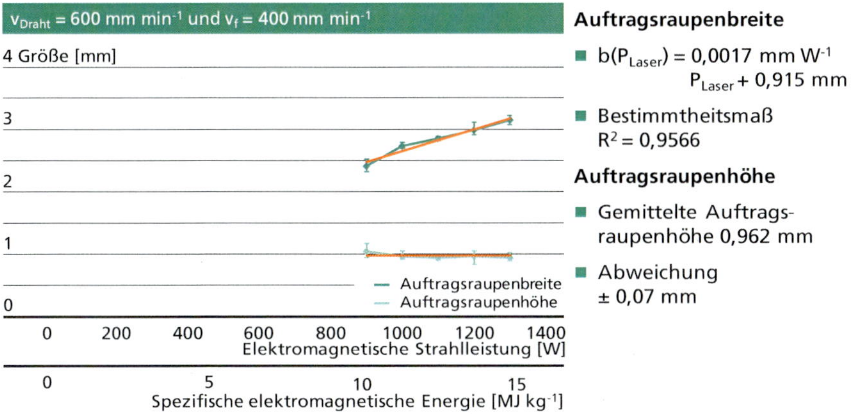


**Abbildung 6.9:** Auftragsraupengeometrie in Abhängigkeit von der Laserleistung bzw. der spezifischen elektromagnetischen Energie
*Deposited run's geometry as a function of the laser power respectively specific electro-magnetic energy*

In Abbildung 6.10 und Abbildung 6.11 ist jeweils die Breite und Höhe der Auftragsraupen in Abhängigkeit von der Draht- bzw. der Werkstückvorschubgeschwindigkeit dargestellt. Die verwendete Laserleistung wurde für die experimentellen Untersuchungen konstant gewählt und ermöglicht ein vollständiges Aufschmelzen bei den höchsten betrachteten Draht- und Werkstückvorschubgeschwindigkeiten. Bei einer Steigerung der Drahtvorschubgeschwindigkeit und gleichbleibender Werkstückvorschubgeschwindigkeit steigt die Fläche des Querschnitts der

Auftragsraupe folgerichtig an. Die Höhe der Auftragsraupe steigt dabei signifikant an, während sich die Breite der Auftragsraupe über die Drahtvorschubgeschwindigkeit nicht signifikant verändert. Die Steigerung der Werkstückvorschubgeschwindigkeit hingegen führt zu einer Reduzierung der Fläche des Querschnitts der Auftragsraupe, wobei sowohl die Höhe als auch die Breite der Auftragsraupe signifikant reduziert werden.

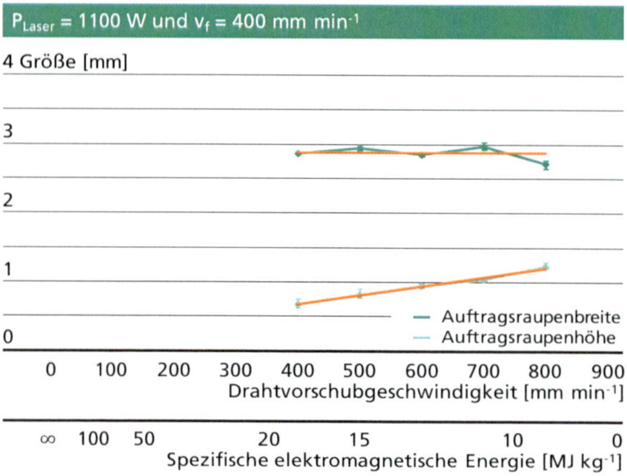


**Auftragsraupenbreite**

- Gemittelte Breite 2,86 mm
- Abweichung ± 0,15 mm

**Auftragsraupenhöhe**

- $h(v_{Draht}) = 0{,}0013 \text{ min } v_{Draht} + 0{,}128 \text{ mm}$
- Bestimmtheitsmaß $R^2 = 0{,}9931$

**Abbildung 6.10:** Auftragsraupengeometrie in Abhängigkeit von der Drahtvorschubgeschwindigkeit

*Deposited run's geometry as a function of the wire feed rate*

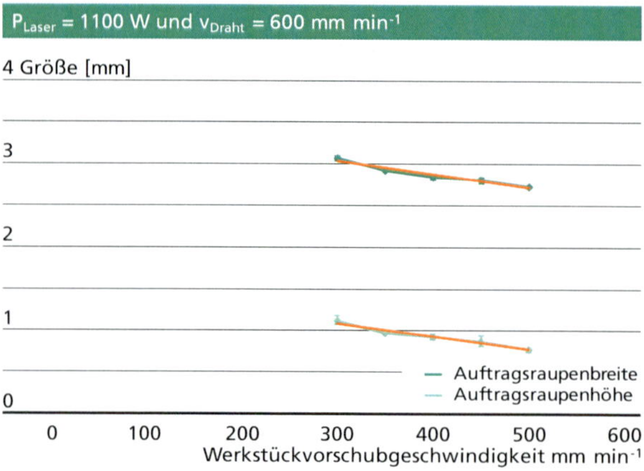


**Auftragsraupenbreite**

- $b(v_f) = -0{,}0016 \text{ min } v_f + 3{,}52 \text{ mm}$
- Bestimmtheitsmaß $R^2 = 0{,}9443$

**Auftragsraupenhöhe**

- $h(v_f) = -0{,}0016 \text{ min } v_f + 1{,}558 \text{ mm}$
- Bestimmtheitsmaß $R^2 = 0{,}9548$

**Abbildung 6.11:** Auftragsraupengeometrie in Abhängigkeit von der Werkstückvorschubgeschwindigkeit

*Deposited run's geometry as a function of the work piece feed rate*

Die Auswertung zeigt, dass insbesondere das Verhältnis von Draht- und Werkstückvorschubgeschwindigkeit von signifikanter Bedeutung für die Geometrie der Auftragsraupe und hierbei besonders für deren Höhe ist. Aufgrund dieser Erkenntnisse wurde anschließend die Geometrie der Auftragsraupen in Abhängigkeit von dem Verhältnis von Draht- und Werkstückvorschubgeschwindigkeit untersucht. Abbildung 6.12 zeigt die Auswertung dieser experimentellen Untersuchungen und stellt die Auftragsraupengeometrie als Funktion dieses Verhältnisses dar. Es wird deutlich, dass die Geometrie der Auftragsraupen nahezu unabhängig von den absoluten Draht- und Werkstückvorschubgeschwindigkeiten ist, sondern primär durch dessen Verhältnis bestimmt wird. Erwartungsgemäß steigt die Höhe der Auftragsraupengeometrie bei steigendem Vorschubgeschwindigkeitsverhältnis signifikant an. Die Auftragsraupenbreite steigt bei geringeren Werkstückvorschubgeschwindigkeiten tendenziell an. Dies liegt der gestiegenen Temperatur in der Prozesszone und der damit gesunkenen Oberflächenspannung und Viskosität des Zusatzwerkstoffs zugrunde.

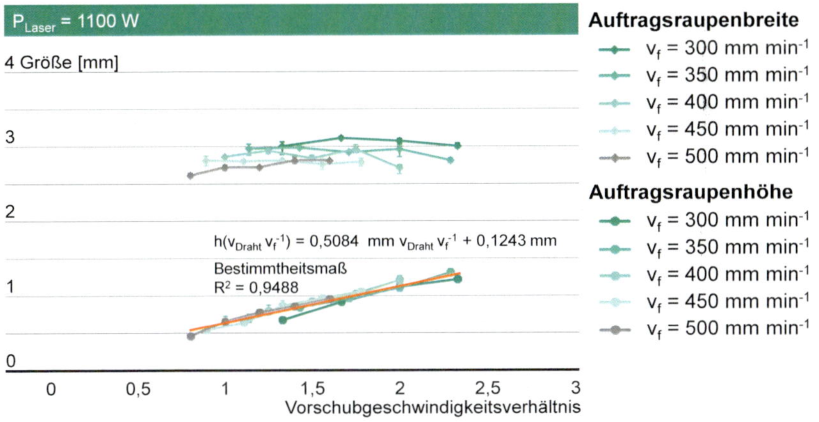


**Abbildung 6.12:** Auftragsraupengeometrie in Abhängigkeit von dem Verhältnis von Draht- und Werkstückvorschubgeschwindigkeit

*Deposited run's geometry as a function of the ratio of wire and work piece feed rate*

Des Weiteren wurden die untersuchten Auftragsraupen hinsichtlich ihrer mechanischen Eigenschaften geprüft. Hierzu wurden lichtmikroskopische Aufnahmen mit einem Auflichtmikroskop vom Typ Axio Imager.A1m der Fa. Carl Zeiss Microscopy GmbH mit einer Kamera vom Typ ProgRes SpeedXT core 5 der Fa. JENOPTIK AG jeweils hinsichtlich des vorliegenden Gefüges betrachtet und mit der Software Imagic IMS Client V15Q1 ausgewertet. Aufgrund der hohen Abkühlraten von mindestens $(\partial T/\partial t) > 10^2$ K s$^{-1}$ (vgl. S. 20) entsteht bei dem verwendeten Werkstoff X37CrMoV5-1 ein martensitisches Gefüge, das wegen der gerichteten Erstarrung eine Dendritenstruktur aufweist. Die folgende Abbildung 6.13 zeigt exemplarisch den Querschliff einer Auftragsraupe, die mit einer Laserleistung von $P_{Laser}$ = 1100 W, einer Drahtvorschubgeschwindigkeit $v_{Draht}$ = 700 mm min$^{-1}$ und einer Werkstückvorschubgeschwindigkeit von

$v_f$ = 300 mm min$^{-1}$ hergestellt wurde, sowie den dazugehörigen Härteverlauf, der mit einem Messgerät vom Typ M-400-H der Fa. Leco aufgenommen wurde. Dieser ist charakteristisch für das vorliegende martensitische Gefüge.

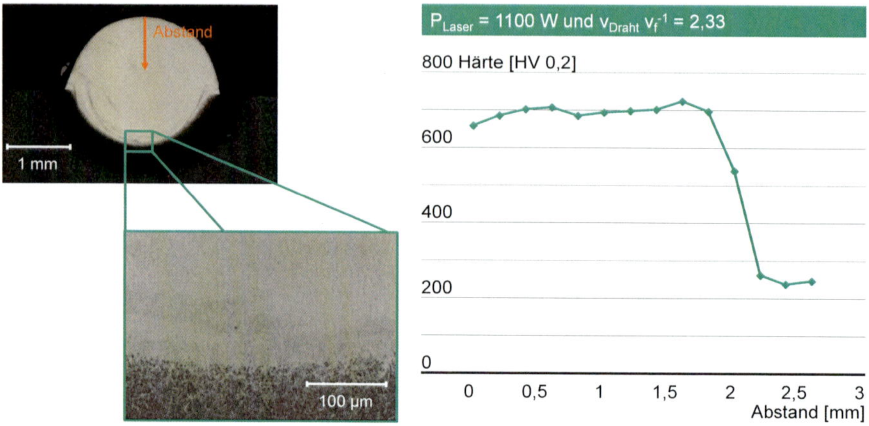


**Abbildung 6.13:** Exemplarischer Querschliff einer Auftragsraupe mit Dendritenstruktur und dazugehörendem Härteverlauf

*Exemplary cross section of a deposited run with dendritic microstructure and corresponding hardness profile*

## *Einzelschicht*

Ausgehend von einer einzelnen Auftragsraupe wird durch weitere Auftragsraupen parallel zu dieser sukzessive eine Schicht erzeugt. Der Abstand der Auftragsraupen ist dabei von signifikanter Bedeutung für das Prozessergebnis und hierbei insbesondere für die Geometrie hinsichtlich der Höhe und Breite der Schicht. In Abhängigkeit von der Geometrie einer einzelnen Auftragsraupe variiert der optimale Abstand zwischen einzelnen Auftragsraupen. Zur Ermittlung des Einflusses der Auftragsraupengeometrie auf das Prozessergebnis wurden experimentelle Untersuchungen mit Auftragsraupen, deren Abstand variiert wurde, durchgeführt. Hierzu wurden mit drei zuvor ermittelten Prozessparametern ($v_f$ = 300 mm min$^{-1}$, $v_{Draht}$ = 700 mm min$^{-1}$; $v_f$ = 400 mm min$^{-1}$, $v_{Draht}$ = 600 mm min$^{-1}$; $v_f$ = 500 mm min$^{-1}$, $v_{Draht}$ = 500 mm min$^{-1}$), die zu jeweils unterschiedlichen Geometrien der Auftragsraupen führen, Einzelschichten durch jeweils sieben nebeneinander aufgebrachte Auftragsraupen mit einer Länge von 70 mm hergestellt. Die signifikanten Prozessstellgrößen Laserleistung $P_{Laser}$, Drahtvorschubgeschwindigkeit $v_{Draht}$ und Werkstückvorschubgeschwindigkeit $v_f$ wurden dabei je Einzelschicht konstant gehalten. Abbildung 6.14 zeigt die Auswertung der Geometrien hinsichtlich ihrer Höhen und Breiten in Abhängigkeit von dem Abstand der Auftragsraupen. Zur Bestimmung der Breite je Auftragsraupe wurde die Schichtbreite durch die Anzahl der Auftragsraupen dividiert. Erwartungsgemäß stellt sich die Breite proportional zu der Breite einer einzelnen Auftragsraupe sowie dem gewählten Abstand ein. Die Höhe der Geometrie steigt bei einem geringen Abstand aufgrund der Massenkonstanz leicht an. Üblicherweise ist eine konstante Höhe der Einzelschicht anzustreben, sodass sich jeweils optimale Abstände zwischen den Auftragsraupen ergeben. Bei einem zu kleinen Abstand variiert die Höhe der einzelnen Auftragsraupen stark und steigt sukzessive bis zu einem Grenzwert an, sodass keine einheitliche Schichthöhe entsteht. Ein zu groß gewählter Abstand resultiert in einer großen Welligkeit durch eine sehr geringe Höhe im Bereich der Überlappung der Auftragsraupen.

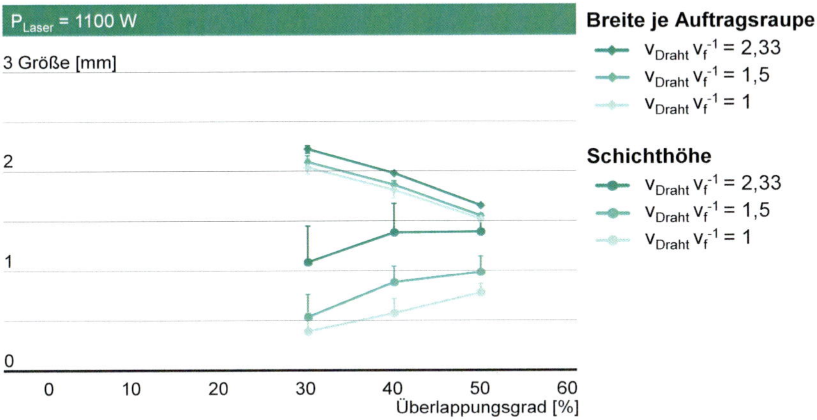


**Abbildung 6.14:** Geometrie der Einzelschichten in Abhängigkeit von der Überlappung der Auftragsraupen

*Geometry of the single layers as a function of the overlap of the deposited runs*

## *Additiver Aufbau*

Basierend auf den experimentellen Untersuchungen zum Erzeugen einer Einzelschicht wurden mit den drei untersuchten Prozessparametern Prüfkörper aufgebaut. Hierzu wurden jeweils fünf Auftragsraupen mit einer Länge von 55 mm nebeneinander erzeugt bis eine Schicht entstanden war. Durch das Erzeugen weiterer Schichten mit einem vertikal und horizontal verschobenen Startpunkt entstanden sukzessive Prüfkörper. Neben den Prozessstellgrößen Laserleistung $P_{Laser}$, Drahtvorschubgeschwindigkeit $v_{Draht}$ und Werkstückvorschubgeschwindigkeit $v_f$ aus denen sich die Höhe der einzelnen Schichten ergibt, ist die Geometrie des Werkstücks von signifikanter Bedeutung. Mit jedem der ausgewählten Prozessparameter wurden jeweils Prüfkörper erzeugt, die einen Konturwinkel von jeweils 0°, 30°, 45°, 60° und 80° aufwiesen. Der Konturwinkel bzw. die jeweilige Geometrie der Oberfläche wurde mit einem taktilen Messgerät vom Typ Form Talysurf Series 2 der Fa. Taylor Hobson Ltd. nach DIN EN ISO 4287 gemessen. Abbildung 6.15 zeigt die Auswertung des Aufmaßes der Prüfkörper in Abhängigkeit von dem Konturwinkel mit dem die Prüfkörper aufgebaut wurden. Aufgrund von hoher Streuung der Prozessergebnisse unabhängig von den verwendeten Prozessparametern wird die Fläche des Aufmaßes lediglich hinsichtlich des Konturwinkels dargestellt. Multipliziert mit der Länge der Prüfkörper ergibt dieses das Aufmaßvolumen durch Laserauftragschweißen. Die Flächen der Aufmaße sind bei einem Konturwinkel von 0° minimal, steigen bis zu einem Maximum bei einem Konturwinkel von 45° an und verringern sich dann wieder. Dies entspricht den theoretischen Überlegungen des Stufenmodells der additiven Fertigungsverfahren.

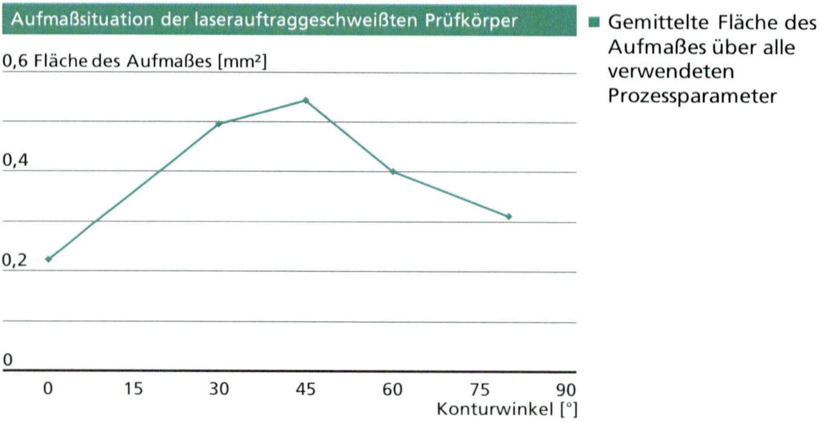


**Abbildung 6.15:** Oberflächengüte in Abhängigkeit von dem Konturwinkel der Prüfkörper
*Surface quality as a function of the contour angle of the test pieces*

## 6.2 Wärmebehandlung
*Heat Treatment*

Basierend auf den zuvor abgeleiteten Ressourcen der Prozesskette mit additiven Fertigungsverfahren wurde im nächsten Schritt der Ressourcenbedarf und -einsatz für die Wärmebehandlung experimentell untersucht. Hierzu wurde die oben beschriebene Vorgehensweise, Beschreibung des Ofens sowie des verwendeten Messequipments, Messung der Energie- und Stoffströme sowie experimentelle Untersuchungen zu dem bauteilbezogenen Stoffstrom, verfolgt.

### 6.2.1 System und Messequipment für experimentelle Untersuchungen
*System and Measurement Equipment for Experimental Investigations*

Die experimentellen Untersuchungen zur Wärmebehandlung wurden mit einem standardmäßigen Kammerofen mit einer horizontalen Luftumwälzung des Typs N15/65HA der Fa. Nabertherm GmbH mit einer Steuerung vom Typ P320 durchgeführt. Dieser verfügt über eine maximale Leistungsaufnahme von 2,7 kW bei einer Anschlussspannung von 230 V. Die Prozessenergie in Form von Wärme wird durch Mäanderheizer zugeführt, die eine maximale Temperatur von 650 °C ermöglichen. Diese Mäanderheizer befinden sich jeweils im Boden, den Seiten und in der Decke, um eine axiale Wärmeabfuhr zu kompensieren. Um eine möglichst homogene Temperaturverteilung zu erreichen, befindet sich ein Luftleitkasten aus chemisch beständigem Stahl im Ofen durch den Luft mit hoher Strömungsgeschwindigkeit fließt. Dies garantiert eine optimale Luftumwälzung und Verteilung der Luft, sodass eine Temperaturgenauigkeit im Arbeitsraum nach DIN 17 052-1 von maximal $\Delta T = 6$ K erzielt werden kann. Zur Ressourcenaufnahme der elektrischen Energie wurde der zuvor vorgestellte Leistungs- und Energierekorder vom Typ PEL103 der Fa. Chauvin Arnoux verwendet. Da der betrachtete Werkstoff X37CrMoV5-1 bei einer Wärmebehandlung bis 650 °C nur geringfügig zur Oxidbildung neigt, ist weder Vakuum noch Schutzgas notwendig, sodass der ausgewählte Ofen auch nicht mit der dafür notwendigen Peripherie ausgestattet war. Des Weiteren ist die thermische Belastung aufgrund des Zeit-Temperaturverlaufs zum Spannungsarmglühen des Werkstoffs X37CrMoV5-1 verhältnismäßig gering, sodass auf eine Kühlung von thermisch empfindlichen Systemelementen verzichtet werden kann.

### 6.2.2 Messung der Energie- und Stoffströme

*Measurement of Energy and Material Flows*

Der Kategorisierung der Tabelle 6.1 (vgl. S. 109) folgend wurde in einem ersten Schritt der Ressourcenbedarf der Grundlast der Systeme bzw. der Systemkomponenten bestimmt. Basierend darauf wurden anschließend die Leerlaufleistung und die Prozessleistung ermittelt.

#### *Grundlast*

Zur Ermittlung der Grundlast des Ofens wurde die elektrische Leistungsaufnahme des Ofens im Betriebsmodus »Eingeschaltet« gemessen. Die elektrische Leistungsaufnahme lag in diesem Betriebsmodus jedoch unterhalb des Messbereichs des verwendeten Messequipments von 50 mA, sodass die Leistungsaufnahme der Grundlast vernachlässigt werden kann.

#### *Leerlaufleistung*

Anschließend wurde die Leerlaufleistung des Ofens gemessen. Der Ofen befindet sich im Leerlauf, wenn alle Systemkomponenten außer der Heizung, die die Prozessenergie zur Verfügung stellt, in »Betrieb« sind. Dies bedeutet aber auch, dass lediglich der Lüfter zur Luftumwälzung zusätzlich eingeschaltet wurde. Die arithmetisch gemittelte elektrische Leistungsaufnahme des Ofens entsprach in diesem Betriebszustand ca. 112 W (vgl. Anhang C).

#### *Prozessleistung*

Aufbauend auf den Messungen zu der Grundlast und der Leerlaufleistung wurde die Prozessleistung des Ofens gemessen. Im Unterschied zu den Betriebsmodi zur Bestimmung der Grundlast und der Leerlaufleistung wurde der Arbeitsraum des Ofens zur Bestimmung der Prozessleistung mit einem vorgegebenen Zeit-Temperatur-Verlauf, der zu einem Spannungsarmglühen des verwendeten X37CrMoV5-1 genutzt wird, temperiert (vgl. Abbildung 6.16).

Die elektrische Wirkenergie wurde für unterschiedliche Beladungsmengen gemessen. Eine Messung der elektrischen Wirkleistung in Abhängigkeit von der Temperatur ist nicht zielführend, da die elektrische Wirkleistung mittels eines PID-Reglers und damit in Abhängigkeit von der Differenz der Soll- und Ist-Temperatur geregelt wird. Basierend auf dieser Differenz und der vorgegebenen Aufheizrate wird das Puls-Pause-Verhältnis zum Betrieb der Heizung variiert. Abbildung 6.17 zeigt die Auswertung der elektrischen Wirkenergie des Ofens in Abhängigkeit von der Beladungsmenge. Es wird deutlich, dass sich die elektrische Wirkenergie zwar in weiten Teilen linear zu der Beladungsmenge verhält, allerdings ist die Steigung der Geraden verhältnismäßig gering. Die theoretische Masse der durch Laserauftragschweißen hergestellten Prüfkörper variiert in Abhängigkeit von den untersuchten und verwendeten Prozessparametern und der untersuchten Geometrie jedoch lediglich minimal, sodass die elektrische Wirkenergie nur einen geringen Einfluss durch die gewählten Prozessparameter des Laserauftragschweißens und die daraus resultierende bauteilbegrenzende Stufenstruktur erfährt.

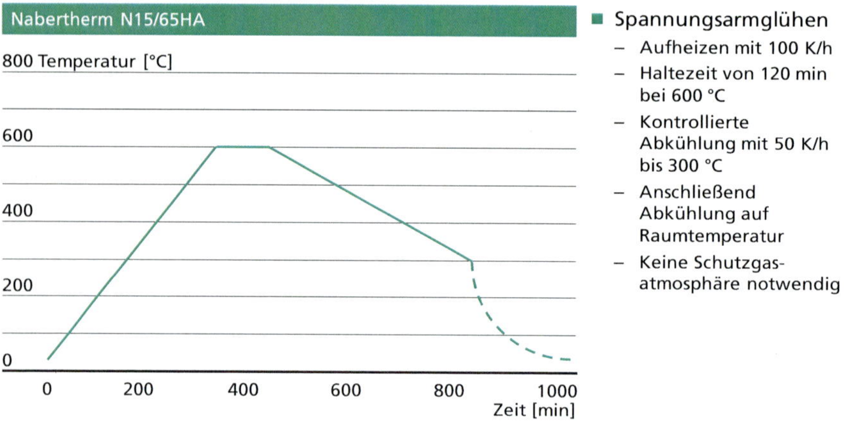


**Abbildung 6.16:** Zeit-Temperatur-Verlauf der Wärmebehandlung zum Spannungsarmglühen
*Time-temperature characteristics of the heat treatment for stress relieving*

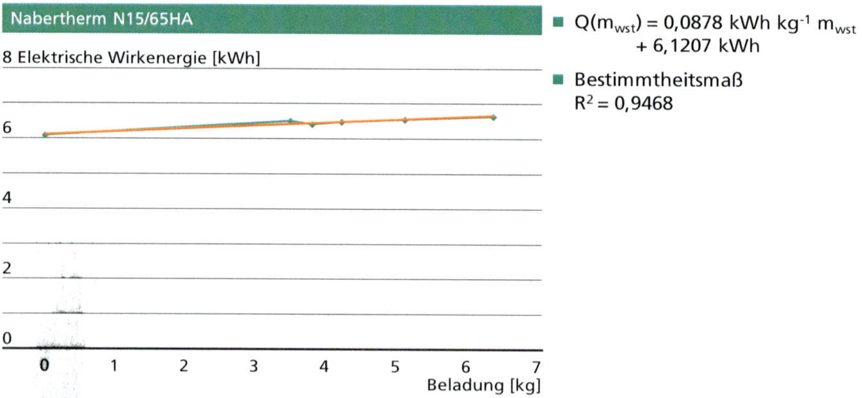


**Abbildung 6.17:** Elektrische Wirkenergie in Abhängigkeit von der Beladungsmenge des Ofens
*Active power as a function of the load size of the oven*

### 6.2.3 Experimentelle Untersuchungen zu dem bauteilbezogenen Stoffstrom

*Experimental Investigations toward the Part Related Material Flow*

Ausgehend von den zuvor ermittelten Energie- und Stoffströmen für die Wärmebehandlung wurde anschließend der Einfluss der Wärmebehandlung auf additiv gefertigte Werkstücke untersucht. Hierbei sind jeweils die Stoffeigenschaften bzw. mechanischen Eigenschaften Ergebnis der Untersuchungen. Die Änderung dieses bauteilbezogenen Stoffstroms ist das Ziel des Prozesses. Maß- und Formänderungen, z. B. durch den Abbau von Eigenspannungen, können dabei eventuell zwar unvermeidbar sein, sind aber nicht Ziel des Prozesses.

#### *Eigenspannungen*

Der innere Spannungszustand der aufgebauten Werkstücke wird maßgeblich durch den Abkühlvorgang beim Laserauftragschweißen bestimmt. Der Abkühlvorgang ist wiederum Ergebnis der thermischen Werkstoffeigenschaften, der Geometrie des Werkstücks und der Umgebung mit ihrer Temperatur. Vorherrschende Eigenspannungen sind dabei primär Ergebnis eines ungleichmäßigen Abkühlens und daher ebenfalls abhängig von den thermischen Werkstoffeigenschaften und der Geometrie des Werkstücks (Eigenspannungen 1. Art). Allgemeingültige Aussagen sind daher nur eingeschränkt möglich und detaillierte experimentelle Untersuchungen im Rahmen dieser Arbeit nicht sinnvoll. Des Weiteren kommt es beim Abkühlvorgang zu Phasenumwandlungen, die werkstoffspezifisch sind (Eigenspannungen 2. Art). Demzufolge wurde eine Wärmebehandlung gemäß dem Zeit-Temperatur-Verlauf (vgl. Abbildung 6.16) mit dem Ziel eines Spannungsarmglühens und damit zur Verminderung der Eigenspannungen durchgeführt. Zur Bestimmung der Eigenspannungen wurden Gitterdehnungsmessungen mit einem mobilen Röntgendiffraktometer vom Typ XSTRESS3000 der Fa. Stresstech in Ψ-Anordnung entsprechend der $\sin^2\psi$-Methode an dem Substrat sowie an einer einzelnen Auftragsraupe in Längs- und Querrichtung jeweils vor und nach der Wärmebehandlung durchgeführt. Untersuchungen von Schichten oder mehrlagigen Schichten wurden nicht durchgeführt, da bereits bei diesen unterschiedliche Abkühlraten aufgrund der Aufbaustrategie und der Werkstückgeometrie zu variierenden Eigenspannungszuständen führen. Insgesamt wurden sieben Kippwinkel verwendet, deren Winkelbereich sich dabei von -45° bis +45° erstreckte. Die betrachtete Messstelle wies einen Durchmesser von Ø1,0 mm und eine mittlere Eindringtiefe der Röntgenstrahlung von 4,7 µm auf. An den Proben wurden die Eigenspannungen in der Oberflächenrandschicht, wenige Mikrometer im Werkstoff (ca. 16-25 µm) sowie nach einem Oberflächenabtrag von ca. 400 µm ermittelt. Die eingeschränkte Eindringtiefe der Röntgenstrahlung erfordert für Messungen in größeren Randtiefen einen inkrementellen Oberflächenabtrag durch Elektropolieren.

Die Eigenspannungen des Substrats waren durch den vorherigen Schleifprozess zur Herstellung des Halbzeugs charakterisiert. In der Oberflächenrandschicht lagen geringe bis mittelhohe Druckeigenspannungen (30-279 MPa) in Abhängigkeit von der Bearbeitungsrichtung vor. Durch die Wärmebehandlung wurden diese betragsmäßig reduziert und betrugen anschließend lediglich 1-41 MPa. In größeren Randtiefen lagen vor der Wärmebehandlung geringe Zugeigenspannungen (56,5 MPa) und mittelhohe Druckeigenspannungen (220,5 MPa) vor, die sich durch die Wärmebehandlung zu immer noch geringen Zugeigenspannungen (91,5 MPa) und Druckeigenspannungen (16 MPa) einstellten. Dementsprechend wurden unabhängig von der Messposition die Eigenspannungen des Substrats in Richtung einer Zugeigenspannung eingestellt. Die Messungen an einer einzelnen Auftragsraupe zeigten eine betragsmäßige Reduzierung der Eigenspannungen unabhängig davon, ob zuvor Zug- oder Druckeigenspannungen vorlagen. Daneben wurden die Halbwertsbreiten im Substrat von 1,80 µm auf 1,23 µm und in der Auftragsraupe von 6,89 µm auf 4,00 µm reduziert. Dies zeigt deutlich den Abbau der nicht gerichteten Mikroeigenspannungen.

### *Mechanische Eigenschaften*

Des Weiteren wurden die mechanischen Eigenschaften nach der Wärmebehandlung geprüft. Hierzu wurden wiederum die Härteverläufe von Querschliffen der Auftragsraupen mit dem Messgerät der Fa. Leco vom Typ M-400-H ermittelt. Die folgende Abbildung 6.18 zeigt einen exemplarischen Härteverlauf einer Auftragsraupe nach der Wärmebehandlung. Die Abbildung zeigt, dass die Härte durch die Wärmebehandlung von ca. 650-725 HV 0,2 (vgl. Abbildung 6.13) auf ca. 570-600 HV 0,2 reduziert wurde. Dies kann damit begründet werden, dass durch die Wärmebehandlung zwar die thermisch induzierten Eigenspannungen (Eigenspannungen 1. Art) abgebaut worden sind; die aus den Phasenumwandlungen resultierende Härte durch Martensitbildung aber größtenteils erhalten blieb. Die Dendritenstruktur, die aufgrund der gerichteten Abkühlung entstanden war, ist auch weiterhin erkennbar.

**Abbildung 6.18:** Exemplarische Härteverläufe der Querschliffe einer Auftragsraupe nach der Wärmebehandlung

*Exemplary hardness profiles of cross sections of a deposited run after heat treatment*

## 6.3 Trennende Nachbearbeitung

*Material Removal Finishing*

Basierend auf den zuvor abgeleiteten Ressourcen der Prozesskette mit additiven Fertigungsverfahren wurde im letzten Schritt der Ressourcenbedarf und -einsatz für die trennende Nachbearbeitung experimentell untersucht. Da die Ausgangsform des vorherigen Fertigungsverfahrens bzw. der bauteilbezogene Stoffstrom signifikanten Einfluss auf den Ressourcenbedarf hat, wurde dieser Zusammenhang ebenfalls im Rahmen der Experimente untersucht. Hierzu wurde die oben beschriebene Vorgehensweise, Beschreibung der Werkzeugmaschine mit ihren Systemen und Systemkomponenten sowie des verwendeten Messequipments, Messung der Energie- und Stoffströme sowie experimentelle Untersuchungen zu dem bauteilbezogenen Stoffstrom, verfolgt.

## 6.3.1 System und Messequipment für experimentelle Untersuchungen

*System and Measurement Equipment for Experimental Investigations*

Die experimentellen Untersuchungen zum Fräsen wurden ebenfalls auf der umgebauten Hochgeschwindigkeitsfräsmaschine des Modells TEC RFM 600 der Fa. Röders GmbH durchgeführt. Die Werkzeugmaschine ist bereits in Unterkapitel 6.1.1 (S. 111 f.) ausführlich beschrieben und in Abbildung 6.2 (S. 113) dargestellt. Die Prozessenergie in Form von mechanischer Arbeit wird durch eine Frässpindel vom Typ MFW-1230/42 HSK E40 der Fa. Fischer mit einer Öl-Luft-Schmierung zugeführt. Diese verfügt über eine Werkzeugschnittstelle für einen Kegel-Hohlschaft vom Typ HSK-E 40 nach DIN 69 893 und ermöglicht eine maximale Drehzahl von 42 000 $min^{-1}$. Nach der internationalen Norm IEC 60 034-1 liegt die Nennleistung im Dauerbetrieb mit konstanter Belastung (S1) bei 12 kW bei einem Drehmoment von 4,3 Nm. Bei ununterbrochenem periodischen Betrieb (S6) mit einer relativen Einschaltdauer von 60 % liegt die Nennleistung bei 14 kW bei einem Drehmoment von 4,6 Nm. Die experimentellen Untersuchungen wurden mit einem Kugelkopffräser vom Typ MSBH 230 mit einem Durchmesser von Ø6 mm der Fa. GDE-Werkzeuge GmbH durchgeführt. Dieser Radiusfräser aus Ultra-Feinstkorn-Hartmetall verfügt über zwei Schneiden mit einer sog. Mugen-Premium-Beschichtung, sodass Bearbeitungen bis 65 HRC ohne die Nutzung von Kühlschmierstoff möglich sind. Zur Ressourcenaufnahme der elektrischen Energie wurde auch hierfür das Messequipment, wie in Unterkapitel 6.1.1 beschrieben, verwendet.

## 6.3.2 Messung der Energie- und Stoffströme

*Measurement of Energy and Material Flows*

Der Kategorisierung der Tabelle 6.1 (vgl. S. 109) folgend wurde in einem ersten Schritt der Ressourcenbedarf der Grundlast der Systeme bzw. der Systemkomponenten bestimmt. Basierend darauf wurden anschließend die Leerlaufleistung und die Prozessleistung ermittelt.

### *Grundlast*

Die Grundlast der verwendeten Werkzeugmaschine ist bereits vollständig in Kapitel 6.1.2 erfasst und in Tabelle 6.2 (S. 115) dargestellt; separate experimentelle Untersuchungen hierzu waren daher nicht notwendig.

### *Leerlaufleistung*

Aufbauend auf den Messungen zu den Grundlasten und Leerlaufleistungen der Systeme und Systemkomponenten in Kapitel 6.1.2 wurde anschließend die Leerlaufleistung der noch nicht betrachteten Systeme und Systemkomponenten gemessen. Da im Rahmen des Laserauftragschweißens alle Systeme und Systemkomponenten mit Ausnahme der Spindel betrachtet wurden, musste lediglich diese zusätzlich betrachtet werden. Zur Bestimmung des Ressourceneinsatzes der Spindel wurde diese hinsichtlich der drehzahlabhängigen Leistungsaufnahme untersucht. Hierzu wurde derselbe Messaufbau wie zur Bestimmung der elektrischen Wirkleistung der Verfahrachsen der Werkzeugmaschine in Kapitel 6.1.2 genutzt (vgl. Abbildung 6.4).

Nach dem Anschalten der Werkzeugmaschine wurde der Umrichter der Spindel durch das erstmalige Ansteuern eines der Servoantriebe eingeschaltet, sodass die Spindel von dem Betriebsmodus »Eingeschaltet« in den Betriebsmodus »Bereit« wechselte. Zur Bestimmung der Leerlaufleistung wurde die Spindel anschließend bei unterschiedlichen Drehzahlen betrieben, sodass die elektrische Wirkleistung in Abhängigkeit von ihrer Drehzahl bestimmt werden konnte. Abbildung 6.19 zeigt die Auswertung der elektrischen Wirkleistung der Spindel in Abhängigkeit von ihrer Drehzahl. Es wird deutlich, dass sich die elektrische Wirkleistung in guter Näherung linear zu der Drehzahl verhält. Die Ausgleichsgerade weist ein Bestimmtheitsmaß $R^2$ von 0,9909 auf. Der Ordinatenabschnitt liegt bei 518,4 W. Auch dies entspricht annähernd der Leerlaufleistung der eingeschalteten Umrichter.

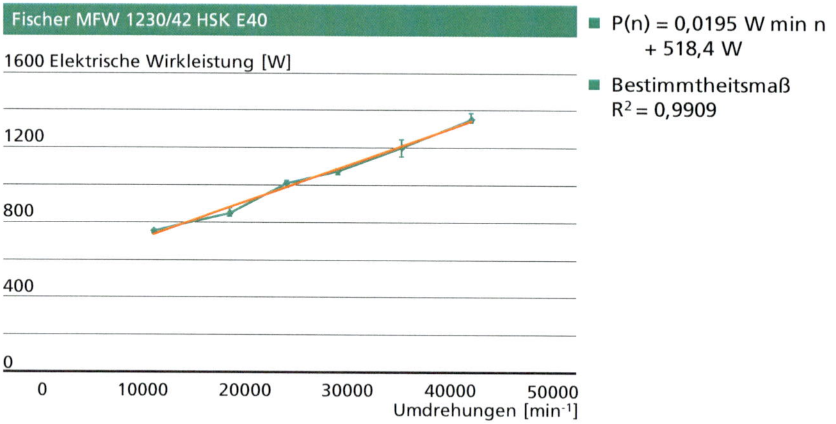


**Abbildung 6.19:** Elektrische Wirkleistung der Spindel in Abhängigkeit von ihrer Drehzahl
*Active power of the spindle as a function of its number of revolutions*

### *Prozessleistung*

Aufbauend auf den Messungen zu den Grundlasten und den Leerlaufleistungen der Systeme und Systemkomponenten wurde die Prozessleistung dieser gemessen bzw. rechnerisch ermittelt. Im Unterschied zu den Betriebsmodi zur Bestimmung der Grundlast und Leerlaufleistung wurde das Fräswerkzeug im Eingriff betrieben, um die Prozessleistung zu bestimmen. Hierbei ist zu berücksichtigen, dass aufgrund des Messaufbaus neben der reinen Prozessleistung auch die elektrische Wirkleistung der Spindel und der Verfahrachsen erfasst wurde. Die elektrische

Wirkleistung wurde in Abhängigkeit von den Eingriffsverhältnissen bestimmt. Diese Eingriffsverhältnisse ergeben sich einerseits aus den eingestellten Prozessparametern und andererseits aus der Geometrie und Kinematik des Fräswerkzeugs und der Geometrie des Werkstücks. Die Geometrie des Werkstücks wird durch die charakteristische Stufenstruktur beschrieben, die über die Schichtdicke und den Konturwinkel des Werkstücks bestimmt ist. Aus dieser Stufenstruktur resultiert die lokale Aufmaßsituation und damit die Eingriffsbedingungen. Messungen zeigen, dass die elektrische Wirkleistung P primär durch den Konturwinkel $\alpha$ des Werkstücks bestimmt wird. Der mathematische Zusammenhang kann mit der folgenden Gleichung beschrieben werden:

$$P(\alpha) = 0{,}0577\ W\ ^{\circ -1}\ \alpha + 713{,}29\ W \qquad 6.3$$

Diese Beschreibung weist ein Bestimmtheitsmaß $R^2$ von 0,9401 auf. Erst bei detaillierter Betrachtung wird deutlich, dass es einen geringen Einfluss der Schichtdicke bzw. der Auftragsraupengeometrie auf die elektrische Wirkleistung gibt. Abbildung 6.20 zeigt die Auswertung der elektrischen Wirkleistung der Spindel in Abhängigkeit von den Prozessparametern des Laserauftragschweißens und den Konturwinkeln der Werkstücke. Die elektrische Wirkleistung ist jeweils arithmetisch über die Fräsbahnen des Prüfkörpers gemittelt.

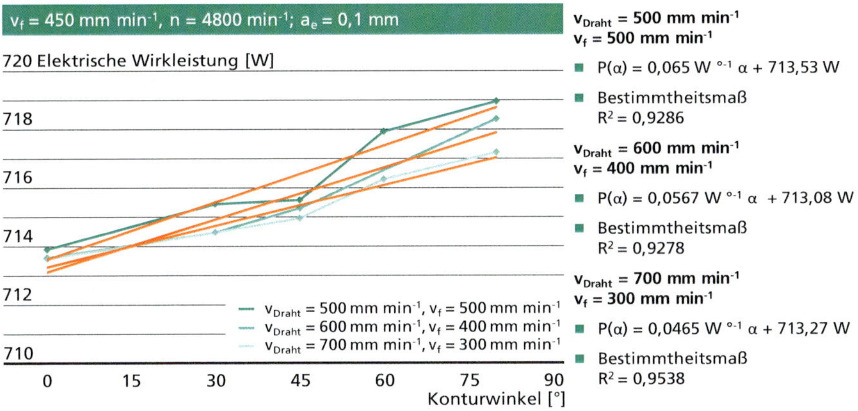


**Abbildung 6.20:** Elektrische Wirkleistung der Spindel in Abhängigkeit von den Prozessparametern des Laserauftragschweißens und den Konturwinkeln der Prüfkörper

*Active power of the spindle as a function of the process parameters of the laser deposition process and the contour angle of the test pieces*

Eine geringere Schichtdicke, durch geringeres Draht- zu Werkstückvorschubgeschwindigkeitsverhältnis bedingt, führt bei unveränderten Prozessparametern zu einem Anstieg der elektrischen Wirkleistung. Dieser Zusammenhang erscheint zunächst überraschend, kann aber mit dem entwickelten Modell begründet werden (vgl. Unterkapitel 5.2.3, S. 100 f.). Nach diesem steigt die Zerspankraft bei einer geringen Spanungsdicke bzw. einem kleinen Verhältnis von Spanungsdicke zu Schneidkantenverrundung nicht mehr linear zur Spanungsdicke an. Dieser

Effekt ist bei geringeren Schichtdicken des additiv gefertigten Prüfkörpers von höherer Relevanz, da bei diesen über einen größeren Bereich des Eingriff- und Schnittwinkels ein kleines Verhältnis von Spanungsdicke zu Schneidkantenverrundung vorliegt, sodass bei diesen die Zerspankraft und damit die elektrische Wirkleistung größer als bei größeren Schichtdicken werden können.

### 6.3.3 Experimentelle Untersuchungen zu dem bauteilbezogenen Stoffstrom

*Experimental Investigations toward the Part Related Material Flow*

Ausgehend von den zuvor ermittelten Energie- und Stoffströmen für die trennende Nachbearbeitung wurde anschließend der Einfluss des Fräsens auf die additiv gefertigten Prüfkörper untersucht. Hierbei ist jeweils die Geometrie hinsichtlich der Oberflächengüte Ergebnis der Untersuchungen.

#### *Oberflächengüte*

Die Oberflächengüte der Prüfkörper wurde nach der trennenden Nachbearbeitung mit dem taktilen Messgerät vom Typ Form Talysurf Series 2 der Fa. Taylor Hobson Ltd. nach DIN EN ISO 4287 gemessen. Abbildung 6.21 zeigt die gemittelte Rauheit Ra in Abhängigkeit von der Messrichtung (längs bzw. quer zur Vorschubrichtung der Fräsbahnen). Die verwendeten Prozessparameter des Laserauftragschweißens und die daraus entstehenden Schichtdicken hatten keinen signifikanten Einfluss auf die Oberflächengüte, sodass die Messwerte der jeweiligen Konturwinkel arithmetisch gemittelt wurden. Die gemittelte Rauheit Ra quer zur Vorschubrichtung wies dabei minimal 0,40 µm und maximal 1,24 µm und längs zur Vorschubrichtung minimal 0,28 µm und maximal 0,85 µm auf. Die Prüfkörper mit Konturwinkeln von 30° und 45°, bei denen die Fläche des Aufmaßes am größten war, wiesen die geringste gemittelte Rauheit auf; bei geringerem Aufmaß verschlechterte sich die Oberflächengüte dementsprechend.

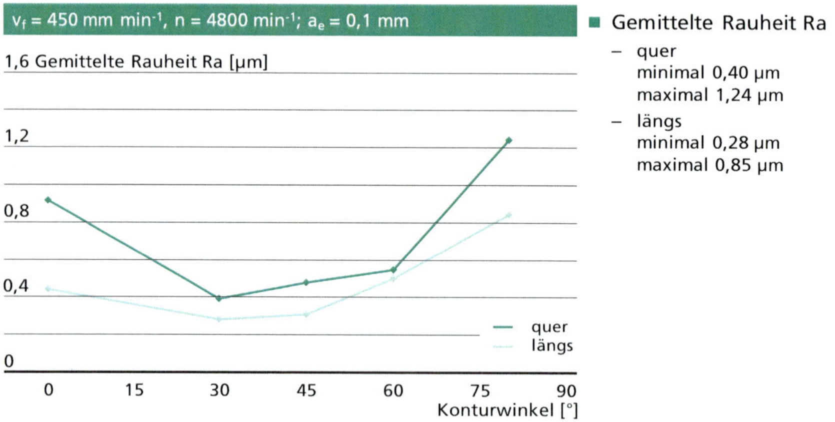


**Abbildung 6.21:** Oberflächengüte der Prüfkörper nach der trennenden Nachbearbeitung

*Surface quality of the specimens after material removal finishing*

# 7 Ableitung einer Methode zur Anwendung und Diskussion der Ergebnisse

*Deduction of a Method for Application and Discussion of the Results*

Die Systemanalyse der Prozesskette mit additiven Fertigungsverfahren unter Berücksichtigung der Ressourcenbedarfe, die darauf aufbauende Abstraktion und Modellierung der Systemelemente sowie die experimentellen Untersuchungen bilden gemeinsam die Grundlage, auf der die Ableitung einer Methode zur Anwendung in der Praxis und die Diskussion der Ergebnisse basiert. Ein Ziel ist hierbei die Adaptierung der Erkenntnisse auf industrielle Belange, sodass eine erkenntnisbasierte und ganzheitliche Betrachtung und Optimierung des Ressourcenbedarfs und -einsatzes unter Berücksichtigung der für die Prozessketten mit additiven Fertigungsverfahren entscheidenden Zusammenhänge und charakteristischen wechselseitigen Einflüsse durchgeführt werden kann. Dies soll in der industriellen Praxis eine ressourceneffiziente sowie praktikable und dadurch besonders zielführende Gestaltung der Prozessketten mit additiven Fertigungsverfahren ermöglichen. Hierzu wurde eine Methode abgeleitet, die die prozessabhängigen Ressourcenbedarfe und -einsätze und im Besonderen auch die Soll-Geometrie des Werkstücks berücksichtigt. Diese Methode wird in einem Excel-basierten Tool dargestellt, das eine praktikable Gestaltung der Prozesskette mit additiven Fertigungsverfahren ermöglicht. Abgeschlossen wird das Kapitel 7 mit einer kritischen Reflexion, in der die Systemanalyse sowie Abstraktion und Modellierung (Kapitel 4 und 5) sowie die experimentellen Untersuchungen (Kapitel 6) und die daraus abgeleitete Methode diskutiert werden.

Ziel der Ableitung einer Methode und Überführung in ein Tool ist die Adaptierung an industrielle Belange zur Anwendung in der Praxis durch eine erkenntnisbasierte und ganzheitliche Optimierung des Ressourcenbedarfs und -einsatzes der Prozessketten mit additiven Fertigungsverfahren, sodass in der industriellen Praxis eine Gestaltung der Prozesskette mit hoher Ressourceneffizienz erreicht werden kann. Diese Optimierung soll durch eine effiziente Gestaltung der signifikanten Einflussfaktoren der Prozesse und damit eine Reduzierung/Vermeidung des Ressourceneinsatzes (vgl. Unterkapitel 2.1.3, S. 8) erreicht werden. Maschinenseitig können unmittelbar keine Empfehlungen zu Änderungen, wie z. B. eine bedarfsgerechte, auf den Betrieb angepasste Dimensionierung der Anlagen oder eine Modernisierung bestehender Anlagen und deren Einzelaggregate, abgeleitet werden, da die maschinenseitigen Einflüsse durch experimentelle Untersuchungen bestimmt werden müssen. Signifikante Ressourcentreiber können jedoch identifiziert werden, sodass eine Empfehlung zur näheren Betrachtung der relevanten Systeme und/oder Systemkomponente abgeleitet werden kann. Maschinenseitige Änderungen können dann durch eine formelmäßige Anpassung in dem Tool berücksichtigt werden. Des Weiteren werden keine gravierenden Änderungen der Prozesse in Form von Mehrfachnutzung der Ressourcen oder Anpassung/Austausch der Ressourcen berücksichtigt.

Die Ableitung der Methode und Überführung in ein Tool folgt einem dreistufigen Vorgehen. In dem ersten Schritt wird die Methode auf Basis der Systemanalyse sowie der Abstraktion und Modellierung konzeptioniert. Hierdurch werden die betrachteten Prozesse sowie die ressourcenbezogenen Ein- und Ausgangsgrößen festgelegt und mathematisch – der Synthese zu einem übertragbaren, handhabbaren Modell (vgl. Unterkapitel 5.3) folgend – miteinander verknüpft. Auf Basis dieses ersten Schritts werden in dem zweiten Schritt die maschinenseitigen Einflüsse berücksichtigt, die experimentell in Kapitel 6 bestimmt wurden. Diese sind die Eingangsgrößen für die im ersten Schritt konzeptionierte Methode. Neben den experimentellen Erkenntnissen zu den maschinenseitigen Einflüssen werden zur Berechnung des Ressourcenbedarfs und -einsatzes Annahmen für Zentralanlagen, u. a. der Drucklufterzeugung, getroffen. Die Berechnung der elektrischen Wirkleistung zur Drucklufterzeugung $P_{DL}$ erfolgt hierbei unter Berücksichtigung eines Wirkungsgrads $\eta$. Da zuvor nicht der Volumenstrom $\dot{V}_{DL}$, sondern der Normvolumenstrom $\dot{V}_N$ experimentell bestimmt wurde, erfolgt eine Umrechnung mit Berücksichtigung der Normtemperatur $T_N$ = 273,15 K sowie dem Normdruck $p_N$ = 1013,25 mbar und der Umgebungstemperatur T = 293,15 K und einem Druck p = 3 bar.

Basierend auf den ersten beiden Schritten wird die Ableitung der Methode und Überführung in ein Tool mit der Berücksichtigung der prozessseitigen Einflüsse abgeschlossen. Die signifikanten Einflussfaktoren der Prozesse für den Ressourcenbedarf und -einsatz sowie deren wechselseitige Einflüsse sind mithilfe von den experimentellen Untersuchungen zu dem bauteilbezogenen Stoffstrom bestimmt worden. Diese Erkenntnisse sind wiederum die Eingangsgrößen für die maschinenseitigen Ressourcenbedarfe und -einsätze. Zur Beschreibung des Ressourceneinsatzes werden die in Unterkapitel 4.3 entwickelten ressourcenbezogenen Kenngrößen verwendet. Die folgende Abbildung 7.1 zeigt den dreistufigen Aufbau der Methode.

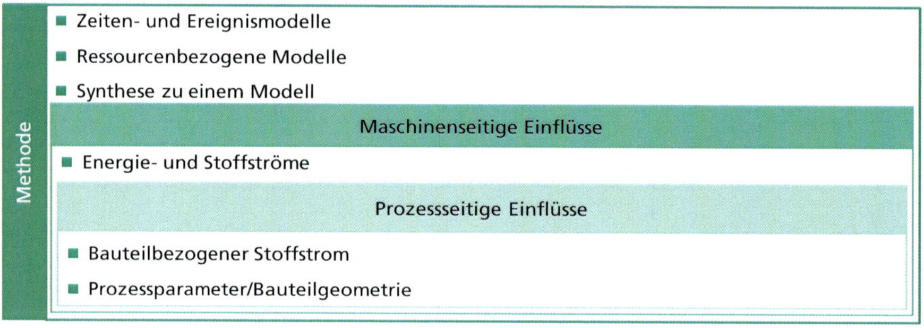


**Abbildung 7.1:** Dreistufiger Aufbau der Methode
*Three-stage layout of the method*

Zur Nutzung des Tools werden die geometrischen Daten des Werkstücks hinsichtlich der Oberfläche, des Volumens sowie des durchschnittlichen Konturwinkels aus den CAD-Daten des Werkstücks extrahiert. Da der Zusammenhang aus Zerspanleistung und Konturwinkel linear ist, wird ein durchschnittlicher Konturwinkel über die gesamte Oberfläche des Werkstücks angenommen, was zusätzlich die Anzahl der relevanten Geometrieinformationen und auch den Aufwand der anschließenden Berechnung der Zerspanenergie reduziert.

Diese geometrischen Daten sind ein Maß für die Fertigungszeiten zum Aufbau des Volumens und der trennenden Nachbearbeitung zur Erzielung der gewünschten Oberflächen. Des Weiteren folgt aus der Geometrie bzw. der Masse des aufgebauten Werkstücks und der Masse des verwendeten Substrats der Ressourcenbedarf und -einsatz für die Wärmebehandlung mit dem vorgegebenen Zeit-Temperatur-Verlauf. Der Ressourcenbedarf und -einsatz für die Prozesskette mit additiven Fertigungsverfahren kann somit auf Basis der Prozessparametrierung und der Soll-Geometrie des Werkstücks bestimmt bzw. a priori vorhergesagt werden. Mit diesem Tool ist somit eine nachvollziehbare und verständliche Gestaltung der signifikanten Einflussfaktoren der betrachteten Prozesse möglich. Die Prozessparameter bzw. -strategien dieser Einflussfaktoren werden vorrangig nach dem geringsten Ressourceneinsatz der eingesetzten Fertigungsverfahren gewählt, um die Herstellungskosten zu minimieren.

Die folgende Tabelle 7.1 zeigt exemplarisch die mithilfe von dem Tool berechneten energiebezogenen Kennzahlen und den Energieeinsatz der einzelnen Fertigungsverfahren für einen Würfel mit Abmessungen von 100 mm. Hierbei wurden unterschiedliche Prozessparameter für das Laserauftragschweißen verwendet, um so die wechselseitigen Einflüsse mit der anschließenden Wärmebehandlung sowie der trennenden Nachbearbeitung zu demonstrieren. Daneben werden zusätzlich die jeweiligen Fertigungszeiten berechnet.

**Tabelle 7.1:** Energiebezogene Kenngrößen und Energieeinsatz der einzelnen Fertigungsverfahren
*Energy related key performance indicators and energy use of the manufacturing technologies*

| Fertigungsverfahren | Kenngröße* | | |
|---|---|---|---|
| | $v_{Draht}$ = 500 mm min$^{-1}$<br>$v_f$ = 500 mm min$^{-1}$ | $v_{Draht}$ = 600 mm min$^{-1}$<br>$v_f$ = 400 mm min$^{-1}$ | $v_{Draht}$ = 700 mm min$^{-1}$<br>$v_f$ = 300 mm min$^{-1}$ |
| **Laserauftragschweißen [kWh kg$^{-1}$]** | 116,73 | 94,11 | 77,89 |
| **Wärmebehandlung [kWh kg$^{-1}$]** | 1,04 | 1,04 | 1,04 |
| **Trennende Nachbearbeitung [kWh mm$^{-2}$]** | 0,001993 | 0,001993 | 0,001992 |

*Basierend auf den ressourcenbezogenen Kenngrößen in Unterkapitel 4.3 gewählt.

Es wird deutlich, dass die Erhöhung der Aufbaurate durch eine gesteigerte Drahtvorschubgeschwindigkeit und verringerte Werkstückvorschubgeschwindigkeit u. a. zu einer verbesserten Ressourceneffizienz des Laserauftragschweißens führt. Auf die Ressourceneffizienz der Wärmebehandlung hat die dadurch zusätzlich aufgebaute Masse einen so geringen Einfluss, dass sich dieser nicht in der Kenngröße widerspiegelt. Die Ressourceneffizienz der trennenden Nachbearbeitung verbessert sich bei erhöhter Aufbaurate geringfügig. Dies zeigt die geringe Wechselwirkung zwischen dem Laserauftragschweißen und der trennenden Nachbearbeitung. Daher wird üblicherweise der Einfluss der variierenden Schichtdicke auf die elektrische Wirkleistung vernachlässigt werden können (vgl. Unterkapitel 6.3.2). Zur Berechnung der elektrischen Wirkleistung der trennenden Nachbearbeitung ist daher die Berücksichtigung eines linearen Zusammenhangs zwischen der elektrischen Wirkleistung und dem Konturwinkel des Werkstücks ausreichend. Bei einer Drahtvorschubgeschwindigkeit $v_{Draht} = 600$ mm min$^{-1}$ und einer Werkstückvorschubgeschwindigkeit $v_f = 400$ mm min$^{-1}$ beträgt der Energieeinsatz für das Laserauftragschweißen 734,046 kWh, für die Wärmebehandlung 8,098 kWh und für die trennende Nachbearbeitung 99,639 kWh. Diese Ergebnisse sind teilweise kontraintuitiv. Zwar ist der Unterschied der Energieeinsätze für das Laserauftragschweißen und die trennende Nachbearbeitung erwartungsgemäß hoch. Dagegen ist aber der Energieeinsatz für die Wärmebehandlung sehr gering. Dieses Ergebnis zeigt in hohem Maße die Notwendigkeit einer Betrachtung der Prozessketten bei einer ressourceneffizienten Gestaltung von Prozessketten mit additiven Fertigungsverfahren.

Mithilfe von dem Tool zur Gestaltung der Prozesskette mit additiven Fertigungsverfahren wurde gezeigt, dass die signifikanten Einflussfaktoren der Ressourcenbedarfe der Prozesskette mit additiven Fertigungsverfahren – im Speziellen dem Laserauftragschweißen – und der wechselseitige Einfluss der Prozesse auf den Ressourcenbedarf mithilfe von einem Modell a priori beschrieben werden können und es dadurch möglich ist, den Ressourceneinsatz zu optimieren und damit die Ressourceneffizienz zu erhöhen. Damit wird die in Kapitel 3 aufgestellte Forschungshypothese bestätigt. Hierzu wurden die signifikanten Einflussfaktoren der Prozesse für den Ressourcenbedarf und -einsatz identifiziert (Kapitel 4), die wechselseitigen Einflüsse der Prozesse beschrieben und die Einflussfaktoren zur ressourcenoptimierten Gestaltung bestimmt (Kapitel 5 und 6).

Die Systemanalyse, die Abstraktion und Modellierung sowie die experimentellen Untersuchungen auf denen die Methode basiert zeigen deutlich auf, dass der gleichen Systematik folgend auch andere Fertigungsverfahren betrachtet und deren Ressourcenbedarf und -einsatz beschrieben werden können. Dies ermöglicht einerseits die Austauschbarkeit des additiven Fertigungsverfahrens, wie z. B. durch ein pulverbettbasiertes Fertigungsverfahren, und andererseits ein abweichendes Fertigungsverfahren zur trennenden Nachbearbeitung, wenn z. B. durch das additive Fertigungsverfahren bereits eine höhere Oberflächengüte erzielt werden konnte, sodass geringe Spanungsvolumen abgetragen werden müssen. Des Weiteren können die Ergebnisse durch vor-, zwischen- oder nachgelagerte Fertigungsverfahren, wie z. B. die Herstellung des Halbfertigteils, erweitert werden. Dies ermöglicht die Hinzunahme von unterschiedlichen Ausgangsformen, z. B. durch die Betrachtung der Pulver- oder Drahtherstellung, und kann bei entsprechender Erweiterung den Vergleich mit Prozessketten, die ausschließlich konventionelle Fertigungsverfahren beinhalten, ermöglichen.

Neben der guten Anpassbarkeit und Austauschbarkeit der einzelnen Fertigungsverfahren ist es durch die sukzessive Vorgehensweise hinsichtlich der betrachteten Ressourcen und den Systemen bzw. Systemkomponenten auch möglich, mit verhältnismäßig geringem Aufwand abweichende Konfigurationen zu betrachten und die erarbeiteten Ergebnisse entsprechend anzupassen und ggf. zu erweitern. Dies ist vielfach notwendig, wenn z. B. ein Vergleich unterschiedlicher Prozessketten hinsichtlich des Ressourcenbedarfs und -einsatzes angestrebt wird. Des Weiteren können eventuelle Verbesserungen der einzelnen Prozesse, z. B. hinsichtlich der Prozessgeschwindigkeit oder Bauteileigenschaften, auf diese Weise berücksichtigt werden. Diese Aspekte zeigen deutlich die prinzipielle Allgemeingültigkeit der erarbeiteten Erkenntnisse für die ressourceneffiziente Gestaltung von Prozessketten mit additiven Fertigungsverfahren auf.

# 8 Zusammenfassung und Ausblick

*Summary and Outlook*

Additive Fertigungsverfahren erfüllen die hohen technischen Anforderungen zur Herstellung von komplexen Bauteilen, die in geringen Stückzahlen hergestellt werden, und ermöglichen durch eine hohe Individualität der Geometrien eine hohe Variantenvielfalt. Die in den vergangenen 30 Jahren entwickelten Varianten und Variationen der additiven Fertigungsverfahren folgen dabei grundsätzlich dem identischen Verfahrensprinzip: Definierte Geometrien entstehen durch einen gezielten Auftrag von meist formlosem Werkstoff und werden mittels unterschiedlicher Wirkmechanismen, wie z. B. schmelzmetallurgisch oder chemisch, verfestigt.

Vor dem Hintergrund einer entstehenden Ressourcenverknappung ist ein effizienter Umgang mit den Ressourcen durch eine Nutzung mit höherer Wertschöpfung bei gleichzeitig geringem Ressourceneinsatz erforderlich. Neben den klassischen wirtschaftlichen Charakteristiken profitieren Unternehmen dabei zusätzlich von der positiven Imagewirksamkeit der Ressourceneffizienz. Bisherige Ressourcenbetrachtungen der additiven Fertigungsverfahren erfolgten ausschließlich auf das eigentliche Fertigungsverfahren begrenzt und berücksichtigten keine weiteren Prozesse der Prozessketten. Dies ist aber notwendig, da mit den additiven Fertigungsverfahren alleine keine einsatzfertigen Bauteile hergestellt werden können.

Im Rahmen dieser Arbeit wurde daher eine prozesskettenbezogene Betrachtung mit den entscheidenden Ressourcenverbräuchen durchgeführt und die entscheidenden Zusammenhänge und charakteristischen wechselseitigen Einflüsse des Ressourcenbedarfs und -einsatzes einer Prozesskette mit additiven Fertigungsverfahren am Beispiel des Laserauftragschweißens, einem additiven Fertigungsverfahren, grundlegend und systematisch erklärt. Hierzu erfolgte in den Kapiteln 1-3 eine Einleitung in die Thematik, die Beschreibung der Motivation, eine Analyse des aktuellen Stands der Erkenntnisse in Industrie und Forschung sowie eine detaillierte Beschreibung der Aufgabenstellung und Zielsetzung.

Zur Beantwortung der Aufgabenstellung und Zielsetzung wurde in Kapitel 4 eine Systemanalyse der Prozesskette mit additiven Fertigungsverfahren durchgeführt. Hierbei wurden die drei Fertigungsverfahren Laserauftragschweißen, Wärmebehandlung und das Fräsen als trennende Nachbearbeitung berücksichtigt. Diese Fertigungsverfahren wurden jeweils hinsichtlich ihrer ressourcenbezogenen Ein- und Ausgangsgrößen und des jeweiligen bauteilbezogenen Stoffstroms analysiert. Abschlossen wurde das Kapitel mit der Ableitung von ressourcenbezogenen Kenngrößen der Fertigungsverfahren.

In Kapitel 5 erfolgte die Abstraktion und Modellierung der Systemelemente der Prozesskette auf Basis von theoretischen Überlegungen für die einzelnen Fertigungsverfahren. Im ersten Schritt wurden hierzu Zeiten- und Ereignismodelle entwickelt, die Beschreibungen der Prozesszeiten und Ereignisse innerhalb der Prozesskette für die drei Prozesse Laserauftragschweißen, Wärmebehandlung und trennende Nachbearbeitung ermöglichen. Hierbei wurden insbesondere die variierenden Betriebszustände der Systeme und Systemkomponenten, deren Ressourceneinsatz von signifikanter Bedeutung ist, betrachtet. Im zweiten Schritt wurden die jeweils prozessrelevanten Ressourcenbedarfe mithilfe von Stoffmodellen, die u. a. den bauteilbezogenen Stoffstrom beschreiben, und Energiemodellen, die die Wirkenergien erklären, analysiert. Diese Ergebnisse wurden anschließend miteinander verknüpft, um die wesentlichen Strukturgegebenheiten und Zusammenhänge transparent darzustellen. Durch die Steigerung des Verständnisses der Ressourceneffizienz von Prozessketten mit additiven Fertigungsverfahren wurde dadurch eine erkenntnisbasierte Optimierung des Ressourcenbedarfs und -einsatzes unter Berücksichtigung der entscheidenden Zusammenhänge und charakteristischen wechselseitigen Einflüsse möglich.

Mithilfe von experimentellen Untersuchungen wurde dieses Verständnis in Kapitel 6 erweitert. Hierzu wurden mit ausgewählten Systemen in Abhängigkeit von den Betriebsmodi die Energie- und Stoffströme gemessen und damit die Grundlast, Leerlaufleistung sowie Prozessleistung bestimmt. Diese konnten mithilfe von den in Kapitel 5 entwickelten Modellen den verschiedenen Betriebsmodi der Systeme und Systemkomponenten zugeordnet werden. Anschließend wurde der bauteilbezogene Stoffstrom experimentell erfasst und ausgewertet. Die Ergebnisgrößen waren abhängig von den Fertigungsverfahren und die entsprechenden Zielgrößen unterschiedlich. Diese waren beim Laserauftragschweißen die Geometrie, bei der Wärmebehandlung die Eigenspannungen, mechanische Eigenschaften und bei der trennenden Nachbearbeitung die Oberflächengüte.

Diese Erkenntnisse und Ergebnisse wurden in Kapitel 7 in eine Methode und ein Excel-basiertes Tool zur ressourceneffizienten Gestaltung der Prozesskette überführt, das eine praktikable Anwendung in der Praxis ermöglicht. Anschließend wurden die Ergebnisse diskutiert und der Aufgabenstellung und Zielsetzung gegenübergestellt. Die Ergebnisse zeigen die prinzipielle Anwendbarkeit der Systematik auf Prozessketten mit additiven Fertigungsverfahren. Durch den sukzessiven Aufbau der Modelle ist einerseits die Austauschbarkeit der betrachteten Fertigungsverfahren, z. B. durch andere additive Fertigungsverfahren, aber auch andere Fertigungsverfahren zur Nachbearbeitung möglich. Andererseits kann der Betrachtungsrahmen problemlos um vor- oder nachgelagerte Prozesse, wie z. B. die Drahtherstellung, erweitert werden.

Daneben zeigen die im Rahmen dieser Arbeit erarbeiteten Erkenntnisse weiteres Potential und Forschungsbedarf auf. So kann bisher nur die Herstellungsphase der Bauteile betrachtet werden; ein vollständiges Life Cycle Assessment inklusive der Nutzungsphase des Bauteils ist bisher nicht möglich. Dies kann vor allem dann zielgerichtet sein, wenn die additiven Fertigungsverfahren zur Herstellung von Bauteilen eingesetzt werden, die konventionell nicht hergestellt werden können, sodass die Vorteile des Designs, Funktionsintegration und Leichtbau bzw. bionische Strukturen sowie evtl. verringerter Montageaufwand berücksichtigt werden können. Wenn die Bauteile diese Elemente aufweisen, kann ein Vergleich zu konventionellen Prozessketten ohne additive Fertigungsverfahren darüber hinaus sinnvoll sein, sodass neben dem Ressourcenbedarf und -einsatz zur Herstellung der Bauteile auch die Ressourceneffizienz der Nutzungsphase und damit Vor- und Nachteile von Designs, Funktionsintegration und Leichtbau bzw. bionische Strukturen ermittelt werden können. Ebenfalls kann abweichend von dem Herstellungsprozess eines Bauteils der Fall einer Reparatur betrachtet werden.

# 8 Summary and Outlook

*Zusammenfassung und Ausblick*

Additive manufacturing technologies meet the high technical requirements for the production of complex components that are manufactured in small quantities, and allow a wide range of variants due to high individuality of geometries. Versions and variations of additive manufacturing technologies, which were developed within the past 30 years, follow the identical process principle: Defined geometries are formed by specific deposition of usually shapeless material and solidified via different mechanisms, such as fusion or chemically.

With regard to the background of an emerging shortage of resources, efficient use of resources by creating higher value with less resources is required. Besides the classical economic characteristics companies benefit from the positive image effectiveness of resource efficiency additionally. Previous resource considerations of additive manufacturing technologies considered exclusively the actual manufacturing process and no further processes of the process chains. However, the consideration of the process chains is necessary because no ready-to-use components can be produced only with additive manufacturing technologies.

Therefore, the aim of this work was to carry out a process chain-specific assessment with the decisive resource consumption and to explain decisive correlations and characteristic interactional influences of resource requirements and consumption of the process chain with additive manufacturing technologies fundamentally and systematically using the example of laser deposition welding, an additive manufacturing technology. To this, chapters 1-3 give an introduction to the topic, a description of motivation, an analysis of the current state of knowledge in industry and research as well as a detailed description of work and objectives.

To answer the tasks and objectives a system analysis of the process chain with additive manufacturing technologies was carried out in chapter 4. Therefore, the three manufacturing processes laser deposition welding, heat treatment and milling as material removal finishing have been considered. Each of these manufacturing processes was analyzed for immisions and emissions of resources and the part related material flow. The chapter was completed with the deduction of resource-related key performance indicators of the manufacturing processes.

In chapter 5, based on theoretical considerations for each manufacturing process the abstraction and modeling of the system's elements of the process chain was carried out. In a first step, time and incident models have been developed, allowing the descriptions of process times and incidents within the process chain for the three processes laser deposition welding, heat treatment and material removal finishing. To this, especially the varying operating modes of the systems and system components, whose resource consumption is significant, were regarded. In the second step, each process related resource need by means of material models, which amongst others describe the part related material flow, and energy models that explain the active energies were analyzed. These results were subsequently linked with each other to describe the essential structural conditions and relationships transparently. Thus by increasing the understanding of the resource efficiency of process chains with additive manufacturing technologies an evidence-based optimization of resource needs and consumptions became possible considering the decisive correlations and characteristic interactional influences.

By means of experimental studies the understanding was expanded in chapter 6. To this, the energy and material flows of selected systems were measured depending on the operating mode and thus determine the base load, idle power, and process power. This could be assigned to various operating modes of the systems and system components using the developed models in chapter 5. Subsequently, the part related material flow has been gathered and evaluated experimentally. The result quantities have depended on the manufacturing processes and the corresponding target figures were different. These were the geometry for the laser deposition welding, residual stresses, mechanical properties for the heat treatment and surface quality for the material removal finishing.

These findings and results were transferred to a method and an Excel based tool in chapter 7 for a resource efficient layout of the process chain enabling a feasible use in practice. Subsequently, the results were discussed and compared with the tasks and objectives. The results show the principle applicability of the systematics to process chains with additive manufacturing technologies. Because of the gradual development of the models, on the one hand, the exchangeability of the considered manufacturing processes, for example other additive manufacturing technologies or other manufacturing processes for material removal finishing is possible. On the other hand, the scope can easily be extended by upstream or downstream processes such as wire production.

In addition, the findings compiled within this work point out further potential and research needs. Thus, so far only the production phase of the parts has been considered; a complete Life Cycle Assessment, including the use phase of the parts is not yet possible. This can especially be targeted when the additive manufacturing technologies are used for producing components, which cannot be manufactured by conventional technologies so that the advantages of the design, function integration and lightweight or bionic structures and possibly reduced assembly complexity can be considered. If the components have these elements, a comparison with conventional process chains without additive manufacturing technologies may be useful in addition, so that besides the resource needs and consumption for the manufacturing of components and the resource efficiency of the use phase and thus the advantages and disadvantages of design, function integration and lightweight bionic structures can be determined. Also a repair application can be considered differently from the manufacturing process of parts.

# Literaturverzeichnis

*Bibliography*


[Abel07] Abele, E.; Kuhrke, B.
Ökobilanzierung technischer Produkte. Integriert in die Prozesse eines Product Lifecycle Management-Systems. In: ZWS. 102. Jg., 2007, Nr. 10, S. 650-654

[ACAD15] Lifecycle Assessment – An Introduction for students. academy.autodesk.com/sites/default/files/core-section-files/lcaprimer_autodesksworkshop_final.pdf [Stand: 8.1.2015]

[Addi15] Additive Industries b.v.: MetalFab1. 2015, Firmenschrift

[Ande12] Andersen, C.
Makers – The new industrial Revolution. Crown Business, New York, 2012

[Arnt13] Arntz, K. O.
Technologie des Mehrachsfräsens von vergütetem Schnellarbeitsstahl. Dissertation, RWTH Aachen, 2013

[ASTM12] ASTM International: Standard Terminology for Additive Manufacturing Technologies. West Conshohocken, PA, 2012 (F2792-12a)

[Azev11] Azevedo, M.; Oliveira, M.; Pereira, J. P.; Reis, A.
Comparison of Two LCA Methodologies in the Machine-Tool Environmental Performance Improvement Process. In: Hesselbach, J.; Herrmann, C. (Hrsg.): Globalized Solutions for Sustainability in Manufacturing. Springer, Berlin, S. 575-580

[Barn91] Barney, J.
Firm Resources and Sustained Competitive Advantage. In: Journal of Management. 17. Jg., 1991, Nr. 1, S. 99-120

[Barr13] Barroi, A.; Hermsdorf, J.; Prank, U.; Kaierle S.
A novel approach for high deposition rate cladding with minimal dilution with an arc - laser process combination. In: Lasers in Manufacturing 2013 – Proceedings of the seventh International WLT-Conference on Lasers in Manufacturing. 2013, S. 249-254

[Bäum11] Bäumler, S.; Bode, H.; Brecher, C.; Breitbach, T.; Hansch, S.; Hennes, N.; Prust, D.
Ressourceneffizienz im Werkzeugmaschinenbau. In: Brecher, C.; Klocke, F.; Schuh, G.; Schmitt, R. (Hrsg.): Tagungsband Aachener Werkzeugmaschinenkolloquium 2011. Aachen, Shaker, 2011, S. 157-193

[Beno09] Benoît, C.; Mazijn, B. (Hrsg.)
Guidelines for social life cycle assessment of products. United Nations Environment Programme, 2009

[Beye95] Beyer, E.
Schweißen mit Laser. Grundlagen. 1. Aufl. Springer, Berlin, In: Herziger, G.; Weber, H. (Hrsg.): Laser in Technik und Forschung. Springer, Berlin, 1995

[Beye98] Beyer, E.; Wissenbach, K.
Oberflächenbehandlung mit Laserstrahlung. In: Laser in Technik und Forschung. Springer, Berlin, 1998, S. 245-247

[Bich03] Bichmann, S.; Groll, K.; Kordt, M.
OptoRep – Automatisierte Reparaturzelle für den Werkzeugbau. In: wt Werkstatttechnik Online. Springer-VDI, 93. Jg., 2003, Nr. 6, S. 467-471

[Biek91] Bieker, R.
CAM-gerechte Technologie für die NC-Fräsbearbeitung von Stahlformen. Dissertation, RWTH Aachen, 1991

[Blec14] Bleck, W. (Hrsg.)
Werkstoffkunde Stahl für Studium und Praxis. 5., überarbeitete Aufl., Aachen, 2014

[Böck11] von Böckh, P.; Wetzel, T.
Wärmeübertragung. Grundlagen und Praxis. 4. Aufl., Springer, Heidelberg, 2011

[Böhl96] Böhler, A.; Kottmann, H.
Ökobilanzen. Beurteilung und Bewertungsmethoden. In: Zeitschrift für Umweltchemie und Ökotoxikologie. 1996, Nr. 8, S. 107-112

[Bour09] Bourell, D. L.; Leu, M. C.; Rosen, D. W.
Roadmap for additive manufacturing – identifying the future of freedom processing. The University of Texas at Austin, Laboratory for Freedom Fabrication, Advanced Manufacturing Center, S. 31f

[Brec06a] Brecher, C.; Deutges, D.; Emonts, M.; Frank, J.; Lange, S.
Maschinenbau-Verbundprojekt „KombiMasch" - Fräsen, Drehen und Lasern in einer Maschine. In: Maschinenbau und Metallverarbeitung. 08, 2006, S. 48-49

[Brec06b] Brecher, C.; Emonts, M.; Frank, J.
Kürzere Prozessketten durch Verfahrenskombination. In: VDI-Z Integrierte Produktion. Springer-VDI, 2006, Nr. 9, S. 77f

[Brec07] Brecher, C.; Emonts, M.; Frank, J.; Wenzel, C.
Hybrides Bearbeitungszentrum für die Dreh-, Fräs- und Laserbearbeitung. In: VDI-Z Integrierte Produktion. Springer-VDI, 2007, Nr. 9, S. 34-38

[Brec08] Brecher, C.; Emonts, M.; Frank, J.
Verkürzung der Prozesskette zur Fertigung rotationssymmetrischer Bauteile durch Verfahrenskombination in modular aufgebauten Werkzeugmaschinen – KombiMasch. Schlussbericht zum BMBF-Verbundprojekt Förderkennzeichen 02PW2140, 2008

[Brec11] Brecher, C.; Klocke, F., et al.
Verkürzung von Prozessketten durch Verfahrensintegration in Werkzeugmaschinen. In: Brecher, C. (Hrsg.): Integrative Produktionstechnik für Hochlohnländer. 1. Aufl., Springer, Berlin, 2011, S. 632-672

[Brem11] Bremen, S.; Buchbinder, D.; Meiners, W.; Wissenbach, K.
Mit Selective Laser Melting auf dem Weg zur Serienproduktion? Steigerung der Aufbaurate durch Einsatz höherer Laserleistungen. In: Laser Technik Journal. 2011, Nr. 6, S. 24-28

[BUND14] Bundesministerium für Umwelt, Naturschutz und Reaktorsicherheit: So einfach geht Ressourceneffizienz. Der Management-Leitfaden für Ihr Unternehmen. [Stand: 18.09.2014]

[BUND15] Bundesministerium für Umwelt, Naturschutz, Bau und Reaktorsicherheit: Klimaschutz – Nationale Klimapolitik – Die deutsche Klimaschutzpolitik. [Stand: 24.05.2015]

[Byrn08] Byrne, G.
High Performance Cutting. An Environmental and Energy Perspective. In: Proceedings of the 3rd CIRP International Conference on High Performance Cutting. 2008, S. 317-327

[Cabr16] Cabral, G. F.
Modeling and Simulation of Tool Engagement and Prediction of Process Forces in Milling. Dissertation, RWTH Aachen, 2016

[Chen09] Chen, Y.; Diaz, N.; Helu, M; Jayanathan, S.
Environmental Analysis of Milling Machine Tool Use in Various Manufacturing Environments. Unveröffentlichter Bericht UC Berkeley CE 268E, 2009, S. 54

[Clem04] Clemens, U.
Einsatz der CMB-Technologie zur Herstellung von Hinterschneidungen bei metallischen Bauteilen. Dissertation, RWTH Aachen, 2004

[Clem13] Clemon, L.; Sudradjat, A.; Jaquez, M.; Krishna, A.; Rammah, M.; Dornfeld, D.
Presision and Energy Usage for Additive Manufacturing. In: Proceedings of the ASME 2013 International Mechanical Engineering Congress and Exposition. 2013

[Dal00] Dal, B.; Tugwell, P.; Greatbanks, R.
Overall equipment effectiveness as a measure of operational improvement – A practical analysis. In: International Journal of Operations & Production Management. 20. Jg., 2000, Nr. 12, S. 1488-1502

[Dege15] Degen, F.
Development of Simultaneous Three Axis Turning. Dissertation, RWTH Aachen, 2015

[Degn93] Degner, W.; Lutze, H.; Smejkal, E.
Spanende Formung: Theorie, Berechnung, Richtwerte. 13., bearb. und erweiterte Aufl., Hanser, München, 1993

[Denk11] Denkena, B.; Tönshoff, H. K.
Spanen. Grundlagen. 3. Aufl., Springer, Berlin, 2011

[Diaz10] Diaz, N.; Helu, M.; Jayanathan, S.; Chen, Y.; Horvath, A.; Dornfeld, D.
Environmental Analysis of Milling Machine Tool Use in Various Manufacturing Environments. In: Proceedings of the 2010 IEEE International Symposium on Sustainable Systems and Technology. 2010, S. 1-6

[Dilt05] Dilthey, U.
Schweißtechnische Fertigungsverfahren II. 3., bearb. Aufl., Springer, Berlin, 2005

[DIN02] Norm DIN EN ISO 1302 (Juni 2002)
Geometrische Produktspezifikation (GPS). Angabe der Oberflächenbeschaffenheit in der technischen Produktdokumentation.

[DIN03a] Norm DIN 8580 (September 2003)
Fertigungsverfahren. Begriffe, Einteilung.

[DIN03b] Norm DIN 8589-0 (September 2003)
Fertigungsverfahren Spanen. Teil 0: Allgemeines, Einordnung, Unterteilung, Begriffe.

[DIN06] Norm DIN EN ISO 14044 (Oktober 2006)
Umweltmanagement – Ökobilanz. Anforderungen und Anleitungen.

[DIN09] Norm DIN EN ISO 14040 (November 2009)
Umweltmanagement - Ökobilanz. Grundsätze und Rahmenbedingungen.

[DIN11] Norm DIN EN ISO 50001 (Dezember 2011)
Energiemanagementsysteme – Anforderungen mit Anleitung zur Anwendung.

[DIN15] Normentwurf DIN EN ISO 15614-7 (Januar 2015)
Anforderung und Qualifizierung von Schweißverfahren für metallische Werkstoffe – Schweißverfahrensprüfung – Teil 7: Auftragschweißen.

[DIN82] Norm DIN 6584 (Oktober 1982)
Begriffe der Zerspantechnik. Kräfte Energie Arbeit Leistungen.

[DIN94] Norm DIN EN 10052 (Januar 1994)
Begriffe der Wärmebehandlung von Eisenwerkstoffen.

[Driz06] Drizo, A; Pegna, J.
Environmental impacts of rapid prototyping: an overview of research to date. In: Rapid Prototyping Journal. 12. Jg., Nr. 2, S. 64-71

[Dude01] Duden. Das Fremdwörterbuch. Band 5, Bibliographisches Institut & F.A. Brockhaus AG, Mannheim, 2001

[DVS11] Merkblatt DVS 3215
Laserstrahl-Auftragschweißen. Juni 2011

[Eber00] Eberle, R.
Methodik zur ganzheitlichen Bilanzierung im Automobilbau. Schriftenreihe B - Fahrzeugtechnik. Dissertation, Technische Universität Berlin, 2000

[Enge13] Engelmann, T.; Liedtke, C.; Rohn, H.; Bowry, J.
Nachhaltiges Wirtschaften im Mittelstand. Möglichkeiten zur Steigerung der Ressourceneffizienz in kleinen und mittleren Unternehmen. Friedrich-Ebert-Stiftung, Bonn, 2013

[Erha10] Erhardt, R.; Pastewski, N.
Relevanz der Ressourceneffizienz für Unternehmen des produzierenden Gewerbes. Ergebnisse der Datenerhebung über die Relevanz des Themas Ressourceneffizienz im produzierenden Gewerbe Deutschlands. Fraunhofer, Stuttgart, 2010

[EOS15] EOS GmbH: EOS M 400 – System zur Additiven Fertigung von großen, hochqualitativen Metallteilen im Produktionsumfeld. 2015, Firmenschrift

[Ever10] Eversheim, W.; Pfeifer, T.; Weck, M.; Brecher, C.; Schmitt, R.; Schuh, G.
Ressourceneffiziente Produktionstechnik – Ein Aachener Modell. Festschrift für Univ.-Prof. Dr.-Ing. Dr.-Ing. E.h. Dr. h.c. Fritz Klocke. Apprimus, Aachen, 2010

[Fahr06] Fahrenwaldt, H.J.; Heinrich, P.
Praxiswissen Schweißtechnik: Auftragschweißen und Thermisches Spritzen. 2., überarbeite und erweiterte Aufl., Friedr. Vieweg & Sohn, Wiesbaden, 2006

[Falu14] Faludi, J.; Bayley, C.; Bhogal, S.; Iribarne, M.
Comparing Environmental Impacts of Additive Manufacturing vs. Traditional Machining via Life-Cycle Assessment. In: Green Manufacturing and Sustainable Manufacturing Partnership. https://escholarship.org/uc/item/0gv882qk, 2014

[Frey07] Freyer, C.
Schichtweises drahtbasiertes Laserauftragschweißen und Fräsen zum Aufbau metallischer Bauteile. Dissertation, RWTH Aachen, 2007

[Gass00] Gasser, A., Strohmeyer, R.
Laser-Auftragschweißen im Werkzeugbau. In: Der Stahlformenbauer. Technischer Fachverlag K. H. Müller, Velbert, 2000, Nr. 6

[Gibs10] Gibson, I.; Rosen, D. W.; Stucker, B.
Additive Manufacturing Technologies – Rapid Prototyping to Direct Digital Manufacturing. Springer, New York, 2010

[Glad03] Gladen, W.
Kennzahlen- und Berichtssysteme. Grundlagen zum Performance Measurement. 2., überarbeitete Aufl., Gabler, Wiesbaden, 2003

[Glae10] Gläser, T.
Untersuchungen zum Lasersintern von Wolframkarbid-Kobalt. Dissertation, RWTH Aachen, 2010

[Grot07] Grote, K.-H.; Feldhusen, J.
Dubbel. Taschenbuch für den Maschinenbau mit Tabellen. 22. Aufl., Springer, Berlin, 2007

[Gute82] Gutenberg, E.
Grundlagen der Betriebswirtschaftslehre – Band 1: Die Produktion. 18. Aufl., Springer, Berlin, 1982

[Hafe99] Haferkamp, H., Alvensleben, F. v. Becker, H., Lindemann, K., Czerner, S.
Lasereinsatz zur Vergütung und Reparatur im Werkzeugbau. In: Werkstatttechnik. Springer, 89. Jg., 1999, Nr. 7/8, S. 381-383

[Herz93] Herziger, G.; Loosen, P. (Hrsg.)
Werkstoffbearbeitung mit Laserstrahlung. Carl Hanser, München, 1993

[Herr10] Herrmann, C.
Ganzheitliches Life Cycle Management. Nachhaltigkeit und Lebenszyklusorientierung in Unternehmen. Springer, Berlin, 2010

[Hieu07] Hieu, N. T.
Modellierung des Hochgeschwindigkeitsfräsens mit Kugelkopffräsern unter besonderer Berücksichtigung der Oberflächengüte. Dissertation, RWTH Aachen, 2007

[Hock96] Hock, S.
Hochgeschwindigkeitsfräsen im Werkzeug- und Großformenbau. Eingriffsverhältnisse und Technologie. Dissertation, Technische Universität Darmstadt, 1996

[Hoff98] Hoffmann, E.
Herstellung metallischer Bauteile durch Laserstrahlgenerieren. Dissertation, RWTH Aachen, 1998

[Hong11] Hong, C.; Burbaum, B.; Gasser, A.; Kelbassa, I.
Advantages of laser metal deposition by using zoom optics and MWO (Modular Welding Optics). In: Proceedings of the 30th International Congress on Applications of Lasers and Electro-Optics. 2011, S. 295-300

[Hopk05] Hopkinson, N.; Hague, R.; Dickens, P.
Rapid Manufacturing: An Industrial Revolution for the Digital Age. 1. Aufl., Wiley, Hoboken, 2005

[Huan12] Huang, Y.; Liu, P.; Mokastar, A.; Hou, L.
Additive Manufacturing and its social impact: a literature review. In: The International Journal of Advanced Manufacturing Technology. 2012, S. 1-13

[Huan15] Huang, Y.; Leu, M. C.; Mazumder, J.; Donmez, A.
Additive Manufacturing: Current State, Future Potential, Gaps and Needs, and Recommendations. In: Journal of Manufacturing Science and Engineering. 137. Jg., 02, 2015

[Hybr15] Hybrid Manufacturing Technology, AMBIT™ multi-task system, www.hybridmanutech.com/technology.html [Stand: 30.5.2015]

[ILT11] Fraunhofer ILT: Prozessdiagramme für das Auftragschweißen mit gesteigerten Auftragsraten. In: Jahresbericht 2010. 2011, S. 84

[ILT12] Fraunhofer ILT: Verwendung einer Zoom-Optik zur Reparatur von Schaufelspitzen. In: Jahresbericht 2011. 2012, S. 85

[Inss15] InssTek: DMT 3D Metal printer, Leading Technology – Innovative additive manufacturing. Eschborn, 2015, Firmenschrift

[IWS10] Fraunhofer IWS: Laser Cladding and Additive Manufacturing. Dresden, 2010, Firmenschrift

[IWS11] Fraunhofer IWS: Effizienzsteigerung beim Laserauftragschweißen durch Energiequellenkombination. In: Jahresbericht 2010. 2011, S. 62f

[Jamb12] Jambor, T.
Funktionalisierung von Bauteiloberflächen durch Mikro-Laserauftragschweißen. Dissertation, RWTH Aachen, 2012

[Jone12] Jones, J.; McNutt, P.; Tosi, R.; Perry, C.; Wimpenny, D.
Remanufacture of turbine blades by laser cladding, machining and in-process scanning in a single machine. In: Proceedings of the 23rd Annual International Solid Freeform Fabrication Symposium. 2012

[Kelb06] Kelbassa, I.
Qualifizieren des Laserstrahl-Auftragschweißens von BLISKs aus Nickel- und Titanbasislegierungen. Dissertation, RWTH Aachen, 2006

[Kien52] Kienzle, O.
Die Bestimmung von Kräften und Leistungen an spanenden Werkzeugen und Werkzeugmaschinen. In: Z. VDI, 94. Jg., 1952, Nr. 11/12, S. 299-305

[Kim00] Kim, J.-D.; Peng, Y.
Plunging method for Nd : YAG laser cladding with wire feeding. In: Optics and Lasers in Engineering. 33. Jg., 2000, Nr. 4, S. 299-309

[Kink05] Kinkel, S.
Anforderungen an die Fertigungstechnik von morgen. Mitteilungen aus der Produktionsinnovationserhebung. Fraunhofer, 09, 2005

[Kloc08a] Klocke, F.; Lung, D.; Nau, B.
Umweltorientiertes Lebenszyklusmanagement. Bewertung ökologischer Einflüsse und Kostenbetrachtung im Lebenszyklus von Werkzeugmaschinen. In: wt Werktstatttechnik online. 98. Jg., 2008, Nr. 7/8, S. 555-560

[Kloc08b] Klocke, F.
Fertigungsverfahren 1. Drehen, Fräsen, Bohren. 8., neu bearb. Aufl., Springer, Berlin, 2008

[Kloc12] Klocke, F.; Heinen, D. et al.
Ressourceneffiziente Fertigung von Tiefziehwerkzeugen. In: wt Werkstatttechnik online. Springer-VDI, 102. Jg., 2012, Nr. 6, S. 402-409

[Kloc15] Klocke, F.
Fertigungsverfahren 5. Gießen, Pulvermetallurgie, Additive Manufacturing. 4. Aufl., Springer, Berlin, 2015

[Knee07] Kneer, R.
Wärme- und Stoffübertragung. Vorlesungsumdruck des Lehrstuhls für Wärme- und Stoffübertragung der RWTH Aachen, WS 2007/2008

[Köni82] König, W. A.; Essel, K.; Witte, L.
Spezifische Schnittkraftwerte für die Zerspanung metallischer Werkstoffe. Verein Deutsche Eisenhüttenleute, Stahleisen, Düsseldorf, 1982

[Kram02] Kramer, C.; Mühlbauer, A. (Hrsg.)
Praxishandbuch Thermoprozess-Technik. Band 1: Grundlagen, Verfahren. Vulkan, Essen, 2002

[Krin12] Krings, R.
Bewertung der Ressourceneffizienz von Fertigungsanlagen. In: Kreimeier, D. (Hrsg.): Ressourcenorientierte Bewertung und Optimierung von Prozessketten. 1. Aufl., VDMA, Frankfurt am Main, 2012, S. 15-29

[Kuhn10] Kuhn, D.
Trumpf-Technologietag informiert über Laser-Trends in der 3D-Materialbearbeitung. In: blechnet. Vogel Business Media, Würzburg [Stand: 10.03.2010]

[Kuhr11] Kuhrke, B.
Methode zur Energie- und Medienbedarfsbewertung spanender Werkzeugmaschinen. Dissertation, Technische Universität Darmstadt, 2011

[LeBo13] Le Bourhis, F.; Kerbrat, O.; Dembinski, L.; Hascoet, J.-Y.; Mognol, P.
Sustainable manufacturing: evaluation and modeling of environmental impacts in additive manufacturing. In: The International Journal of Advanced Manufacturing Technology. 2013, Nr. 69, S. 1927-1939

[LeBo14] Le Bourhis, F.; Kerbrat, O.; Dembinski, L.; Hascoet, J.-Y.; Mognol, P.
Predictive model for environmental assessment in additive manufacturing. In: Proceedings of the 21st CIRP Conference on Life Cycle Engineering. 2014, S. 26-31

[Liou07] Liou, F.; Slattery, K.; Kinsella, M.; Newkirk, J.; Chou, H. N.; Landers, R.
Applications of a Hybrid Manufacturing Process for Fabrication of Metallic Structures. In: Rapid Prototyping Journal. 13. Jg., 2007, Nr. 4, S. 234-244

[Luo99] Luo, Y.; Ji, Z.; Leu, M. C.; Caudill, R.
Environmental performance analysis of solid freedom fabrication processes. In: Proceedings of the 1999 IEEE International Symposium on Electronics and the Environment. 1999, S. 1-6

[LZH15] Laser Zentrum Hannover e.V.: Gemeinsamer Ergebnisbericht zum KMU-innovativ-Verbundprojekt HoDopp – HoDopp: Hochleistungsauftrag-schweißen mit Doppeldrahttechnik bei nicht übertragenem Lichtbogen und Laser gestützter Einbrandsteuerung. 2015

[Mats15] Matsuura Lumex Advance 25.
www.matsuura.co.jp/english/contents/products/lumex.html [Stand 30.5.2015]

[Mare15] Marek, R., Nitsche, K.
Praxis der Wärmeübertragung: Grundlagen - Anwendungen - Übungsaufgaben. 4. Aufl., Hanser, München, 2015

[Mark05] Markworth, L.
Fünfachsige Schlichtfräsbearbeitung von Strömungsflächen aus Nickelbasislegierungen. Dissertation, RWTH Aachen, 2005

[Marq94] Marquardt, W.
Modellbildung als Grundlage der Prozesssimulation. In: Schuler, H. (Hrsg.): Prozesssimulation. Wiley-VCH, Weinheim, 1994, S. 3-32

[May08] May, C.
Overall Equipment Effectiveness (OEE). Werkzeug zur Produktivitätssteigerung. In: Zeitschrift der Unternehmensberatung (ZUB). Erich Schmidt Verlag, Berlin, 2008, Nr. 6, S. 245-250

[Mogn06] Mognol P, Lepicart D, Perry, N.
Rapid prototyping: energy and environment in the spotlight. In: Rapid Prototyp Journal. 2006, Nr. 12, S. 26-34

[NIST13] NIST, Measurement Science Roadmap for Metal-Based Additive Manufacturing. Gaithersburg, Maryland, http://events.energetics.com/nist-additivemfgworkshop/pdfs/nistadd_mfg_report_final.pdf [Stand: 2. April 2015]

[Nöke97] Nöken, S.
Technologie des Selektiven Lasersinterns von Thermoplasten. Dissertation, RWTH Aachen, 1997

[Nowo04] Nowotny, S.
Oberflächenbeschichten und formgebendes Auftragschweißen mit laserbasierten hybriden Fertigungsverfahren - FAVOR - BMBF-Rahmenkonzept Forschung für die Produktion von morgen. 2004, Fraunhofer IRB, S. 28f

[Nowo08] Nowotny, S.; Thieme, S.; Scharek, S.; Rönnefahrt, T.; Gnann, R.
FLEXILAS: Laser-Präzisionstechnologie zum Auftragschweißen mit zentrischer Drahtzufuhr. In: Die Verbindungs-Spezialisten 2008 - Große Schweißtechnische Tagung. DVS, Düsseldorf, 2008, S. 318-322

[Nowo11] Nowotny, S.
Effizienzsteigerung beim Laser-Auftragschweißen durch Energiequellenkombination. In: Fraunhofer IWS Jahresbericht 2010. 2011, S. 62f

[Nowo12] Nowotny, S.; Brückner, F.; Hillig, H.; Leyens, C.; Beyer, E.
Hochleistungs-Auftragschweißen mit Laserstrahlung. In: wt Werkstatttechnik online. Springer-VDI, 102. Jg., 2012, Nr. 6, S. 368f

[Nowo15] Nowotny, S.; Brückner, F.; Thieme, S.; Leyens, C.; Beyer, E.
High-performance laser cladding with combined energy sources. In: Journal of Laser Applications. 2015, Nr. 27, S. 17001

[Ohne09] Ohnesorge, A.
Bestimmung des Aufmischungsgrades beim Laser-Pulver-Auftragschweißen mittels laserinduzierter Plasmaspektroskopie (LIPS). Dissertation, Technische Universität Dresden, 2009

[Over03] Over, C.
Generative Fertigung von Bauteilen aus Werkzeugstahl X38CrMoV5-1 und Titan TiAl6V4 mit »Selective Laser Melting«. Dissertation, RWTH Aachen, 2003

[Part03] Partes, K., Theiler, C., Seefeld, T, Vollertsen, F.
Laser Cladding powered by diode lasers at high processing speed. In: Lasers in Manufacturing 2003 – Proceedings of the Second International WLT-Conference on Lasers in Manufacturing. München, 2003

[Part09] Partes, K.
Analytical model of the catchment efficiency in high speed laser cladding. In: Surface & Coatings Technology. 204. Jg., 2009, Nr. 3, S. 366-371

[Pauc96] Paucksch, E.
Zerspantechnik. Prozesse, Werkzeuge, Technologien. 11., überarbeitete Aufl., Vieweg, Braunschweig, 1996

[Popr03] Poprawe, R.
Lasertechnik II. Vorlesungsumdruck des Lehrstuhls für Lasertechnik der RWTH Aachen, 2003

[Rose12] Rosen, C.-J.
Laserunterstützte Fräsbearbeitung hochfester Werkstoffe. Dissertation, RWTH Aachen, 2012

[Scan13] ALO3-CX – Adaptive Laserbearbeitungsoptik mit Strahlteilung. Scansonic, Alexander Binzel Schweißtechnik GmbH & Co. KG; www.scansonic.de, www.binzel-abicor.com, 2013

[Schc10] Schlick, C.; Bruder, R.; Luczak, H.
Arbeitswissenschaft. Springer, Heidelberg, 2010

[Schi00] Schiefer, E.
Ökologische Bilanzierung von Bauteilen für die Entwicklung umweltgerechter Produkte am Beispiel spanender Fertigungsverfahren. Dissertation, Technische Universität Darmstadt, 2000

[Schi02] Schinzel, C. M.
Nd:YAG-Laserstrahlschweißen von Aluminiumwerkstoffen für Anwendungen im Automobilbau. Dissertation. Universität Stuttgart, 2002

[Schl10] Schleifenbaum, H.; Meiners, W.; Wissenbach, K.; Hinke, C.
Individualized production by means of high power Selective Laser Melting. In: CIRP Journal of Manufacturing Science and Technology. 2. Jg., 2010, Nr. 3, S. 161-169

[Schl11] Schleifenbaum, H.
Verfahren und Maschine zur individualisierten Produktion mit High Power Selective Laser Melting. Dissertation, RWTH Aachen, 2011

[Schl13] Schlosser, R.
Methodik zur Prognose der Nachhaltigkeit des Energie- und Stoffeinsatzes spanender Fertigungsprozesse. Dissertation, RWTH Aachen, 2013

[Schl14] Schlund, S.; Schnabel, F.; Rist, M.
Umsetzung der Ressourceneffizienz im Unternehmen. In: Neugebauer, R. (Hrsg.): Handbuch Ressourcenorientierte Produktion. 1. Aufl., Hanser, München, 2014, S. 91-123

[Schm09] Schmidt, M.
Ressourceneffizienter Produzieren in Betrieben. In: Baumgartner, R.; Biedermann, H.; Zwainz, M. (Hrsg.): Öko-Effizienz. Konzepte, Anwendungen und Best Practices. 1. Aufl., Rainer Hampp, München, 2009, S. 145-159

[Schm15] Schmitt, R.; Pfeiffer, T.
Qualitätsmanagement. Strategien – Methoden – Techniken. 5., aktualisierte Aufl., Hanser, München, 2015

[Scho14] Schob, U.
Datenauswertung. In: Neugebauer, R. (Hrsg.): Handbuch Ressourcenorientierte Produktion. 1. Aufl., Hanser, München, 2014, S. 227-249

[Schr04] Schröder, W.
Fluidmechanik. Aachener Beiträge zur Strömungsmechanik – Band 7, Verlag Mainz, Aachen, 2004

[Schu02] Schultz, A.
Methoden zur integrierten ökologischen und ökonomischen Bewertung von Produktionsprozessen und -technologien. Dissertation, Otto-von-Guericke-Universität Magdeburg, 2002

[Schu05] Schuh, G.
Produktkomplexität managen. Strategien – Methoden – Tools. 2., überarbeitete und erweiterte Aufl., Hanser, München, 2005

[Schü08] Schütz, H.; Bringezu, S.
Ressourcenverbrauch von Deutschland - aktuelle Kennzahlen und Begriffsbestimmungen. Erstellung eines Glossars zum »Ressourcenbegriff« und Berechnung von fehlenden Kennzahlen des Ressourcenverbrauchs für die weitere politische Analyse. Dessau-Roßlau, 2008

[Schu13] Schulz, B.
Gute Kombi: Laser und Fräser. In: Form+Werkzeug. Carl Hanser, München, 2013, Nr. 6, S. 42f

[Schw14] Schwam, D.
Additive Manufacturing – Trends, Potentials, Opportunities. Forging Technology and Research Days, April, 7$^{th}$, 2014

[Sein03] Seinschedt, F.; Rainfurth, C.; Lay, G.
Life Cycle Costing als Instrument zur Preisfindung für produktbegleitende Dienstleistungen. In: Kinkel, S.; Jung-Erceg, P.; Gunter, L. (Hrsg.): Controlling produktbegleitender Dienstleistung. Methoden und Praxisbeispiele zur Kosten- und Erlössteuerung. Physica, Heidelberg, 2003, S. 91-100

[SLM13] SLM Solutions GmbH: Entdecken Sie die Vielfalt. SLM Materialien. 2013, Firmenschrift

[Stah98] Stahl, B.
Methodenvergleich und Methodenentwicklung zur Lösung der Bewertungsproblematik in produktbezogenen Ökobilanzen. Dissertation, Universität Bremen, 1998

[Stau85] Staudt, E.; Groeters, U.; Hafkesbrink, J.; Treichel, H.-R.
Kennzahlen und Kennzahlsysteme. Erich Schmidt Verlag, Berlin, 1985

[Stee10] Steen, W.; Mazumder, J.
Laser Material Processing. 4. Aufl., Springer, London, 2010

[Stum05] von Stumpfeldt, G.
Das Impulsprogramm Materialeffizienz als Instrument zur Steigerung der Wettbewerbsfähigkeit und zur Schaffung von Arbeitsplätzen. In: Liedtke, C.; Busch, T. (Hrsg.): Materialeffizienz. Potenziale bewerten, Innovationen fördern, Beschäftigung sichern. 1. Aufl., oekom, München, 2005, S. 37-46

[Tech14] Produktions- und Fertigungstechnik – Kombimaschine: Frässpindel als Halter für Laserschweisseinheit. In: Technische Rundschau. 2014, Nr. 3, S. 54f

[Tele12] Telenko, C.; Seepersad, C.
A Comparison of the Energy Efficiency of Selective Laser Sintering and Injection Molding of Nylon Parts. In: Rapid Prototyping Journal. 18. Jg., 2012, Nr. 6, S. 472-481

[Töns04] Tönshoff, H.; Denkena, B.
Spanen. Grundlagen. 2. Aufl., Springer, Berlin, 2004

[Tsch91] Tschätsch, H.
Handbuch spanende Formgebung. Verfahren, Werkzeuge, Berechnung, Richtwerte. 3., überarbeitete Aufl., Hoppenstedt, Darmstadt, 1991

[Tuom13] Tuominen, J.; Näkki, J.; Pajukoski, H.; Peltola T.; and Vuoristo P.
High deposition rate laser cladding: recent advancements. Laser Additive Manufacturing Workshop (LAM®), Houston, 13. Februar 2013

[Ucke06] Uckelmann, I.
Generative Serienfertigung von individuellen Produkten aus CoCr mit dem selektiven Laserschmelzen. Dissertation, RWTH Aachen, 2006

[Ulri81] Ulrich, H.
Die Betriebswirtschaftslehre als anwendungsorientierte Sozialwissenschaft. In: Geist, M.; Köhler, R. (Hrsg.): Die Führung des Betriebes. Haupt, Bern, 1981, S. 1-25

[Urba09] Urban, B.
Kinematische und mechanische Wirkungen des Kugelkopffräsens. Dissertation, Universität Hannover, 2009

[VDI05] VDI-Richtlinie VDI 2884 (Dezember 2005)
Beschaffung, Betrieb und Instandhaltung von Produktionsmitteln unter Anwendung von Life Cycle Costing (LCC).

[VDI06] Verein Deutscher Ingenieure VDI-Gesellschaft Verfahrenstechnik und Chemieingenieurwesen (Hrsg.)
VDI-Wärmeatlas. Springer, Berlin, 2006

[VDI14a] VDI-Richtlinie VDI 3405 (Dezember 2014)
Additive Fertigungsverfahren: Grundlagen, Begriffe, Verfahrensbeschreibungen.

[VDI14b] VDI-Richtlinie VDI 4661 (August 2014)
Energiekenngrößen: Grundlagen – Methodik.

[VDI94] VDI-Richtlinie VDI 3321 (März 1994)
Schnittwertoptimierung - Grundlagen und Anwendung.

[Vict69] Victor, H.
Schnittkraftberechnung für das Abspanen von Metallen. In: wt-Z. ind. Fertigung. 59. Jg., 1969, Nr.7, S. 317-326

[Vila99] Vilar, R.
Laser Alloying and Laser Cladding. In: Materials Science Forum. 1999, Nr. 301, S. 229-252

[Weav09] Weaver, J. H.; Frederikse, H.
Optical properties of selected elements. In: Life, D. (Hrsg.): CRC Handbook of Chemistry and Physics. 89. Aufl., 2009, S. 120-144

[Weic99] Weichert, D.
Mechanik III für Ingenieure - Dynamik. Vorlesungsumdruck des Lehrstuhls und Instituts für Allgemeine Mechanik der RWTH Aachen, 1999

[Werk08] Werkzeug-Stahl-Center: Werkstoffblatt - 1.2343 X38CrMoV5-1. 2008

[Wien00] Wiendahl, H.-H.; Rampp, B.; Schanz, M.
Turbulenzen erschweren Planungssicherheit. IO Management, 69. Jg., 2000, Nr. 5, S. 38-43

[Wilk09] Wilkes, J.
Selektives Laserschmelzen zur generativen Herstellung von Bauteilen aus hochfester Oxidkeramik. Dissertation, RWTH Aachen, 2009

[Wirt05] Wirtz, T.
Herstellung von Knochenersatzimplantaten aus Titanwerkstoffen mit Laserforming. Dissertation, RWTH Aachen, 2005

[Witt12] Witte, K.; Geusen, K.-T.
Ressourceneffizienzmonitoring. Voraussetzungen für nachhaltige Verbrauchssenkungen. In: Kreimeier, D. (Hrsg.): Ressourcenorientierte Bewertung und Optimierung von Prozessketten. 1. Aufl., VDMA, Frankfurt a.M., 2012, S. 52-85

[Witz14] Witzel, J.
Qualifizierung des Laserstrahl-Auftragschweißens zur generativen Fertigung von Luftfahrtkomponenten. Dissertation, RWTH Aachen, 2014

[Yako03] Yakolev, A.; Bertrand, P.; Smurov, I.
Laser Cladding of multi-component wear-resistant coatings. In: Lasers in Manufacturing 2003 – Proceedings of the Second International WLT-Conference on Lasers in Manufacturing. München, 2003

[Zimm01] Zimmer, A. T.
Characterization of the aerosols resulting from arc welding processes. In: Journal of Aerosol Science. 32. Jg., 2001, Nr. 8, S. 993-1008

[Zoch15] Zoch, H.-W.; Spur, G. (Hrsg.)
Handbuch Wärmebehandeln und Beschichten. Hanser, München, 2015

# Anhang

*Appendix*

## A Berechnung des Absorptionsgrads von X37CrMoV5-1

*Calculation of the Absorption Coefficient of X37CrMoV5-1*

Der Absorptionsgrad des Werkstoffs X37CrMoV5-1 wurde unter Berücksichtigung des Massenanteils der einzelnen Elemente und der Wellenlänge bzw. der Photonenenergie mit den Fresnel-Formeln (Gleichung 5.33) berechnet (siehe Tabelle A.1).

**Tabelle A.1:** Absorptionsgrad in Abhängigkeit von der Wellenlänge für die Elemente des Werkstoffs X37CrMoV5-1

*Absorption coefficient as a function of the wavelength for the elements of X37CrMoV5-1*

| Element | Massenanteil | Wellenlänge [nm] | Photonenenergie [eV] | Brechungsindex n | Extinktionskoeffizient $k_e$ | Absorptionsgrad A |
|---|---|---|---|---|---|---|
| **Eisen** | 0,916 | 940 | 1,319 | 3,152 | 4,032 | 0,376 |
| | | 980 | 1,265 | 3,188 | 4,136 | 0,368 |
| | | 1020 | 1,216 | 3,228 | 4,230 | 0,361 |
| | | 1064 | 1,165 | 3,271 | 4,350 | 0,352 |
| **Chrom** | 0,053 | 940 | 1,319 | 4,447 | 4,293 | 0,370 |
| | | 980 | 1,265 | 4,483 | 4,284 | 0,370 |
| | | 1020 | 1,216 | 4,506 | 4,286 | 0,370 |
| | | 1064 | 1,165 | 4,519 | 4,299 | 0,369 |
| **Molybdän** | 0,013 | 940 | 1,319 | 2,842 | 3,675 | 0,402 |
| | | 980 | 1,265 | 2,655 | 3,901 | 0,371 |
| | | 1020 | 1,216 | 2,491 | 4,145 | 0,339 |
| | | 1064 | 1,165 | 2,339 | 4,439 | 0,303 |
| **Silizium** | 0,01 | 940 | 1,319 | 3,613 | 0,003 | 0,679 |
| | | 980 | 1,265 | 3,596 | 0,002 | 0,681 |
| | | 1020 | 1,216 | 3,579 | 0,001 | 0,683 |
| | | 1064 | 1,165 | 3,563 | 0,001 | 0,685 |
| **Vanadium** | 0,004 | 940 | 1,319 | 2,294 | 2,712 | 0,504 |
| | | 980 | 1,265 | 2,138 | 2,769 | 0,488 |
| | | 1020 | 1,216 | 1,980 | 2,854 | 0,465 |
| | | 1064 | 1,165 | 1,815 | 3,012 | 0,427 |

## B Kennwerte zur Berechnung der Energieströme beim Laserauftragschweißen

*Parameters for the Calculation of the Energy Flows for Laser Deposition Welding*

Tabelle B.1 und Tabelle B.2 zeigen die verwendeten Stoffgrößen und Prozessstellgrößen zur Berechnung der Energieströme beim Laserauftragschweißen (S. 86).

**Tabelle B.1:** Stoffgrößen zur Bestimmung der Energieströme beim Laserauftragschweißen

*Material properties for determining the energy flows for laser deposition welding*

| Stoffgröße | Formelzeichen | Wert |
|---|---|---|
| **Schutzgas – Argon** | | |
| **Dichte** | $\rho_{Gas}$ | 1,669 kg m$^{-3}$ |
| **Wärmeleitfähigkeit** | $\lambda_{Gas}$ | 0,01782 W m$^{-1}$ K$^{-1}$ |
| **Spezifische Wärmekapazität** | $c_p$ | 0,5216 kJ kg$^{-1}$ K$^{-1}$ |
| **Zusatzwerkstoff – X37CrMoV5-1** | | |
| **Dichte** | $\rho_{Werkstoff}$ | 7800 kg m$^{-3}$ |
| **Wärmeleitfähigkeit** | $\lambda$ | 26,8 W m$^{-1}$ K$^{-1}$ |
| **Spezifische Wärmekapazität** | $c_p$ | 0,460 kJ kg$^{-1}$ K$^{-1}$ |
| **Solidustemperatur** | $T_{Solidus}$ | 1343 °C |

**Tabelle B.2:** Prozessstellgrößen zur Bestimmung der Energieströme beim Laserauftragschweißen

*Process control variables for determining the energy flows for laser deposition welding*

| Prozessstellgrößen | Formelzeichen | Wert |
|---|---|---|
| **Strömungsgeschwindigkeit des Schutz- und Prozessgases** | $v_{Gas}$ | 10 m s$^{-1}$ |
| **Drahtdurchmesser** | $d_{Draht}$ | 1,2 mm |
| **Temperatur der Umgebung** | $T_{Umgebung}$ | 20 °C |
| **Werkstückvorschubgeschwindigkeit** | $v_f$ | 400 mm min$^{-1}$ |
| **Drahtvorschubgeschwindigkeit** | $v_{Draht}$ | 0,01 m s$^{-1}$ |
| **Durchmesser des Schmelzbads** | $d_{Schmelze}$ | 1,2 mm |

# C Experimentelle Untersuchungen des Ressourceneinsatzes

*Experimental Investigations of the Resource Use*

Dieses Kapitel zeigt die detaillierten Messungen des Ressourceneinsatzes, sofern diese nicht bereits in Kapitel 6 umfassend dargestellt sind. Abbildung C.1 bis Abbildung C.6 zeigen zunächst die Grundlasten der Systeme und Systemkomponenten für das Laserauftragschweißen in dem Betriebsmodus »Eingeschaltet«. Diese sind teilweise auch für die trennende Nachbearbeitung relevant. In Abbildung C.7 bis Abbildung C.9 sind anschließend die Leerlaufleistungen dieser Systeme und Systemkomponenten im Betriebsmodus »Bereit« sowie die Prozessleistungen (Abbildung C.10 bis Abbildung C.13) detailliert dargestellt. Abgeschlossen wird die detaillierte Darstellung mit den Messungen der Leerlaufleistung des Ofens zur Wärmebehandlung (Abbildung C.14). Die Messungen der Grundlast und Leerlaufleistung zu der trennenden Nachbearbeitung sind bereits durch die Messungen zum Laserauftragschweißen vollständig abgedeckt.

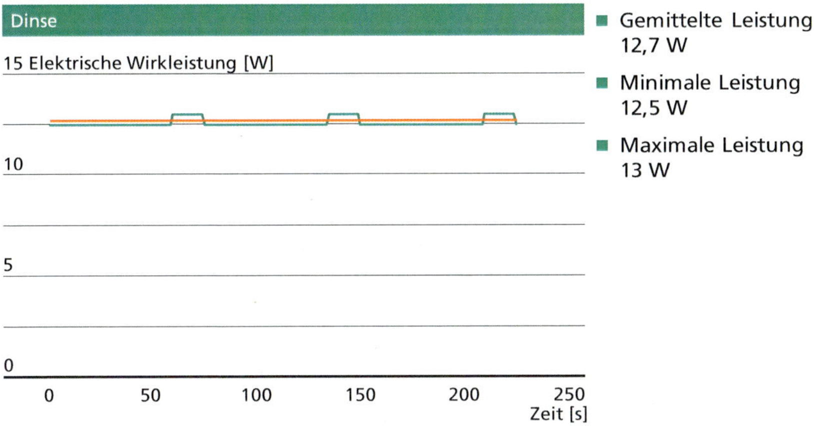


**Abbildung C.1:** Elektrische Wirkleistung des Drahtvorschubantriebs im Betriebsmodus »Eingeschaltet«

*Active power of the wire feed system in operating mode »ON«*

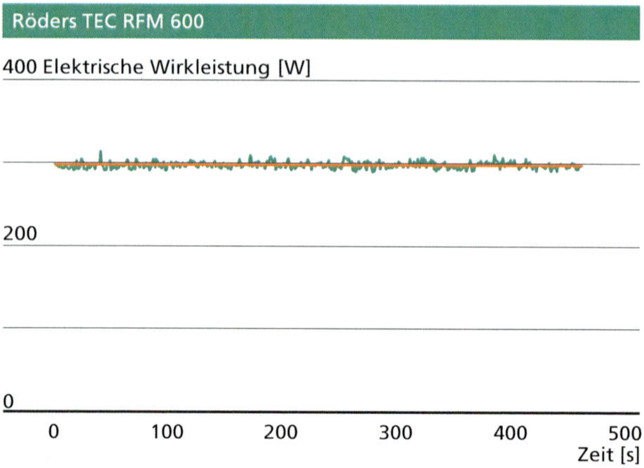


- Gemittelte Leistung 298,3 W
- Minimale Leistung 290 W
- Maximale Leistung 314 W

**Abbildung C.2:** Elektrische Wirkleistung der Peripherie (Prozessbeobachtung und -überwachung) im Betriebsmodus »Eingeschaltet«

*Active power of the peripheral equipment (process observation and monitoring) and in operating mode »ON«*

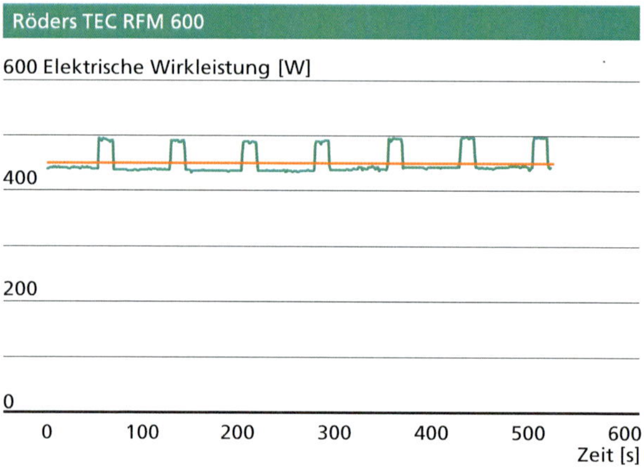


- Gemittelte Leistung 450,7 W
- Minimale Leistung 434 W
- Maximale Leistung 498 W

**Abbildung C.3:** Elektrische Wirkleistung der Werkzeugmaschinen mit ausgeschalteten Umrichtern im Betriebsmodus »Eingeschaltet«

*Active power of the machine tool with deactivated converters in operating mode »ON«*

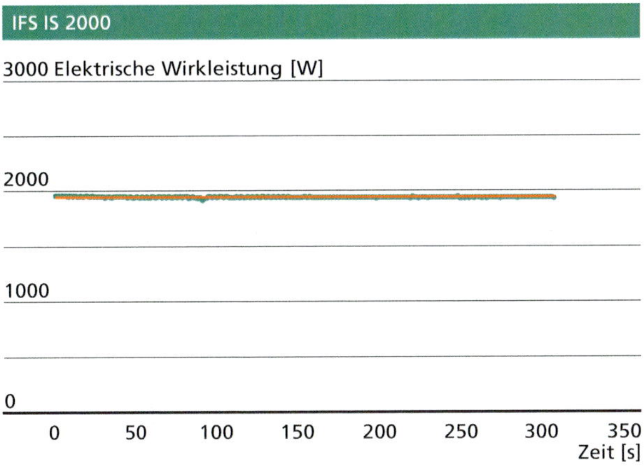


- Gemittelte Leistung 1941,5 W
- Minimale Leistung 1917 W
- Maximale Leistung 1958 W

**Abbildung C.4:** Elektrische Wirkleistung der Absaugung im Betriebsmodus »Eingeschaltet«/»Aktiv«
*Active power of the extraction system in operating mode »ON«/»Active«*

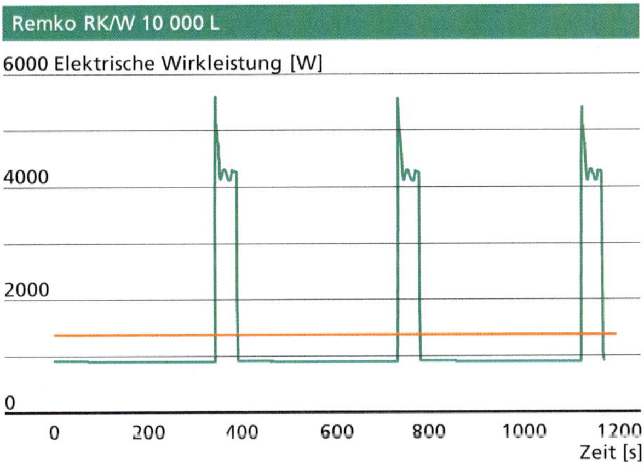


- Gemittelte Leistung 1284,0 W
- Minimale Leistung 871 W
- Maximale Leistung 5596 W

**Abbildung C.5:** Elektrische Wirkleistung des Kühlers der Laserquelle im Betriebsmodus »Eingeschaltet«
*Active power of the chiller of the laser source in operating mode »ON«*

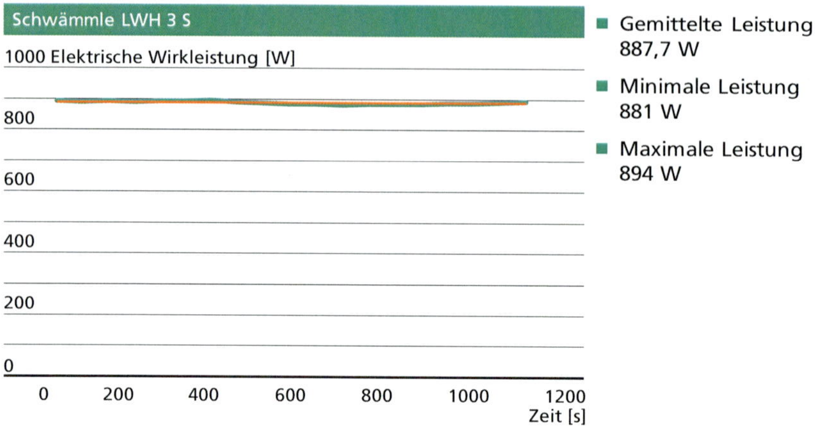


**Abbildung C.6:** Elektrische Wirkleistung des Kühlers des optischen Systems im Betriebsmodus »Eingeschaltet«
*Active power of the chiller of the optical system in operating mode »ON«*

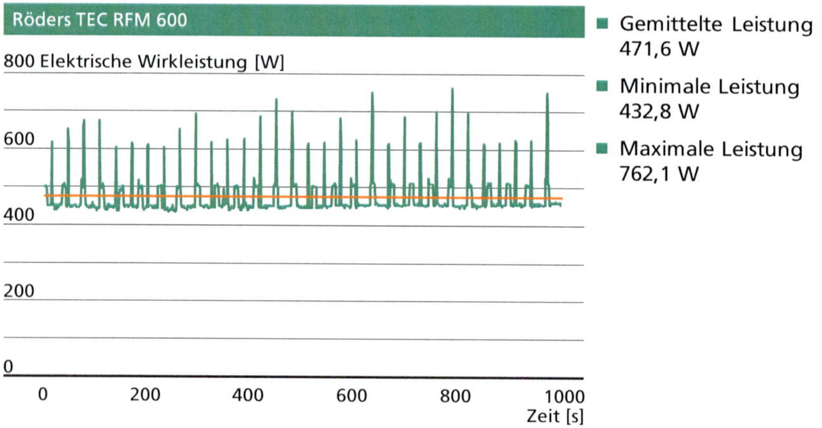


**Abbildung C.7:** Elektrische Wirkleistung der Umrichter im Betriebsmodus »Bereit«
*Active power of the converter in operating mode »Ready«*

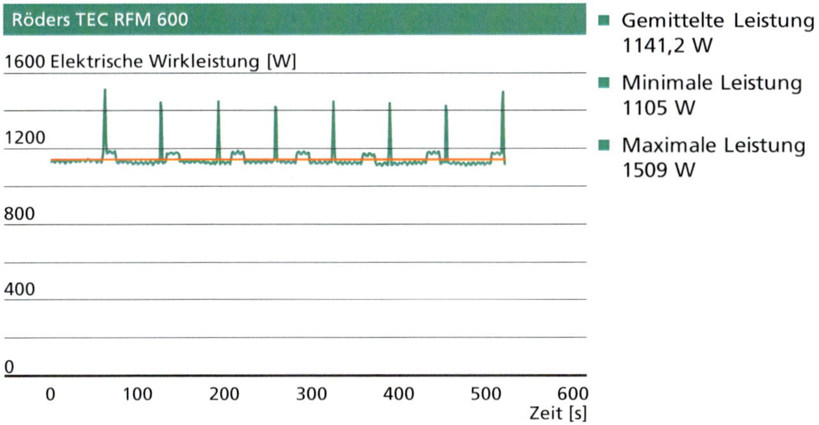


**Abbildung C.8:** Elektrische Wirkleistung der Werkzeugmaschine im Betriebsmodus »Bereit«
*Active power of the machine tool in operating mode »Ready«*

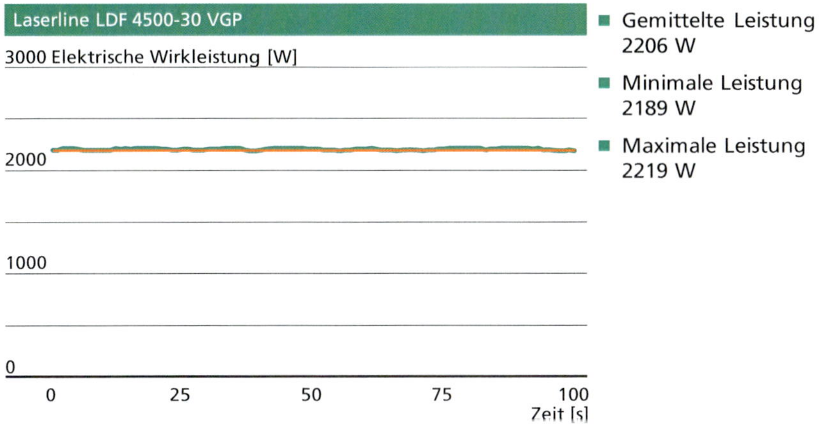


**Abbildung C.9:** Elektrische Wirkleistung der Laserquelle im Betriebsmodus »Bereit«
*Active power of the laser source in operating mode »Ready«*

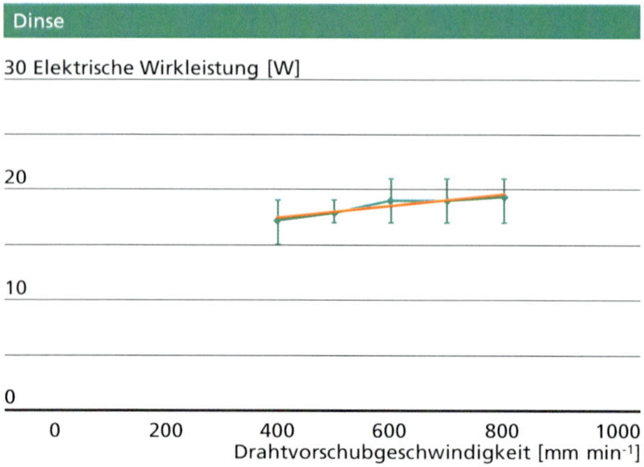


- $P(v_{Draht}) = 0{,}0054 \text{ W mm}^{-1} \text{ min } v_{Draht} + 15{,}226 \text{ W}$
- Bestimmtheitsmaß $R^2 = 0{,}9043$

**Abbildung C.10:** Elektrische Wirkleistung des Drahtvorschubantriebs in Abhängigkeit von der Drahtvorschubgeschwindigkeit

*Active power of the wire feed system as a function of the wire feed rate*

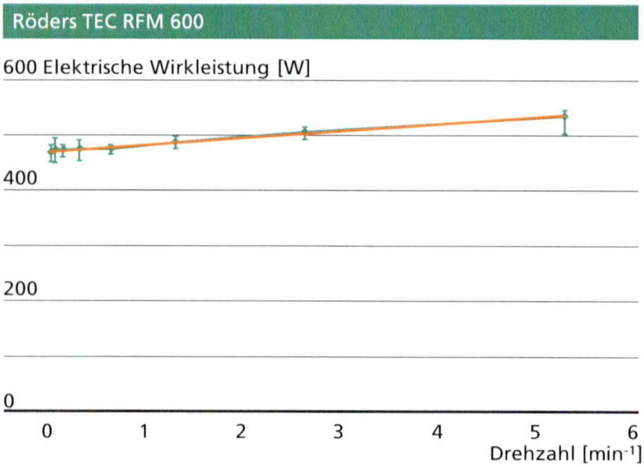


- $P(n) = 12{,}339 \text{ W min } n + 469{,}72 \text{ W}$
- Bestimmtheitsmaß $R^2 = 0{,}9916$

**Abbildung C.11:** Elektrische Wirkleistung der A-Achse in Abhängigkeit von der Drehzahl

*Active power of the A-axis as a function of the number of revolutions*

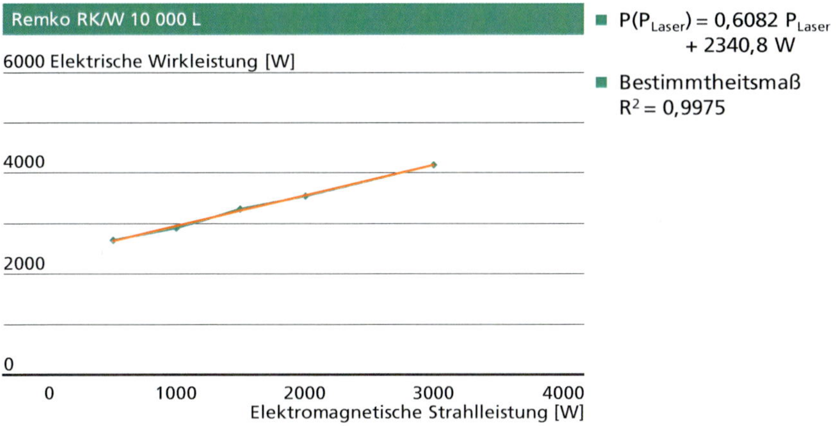


**Abbildung C.12:** Elektrische Wirkleistung des Kühlers der Laserquelle in Abhängigkeit von der elektromagnetischen Strahlleistung

*Active power of the chiller of the laser source as a function of the electromagnetic beam power*

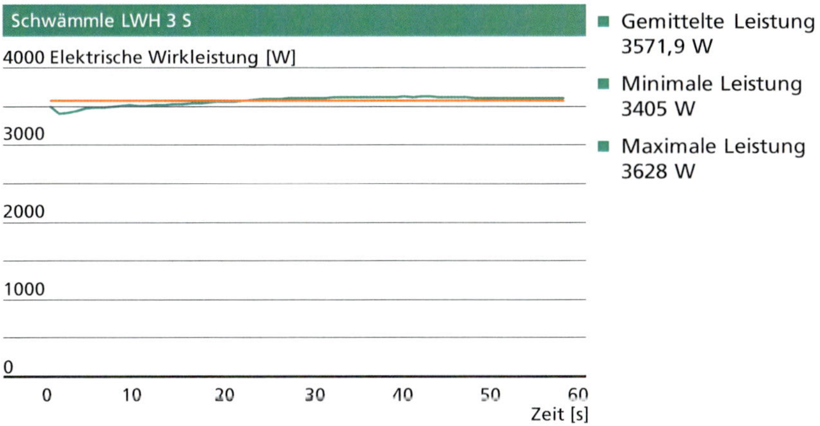


**Abbildung C.13:** Elektrische Wirkleistung des Kühlers des optischen Systems im Betriebsmodus »Aktiv«

*Active power of the chiller of the optical system in operating mode »Active«*

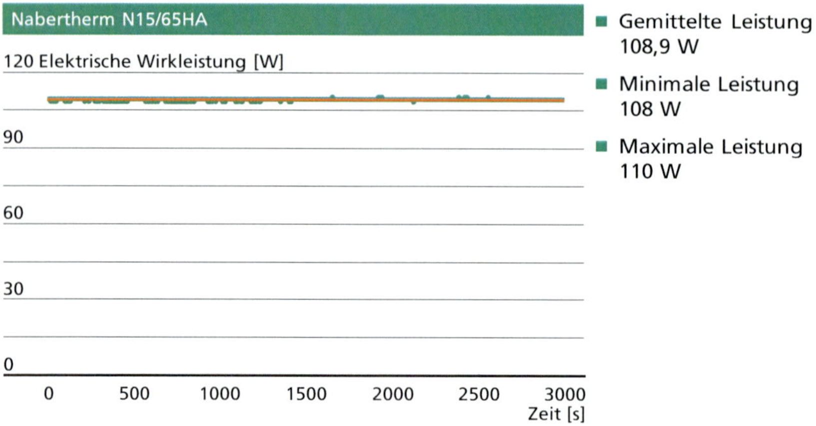


**Abbildung C.14:** Elektrische Wirkleistung des Ofens im Betriebsmodus »Bereit«
*Active power of the oven in operating mode »Ready«*

In der Reihe **Ergebnisse aus der Produktionstechnik** zuletzt erschienen:

Salmen, Michael:
**Gestaltungsmodell für den digital vernetzten Shopfloor im Werkzeugbau**
ISBN: 978-3-86359-479-4
Erscheinungsdatum: 27.01.2017

Schumacher, Sven:
**Risikomanagement für die qualitätsorientierte Entwicklung industrieller Dienstleistungen**
ISBN: 978-3-86359-488-6
Erscheinungsdatum: 13.01.2017

Sommer, Martin:
**Produktbaukastengerechte Organisationsstrukturen**
ISBN: 978-3-86359-484-8
Erscheinungsdatum: 16.12.2016

Hollstegge, Daniel:
**Process-Induced Changes in Optical Properties of Precision Molded Glass Lenses**
ISBN: 978-3-86359-474-9
Erscheinungsdatum: 16.12.2016

Gerlach, Max:
**Leistungsstaffelung in Produktprogrammen**
ISBN: 978-3-86359-478-7
Erscheinungsdatum: 16.12.2016

von Hebel, Sabrina:
**Komplexitätskostenrelevante Ursache-Wirkungs-Beziehungen im Werkzeugbau bei Stanz- und Umformwerkzeugen**
ISBN: 978-3-86359-473-2
Erscheinungsdatum: 12.12.2016

Schröder, Malte:
**Klassifikation von Fehlerereignissen in produzierenden Unternehmen zur Erfüllung von Analysefunktionen im Anlauf**
ISBN: 978-3-86359-469-5
Erscheinungsdatum: 30.11.2016

Thiermann, Janis:
**Abrichten von Schleifscheiben für das Hochgeschwindigkeitsschleifen**
ISBN: 978-3-86359-471-8
Erscheinungsdatum: 28.11.2016

Flore, Jakob:
**Optimierung der Genauigkeit fünfachsiger Werkzeugmaschinen**
ISBN: 978-3-86359-472-5
Erscheinungsdatum: 28.11.2016

Schenk, Friedrich Walter:
**Hochdurchsatz-Mikroskopie von Mikrotiterplatten auf Basis einer kontinuierlichen Objektbewegung**
ISBN: 978-3-86359-464-0
Erscheinungsdatum: 11.11.2016

Edition Wissenschaft
Apprimus

Spöcker, Gunter:
**Modular Programming of Adaptive CAx Manufacturing Process Chains**
ISBN: 978-3-86359-462-6
Erscheinungsdatum: 07.11.2016

Müller, Frank:
**Methoden zur Charakterisierung von Werkzeugschnittstellen unter statischer Last**
ISBN: 978-3-86359-426-8
Erscheinungsdatum: 17.10.2016

Keitzel, Gunnar:
**Präventive Parameteranpassung zur Sicherstellung des Spanabtransports beim Einlippentiefbohren**
ISBN: 978-3-86359-449-7
Erscheinungsdatum: 27.09.2016

Sari, Deniz:
**Leistungssteigerung des Fertigwälzfräsens unter Berücksichtigung der fertigungsbedingten Bauteileigenschaften**
ISBN: 978-3-86359-447-3
Erscheinungsdatum: 18.08.2016

Lüdtke, Bastian:
**Lösungsraum-Steuerung in der Produktentwicklung**
ISBN: 978-3-86359-443-5
Erscheinungsdatum: 11.08.2016

Stoffel, Markus:
**V-Modell zur Auslegung großer Produktionsnetzwerke**
ISBN: 978-3-86359-459-6
Erscheinungsdatum: 26.10.2016

Adams, Oliver:
**Modellbasierte prädiktive Kraftregelung beim Fräsen**
ISBN: 978-3-86359-455-8
Erscheinungsdatum: 17.10.2016

Weiß, Markus:
**Einfluss der Spezifikation mehrschichtiger CBN-Schleifwerkzeuge auf das Schleifprozessverhalten**
ISBN: 978-3-86359-448-0
Erscheinungsdatum: 13.09.2016

Staudt, Julian:
**Funktionsgerechte Bearbeitung von Verzahnungen durch Freiformfräsen**
ISBN; 978-3-86359-450-3
Erscheinungsdatum: 18.08.2016

Fürtjes, Tobias:
**Echtzeitfähige Machine-Vision-Systeme zur Qualitätssicherung im Faserverbundleichtbau**
ISBN: 978-3-86359-439-8
Erscheinungsdatum: 03.08.2016

Edition Wissenschaft
Apprimus